湖北省学术著作出版专项资金资助项目

现代航运与物流:安全·绿色·智能技术研究丛书

水面无人艇的体系结构与运动控制

文元桥　肖长诗　朱　曼　吴　博　编著

武汉理工大学出版社
·武　汉·

内容提要

本书根据水面无人艇(USV)的系统特性,艇型和机动性特点,以及运动特性,基于系统工程研究方法和现代控制理论与方法,系统且详细地介绍了 USV 体系结构与运动控制。主要包括:USV 发展现状及关键技术,USV 体系结构包括物理架构和逻辑架构的设计与建立,USV 运动数学模型及参数辨识,USV 运动控制理论与方法,USV 目标识别与位姿测量方法,USV 路径规划与自主避碰原理与方法,USV 运动规划方法等。

本书内容丰富新颖,理论与实践相结合,具有较强的实用性与指导性,可作为高等院校航海科学与技术、交通信息工程及控制、交通运输工程等相关专业本科生及研究生的教材,也可作为广大从事 USV 船舶通航安全管理、水上交通管理、船舶及港口智能化等领域的科研、设计、管理和工程技术人员的参考书籍。

图书在版编目(CIP)数据

水面无人艇的体系结构与运动控制/文元桥等编著. —武汉:武汉理工大学出版社,2019.7
(现代航运与物流 :安全·绿色·智能技术研究丛书)
ISBN 978-7-5629-6092-8

Ⅰ. ①水… Ⅱ. ①文… Ⅲ. ①水面舰艇-船体结构-研究 ②水面舰艇-运动控制-研究
Ⅳ. ①U674.7

中国版本图书馆 CIP 数据核字(2019)第 159584 号

项目负责:陈军东 陈 硕　　**责任编辑**:陈 硕 黄 鑫
责任校对:余士龙　　**版式设计**:冯 睿
出版发行:武汉理工大学出版社
武汉市洪山区珞狮路 122 号 邮编:430070
http://www.wutp.com.cn 理工图书网
E-mail:chenjd @whut.edu.cn
经 销 者:各地新华书店
印 刷 者:武汉市宏达盛印务有限公司
开 本:787×1092 1/16
印 张:15
字 数:365 千字
版 次:2019 年 7 月第 1 版
印 次:2019 年 7 月第 1 次印刷
定 价:78.00 元(精装本)

现代航运与物流：安全·绿色·智能技术研究丛书

编审委员会

出版说明

航运与物流作为国家交通运输事业的重要组成部分，在国民经济尤其是沿海及内陆沿河沿江省份的区域经济发展中起着举足轻重的作用。我国是一个航运大国，航运事业在经济社会发展中扮演着重要的角色。然而，我国航运事业的管理水平和技术水平还不高，离建设航运强国的发展目标还有一定的差距。为了研究我国航运交通事业发展中的安全生产、交通运输规划、设备绿色节能设计等技术与管理方面的问题，立足于安全生产这一基础前提，从航运物流与社会经济、航运物流与生态环境、航运物流与信息技术等角度用环境生态学、信息学的知识来解决我国水运交通事业绿色化和智能化发展的问题，促进我国航运事业管理水平与技术水平的提升，加快航运强国的建设。因此，武汉理工大学出版社组织了国内外一批从事现代水运交通与物流研究的专家学者编纂了《现代航运与物流:安全·绿色·智能技术研究丛书》。

本丛书第一期拟出版二十多种图书，分为船港设备绿色制造技术、交通智能化与安全技术、航运物流与交通规划技术、内河航运技术等四个系列。本丛书中很多著作的研究对象集中于内河航运物流，尤其是长江水系的内河航运物流。作为我国第一大内河航运水系的长江水系的航运物流，对长江经济带经济发展的促进作用十分明显。2011 年年初，国务院发布《关于加快长江等内河水运发展的意见》，提出了内河水运发展目标，即利用 10 年左右的时间，建成畅通、高效、平安、绿色的现代化内河水运体系，2020 年全国内河水路货运量将达到 30 亿吨以上，拟建成 1.9 万千米的国家高等级航道。2014 年，国家确定加强长江黄金水道建设和发展，正式提出开发长江经济带的战略构想，这是继“西部大开发”、“中部崛起”之后的又一个面向中西部地区发展的重要战略。围绕航运与物流开展深层次、全方位的科学研究，加强科研成果的传播与转化，是实现国家中西部发展战略的必然要求。我们也冀望丛书的出版能够提升我国现代航运与物流的技术和管理水平，促进社会经济的发展。

组织一套大型的学术著作丛书的出版是一项艰巨复杂的任务，不可能一蹴而就。我们自2012年开始组织策划这套丛书的编写与出版工作，期间多次组织专门的研讨会对选题进行优化，首期确定的四个系列二十余种图书，将于2017年年底之前出版发行。本丛书的出版工作得到了湖北省学术著作出版专项资金项目的资助。本丛书涉猎的研究领域广泛，在这方面的研究成果众多，首期出版的项目不能完全包含所有的研究成果，难免挂一漏万。有鉴于此，我们将丛书设计成一个开放的体系，择机推出后续的出版项目，与读者分享更多的我国现代航运与物流业的优秀学术研究成果，以促进我国交通运输行业的专家学者在这个学术平台上的交流。

现代航运与物流:安全·绿色·智能技术研究丛书编委会
2016年10月

前　言

近年来，随着现代通信技术、计算机技术、自动控制技术和人工智能技术的发展，水面无人艇（Unmanned Surface Vessel，USV）的相关研究和工程实践已经成为当前水路交通运输领域的一个热点。整体上看，国内 USV 的研发虽然呈现百花齐放的局面，但总体水平上仍处于起步阶段。USV 相关技术的发展不仅是实现和探索大型船舶智能化、无人化的重要载体，而且在生产实践中具有广泛的用途，比如水上测绘、水域巡航、水上环境监测、水上应急等领域，都是 USV 适用的场景。

本书取材来自武汉理工大学 NSSG（水上交通安全与仿真团队）团队成员在 USV 研发过程中所取得的成果和进展，比较系统地介绍了 USV 的体系架构、设计原理、运动建模、主要控制方法以及感知和决策技术。同时，也对国内外目前较成熟的研究方法进行了总结，旨在让读者对 USV 国内外研究现状以及如何开展相关的研究有一个相对系统、完整的了解。

本书主要内容在研究和出版过程中得到了国家自然科学基金项目（编号 51579204，51679180）的支持。全书由文元桥、肖长诗、朱曼、吴博、李浩人等共同撰写。本书的取材主要来源于课题组研究生多年工作的积累，感谢 NSSG 曾经的研究生杨吉、杜哲、燕聃聃、王岸、张纯玮、王亚周、彭斯杨、毛贻汉、万小慧、何志军、许峰、靳舒怀、冯孟川、石雅强等对团队无人艇研发工作和本书的贡献，也要感谢团队周春辉、黄亮、张帆、杨君兰、黄靖等老师对相关工作的大力支持！

USV 的研发与产业化是当前水运交通事业绿色化和智能化发展的重要研究热点之一，希望本书的出版能够起到抛砖引玉的作用。由于时间仓促，相关的理论和技术还在不断地完善和更新中，书中难免存在疏漏和不足之处，恳请读者批评指正。

文元桥
2019 年 6 月

目　　录

第1章　绪　论

1.1　水面无人艇概述

水面无人艇(Unmanned Surface Vessel,USV)是一种使用遥控、半自主或全自主方式在水面航行的无人化、智能化系统平台,具有自主规划、自主航行的能力,主要用于执行复杂的、特殊的、危险的任务[1]。近年来,随着计算机技术、传感器技术、通信技术和人工智能技术的快速发展,人们对水面无人艇的需求不断提升,水面无人艇技术也取得了极大的进步。

水面无人艇作为一种新型的无人化系统平台,与水面有人艇相比,主要具有以下优势:

(1) 小型轻量,艇型丰富。水面无人艇呈现小型化特点,船体长度较小,5 ～ 20m 的最为常见。无人艇的艇型设计更加自由、灵活、丰富,主要有单体滑行艇型、水翼艇型、多体船艇型以及半潜式艇型等,艇型丰富,呈现多样化特点[2]。

(2) 机动灵活,反应快速。由于无人艇具有较小的排水量、较浅的吃水设计,因此非常适于在浅水区域内工作,且能够很好地适应复杂的水上环境并能快速地对外界环境的变化做出反应。

(3) 推进方式多样。无人艇的推进方式有螺旋桨式、喷水式、舷外机等。无人艇在低速行驶时,螺旋桨推进具有高效率、低成本的优点。无人艇在高速行驶时,喷水式具有传动机构简单,机动性和操纵性好,吃水浅、效率高等特点。舷外机重量较轻,安装方便,有利于提升无人艇在高速行驶时的航行性能。

(4) 多功能,应用范围广。无人艇正在朝着集反水雷战、反潜战、电子战等能力于一体的多功能方向发展。另外,由于无人艇大多采用模块化设计,根据功能的不同,可采用多种不同模块[3]。无人艇部署机动灵活,使用方便,可跟随战斗舰出航执行任务,并可在危险区域或不宜派遣人的舰船区域独立自主执行任务,拓展了海上作战范围,具有良好的费效比,避免了人员的生命危险。

(5) 智能化、信息化。一方面无人艇可以凭借自身所具备的人工智能以不同程度的自主性完成指定任务;另一方面无人艇可以同时与空中、水上和水下的平台系统进行通信,协作组成立体监测网络,这有助于水面无人艇信息化的实现。

1.2　国外水面无人艇发展现状

1.2.1　美国水面无人艇发展现状

在水面无人艇领域,美国于第二次世界大战时期就开始使用 USV,在世界上处于领先地位。1946 年美国在测试核爆的“十字路行动”中，使用 USV 对核爆炸区域的水进行取样，检查水质的放射性[4]。在 20 世纪 60 年代的越南战争中，美军通过远程控制内燃气动力的 USV 船队执行扫雷任务。

美国麻省理工学院于 1993 年设计制作了只能实现简单数据搜集功能的“ARTEMIS”号水面无人艇，随后又提出了一系列改进方案并设计制作出了近海自主巡逻系统(Autonomous Coastal Exploration System，ACES)，但由于控制系统没有达到理想性能，其功能也只是定位在水下物体跟踪领域[5]。1997 年，麻省理工学院在“ARTEMIS”号和 ACES 项目的基础上，成功研发了“AUTOCAT”号水面无人艇，并于同年 9 月在波士顿港成功搜集了水文信息。

最近二十几年，美国在无人艇领域快速发展，取得了众多举世瞩目的成就，其中最具有参考价值的有以下几种：

(1)“Roboski”号 USV

20 世纪末，美国军方研发了具有自我防御功能的“Roboski”号喷射性 USV(图 1-1)，并于 2000 年初开始在 USV 上安装执行机密任务的传感器平台，在沿海形成具有战斗力的 USV 船队[6]。

图 1-1 “Roboski”号 USV

(2)“斯巴达侦察兵”号 USV

21 世纪初，美国海军水下作战中心联合 Radix Marine、Northrop Grumman 和 Raytheon 公司于 2002 年起合作开发了“斯巴达侦察兵”号 USV(图 1-2)[7]。它的艇体是在美军早前使用的 7 ～ 11m 刚性充气艇上改进而来，并配备了先进的监控技术，可以采集附近的视频数据和雷达成像数据，基本可以实现自动航行功能，具有模块化、速度快、多任务、可重构以及半自主航行等特点。

图 1-2　“斯巴达侦察兵”号 USV

(3)“幽灵卫士”号 USV

美国机器人船舶公司开发研制的具有代表性的一艘无人艇是“幽灵卫士”(图 1-3)。该艇主要用来警戒和防护。它配备了最大功率 198kW 的推进装置,可以安全满足近海巡逻,保护航道、港口、钻井平台等的需要。此外,艇上还装载了雷达、声呐以及声音和图像采集设备,可以在航行中进行化学、生物、光学等各种分析处理工作,基站还可以随时采集结果数据。

图 1-3　“幽灵卫士”号 USV

(4)“水虎鱼”号 USV

2010 年夏,第一艘“水虎鱼”号(图 1-4) 建造完成,随后进行了为期六个月的海试。它是由美国 Meggitt 防务系统公司研制的一款主要用于靶船拖船的无人艇[8],其最大的特点在于保留了传统驾驶座椅和操纵舵轮,在必要时可登艇手动操控。作为实验靶标,该艇可以适时发射雷达、红外等电子对抗诱饵。

图 1-4　“水虎鱼”号 USV

(5)“CAT-Surveyo” 号 USV

2013 年，在法国举行的国际军警设备展览会上，美国海底科技公司展示了最新开发的用于执行内河、港口水域监视侦察任务的新型水面无人艇“CAT-Surveyo” 号(图 1-5)[9]。该无人艇采用双体船型，拥有两种操控模式，即远程操控和自主导航模式。地面指挥站可使用 Wifi 实现网络连接，对艇上的所有嵌入式软件进行可视化实时控制。

图 1-5　“CAT-Surveyo” 号 USV

(6)“海上猎人” 号 USV

2016 年 4 月，“海上猎人”(Sea Hunter) 号无人艇(图 1-6) 首次公开展示，该艇长约 40m，安装有多部声呐和光电传感器，可综合运用雷达和探测系统对周边舰艇进行探测识别[10]。该艇还拥有优异的隐身性、较强的对潜探测能力、持久的续航能力(70 ～ 90d)，并可自行跨越数千海里的海域探测和跟踪敌方潜艇。

图 1-6　“海上猎人”号 USV

此外，美国 PEO LMW(The US Navy Program Executive Office for Littoral and Undersea Warfare)研发了一款可重构、高速和长耐力的半自动 USV[图 1-7(a)]。该 USV 配备雷达、固定摄像机、红外传感器、麦克风、水深仪、温度和风速传感器等设备。2004 年，麻省理工学院的 Joseph Curcio 等人研发了一款名为“SCOUT”的低成本的水面无人艇实验平台。位于弗吉尼亚州的 UOV 公司研发了一款用于海洋数据收集、测量且续航能力很强的 UOV，它能够以风能、太阳能以及回收动力作能源[图 1-7(b)]。Navtec 公司研发了一款具有高隐蔽性、强配重能力以及具有侧扫声呐、摄像两种功能的基于喷水动力的 USV——Owl MK Ⅱ[图 1-7(c)]。

(a) PEO LMW　　(b) UOV　　(c) Owl MK Ⅱ

图 1-7　美国研发的其他 USV

1.2.2　以色列水面无人艇发展现状

以色列非常重视水面无人艇的研究，是世界上将 USV 应用于军事方面十分领先的国家。以色列拥有丰富的无人机研制技术，通过将无人机技术应用于水面无人艇的研发，使其具有独特的竞争优势，最具典型的有“保护者”“海星”“黄貂鱼”“银色马林鱼”等。

(1)“保护者”号

“保护者”(Protector) 号(图 1-8) 是以色列国防部 2003 年研发的一款高速无人作战艇。该 USV 配备了高精度的武器台稳定系统，各种小口径机关炮，以及用于识别和瞄准的 Toplite 光电舱，主要用于国防保护和反恐作战。“保护者”艇体长度在 9 ～ 11m 之间，采用柴油机喷水推进方式，具有最大 40kn 的航速，可以给无人艇在水面作战时提供可靠的机动性能保障，能在不暴露身份的情况下执行一些关键任务，有效降低了人员伤亡率[11]。

图 1-8　“保护者”号 USV

(2)“海星”号

以色列航空防务系统公司于 2005 年独立开发了“海星”(Sea Star) 号无人艇(图 1-9),它是一种硬壳充气式无人艇,长约 11m,宽约 3.5m,由两台功率为 350kW 的船用柴油机提供动力,能以 83km/h 的航速巡航,能在 550km 外连续 10h 执行任务[12]。它拥有一个功能全面的任务设备包,其中包括可用于侦查、监视和目标搜索的昼夜红外 / 可见光传感器、声呐的传感器套件和可用于电子支援、电子对抗、电子侦察和通信侦察的电子战套件。

图 1-9　“海星”号 USV

(3)“黄貂鱼”号

20 世纪初,Elbit 公司在无人机的基础上研发了“黄貂鱼”(Stingary) 号 USV(图 1-10)。

该艇最大的特色就是船型小、隐蔽性好，能够完成海岸物标识别、智能巡逻、电子战争等多项任务[13]。

图 1-10 “黄貂鱼”号 USV

(4)“银色马林鱼”号

“银色马林鱼”(Silver Marlin) 号是 Elbit 公司于 2006 年生产的一款用于自动巡航和搜救的中型 USV，如图 1-11 所示。该 USV 能够实现船舶的自动避碰，可以在视距以外自动航行。操作人员通过岸边监控系统和卫星通信控制系统实现对其的监控。该艇航程可达 550km，航行中抗倾覆性强，最大载重 2500kg，能携带多个传感器和武器系统，应用于执行沿海智能化巡逻任务，是防卫、反恐、扫雷、搜救和救援的重要保障[14]。

图 1-11 “银色马林鱼”号 USV

(5)“KATANA”号 USV

2014 年，以色列航空航天工业公司推出了它们新一代水面无人艇，名为“KATANA”，如图 1-12 所示。该无人艇拥有自动导航及自控防撞系统，并配备了红外相机、雷达和武器系统等一系列先进装备，可以在专属经济区、海上边界等大范围内执行侦查及作战任务，必要时能够根据接收到的指令对目标发动攻击，可全自动操作，也可由人遥控操作[15]。

图 1-12 "KATANA"号 USV

1.2.3 其他国家水面无人艇发展现状

美国和以色列研发的 USV 多用于国防方面，其他国家研发的 USV 多用于航运、环保、航道测量等民用领域。以下介绍几个比较著名的项目和 USV。

(1)"Springer" USV

2004 年英国普利茅斯大学 MIDAS 科研小组开始研发 USV——"Springer"[16]。该船为双体船，主要用途是在内河、水库和沿海等浅水水域追踪污染物，测量环境和航道信息，还可用于传感器采集技术、测量技术以及能源控制系统研究等，如图 1-13 所示。该船用直流电机驱动，使用 SLAM(Simultaneous Localization and Mapping) 技术克服 GPS 定位可靠性不够高的缺点，能基于船舶航行环境预估船舶下一步位置。

图 1-13 "Springer" USV

(2)"Charlie" USV

意大利热那亚 CNR-ISSIA 研究机构研发的"Charlie"号 USV 是一艘双体船(图 1-14),主要作用是在南极洲对海洋微表层进行取样和收集大气海洋界面的数据,以及在浅水区域探测鱼雷[17]。该船由无刷直流电机驱动,并在船上配备太阳能板。

图 1-14　"Charlie" USV

(3)"Delfim" ASV

"Delfim"是由葡萄牙 DSOR(动力系统和海洋机器人实验室)研发的小型自动航行的双体 ASV(Autonomous Surface Vehicle),用于与 AUV(Autonomous Underwater Vehicle)联合作业,执行海洋数据的实时采集和传输,如图 1-15 所示。ASV 上装有 DGPS、USBL(水下定位装置)、高速通信模块以及海洋数据测量设备,在执行任务时,ASV 向 AUV 传输定位数据以供 AUV 定位,AUV 向 ASV 传输海洋测量数据,ASV 再将这些数据传回岸边或周围的船舶。

图 1-15　"Delfim" ASV

(4)“MESSIN” USV

1998—2000 年间，德国联邦科技部资助了“MESSIN”项目，该项目研发了一条双体USV 船舶，该船用于在水深小于 5m 的水域执行多种测量和研究任务。

(5)“MMSV Ⅲ“ USV

德国 Veer 公司于 1997 年开始，共生产了“STIPS Ⅰ”“STIPS Ⅱ”两种 USV。在 2005 年，又研发了多任务的“MMSV Ⅲ”，如图 1-16 所示。

图 1-16 “MMSV Ⅲ” USV

(6)“ROAZ” ASV

“ROAZ”是由法国波尔多工程研究所自主研发的 ASV，如图 1-17 所示。与“Delfim”类似，“ROAZ”通过视觉信息来计算 AUV 与 ASV 的相对位置和方位，在内河环境下实现 AUV 的自动靠泊服务[18]。

图 1-17 “ROAZ” ASV

(7)“UMV-H” USV 和“UMV-O” USV

日本雅马哈公司研发了两种USV，一种是高速型无人艇“UMV-H”号，另一种是海洋型无人艇“UMV-O”号，如图1-18所示。UMV-H号使用水喷射动力，最大功率达到90kW，长为4.44m，既可以载人也可以无人航行，可携带常用的一些设备，比如水下摄像机和声呐。“UMV-O”号是一个针对远洋航行的USV，主要任务是监控海洋和大气的生物地球化学和物理参数，具有很好的续航能力。

(a)“UMV-H” USV　(b)“UMV-O” USV

图1-18　YAMAHA公司所研制的无人艇

1.3　国内水面无人艇发展现状

国内水面无人艇的研究起步较晚，在无人艇操纵和自主航行等方面的集成应用上，与发达国家的成熟技术相比，还有很大的差距，仍处于起步阶段，这就对研究人员提出了更高要求，必须针对无人艇的应用需求设计并构建无人艇系统。目前，我国进行水面无人艇研究的机构主要有：哈尔滨工程大学、武汉理工大学、上海大学、上海海事大学、中国航天科工集团沈阳新光公司、沈阳自动化研究所、中华造船厂、珠海云州公司等。下面是我国研究的几个比较著名的无人艇。

(1)“iNav”系列无人艇

“iNav”系列无人艇由武汉理工大学水上交通安全与仿真团队(NSSG)研发。其中“iNav-Ⅰ”型无人艇在2016年进行了无人艇首向控制和路径跟踪实船实验(图1-19)。在2017年，团队开发了“iNav-Ⅱ”型无人艇，该型无人艇是一艘纯电动的玻璃钢制水面无人艇(图1-20)。艇长3.96m，宽1.55m，吃水0.3～0.5m，满载排水量0.708t。该型无人艇的动力推进装置为一台吊舱式推进器，吊舱推进器的偏转角度限制为$-25°\sim25°$，即允许操舵的角度范围在正负25°之间。“iNav-Ⅱ”型无人艇配置有完善的传感器探测设备，包括探测障碍物的毫米波雷达，感知环境的风速风向仪，感知姿态及位置的惯性导航与差分GPS(RTK，可达到厘米级定位精度)系统以及用于数据交换和指令传达的船岸无线电通信系统。

图1-19 “iNav-Ⅰ”型无人艇

图1-20 “iNav-Ⅱ”型无人艇

(2)“精海”无人艇

2013年,由上海大学、上海海事局与青岛北海船舶重工有限责任公司共同研发的“精海”无人艇实现首航,如图1-21所示。该艇采用玻璃钢全封闭结构;选用柴油机动力系统,采用喷水推进;具有良好的机动性和抗风浪能力,具有无人驾驶和不沉性等特点,可用于不适宜载人的试航任务,在加载相关的操控系统后还可以完成水温气象参数测量、地形勘察、探测、导航、搜救等任务。目前,它已用于内陆江河、深海大洋等水域的测绘和监测任务。

图1-21 “精海”无人艇

(3)“海腾01”无人艇

从2006年起,上海海事大学先后研发出第一代、第二代、第三代水面无人艇,可执行水上救助、水文勘测和水面环境监测等任务。2010年,相关课题组在前三代水面无人艇的技术基础上,成功研制“海腾01”号[19]智能高速无人水面艇,如图1-22所示。该艇配备有雷达、声呐、立体视觉和360°监控摄像机等监测设备,共有全自航、半自航和全遥控三种工作模式,可在巡航、测量、水文环境监测、进出港与过境船舶监测监视、水面防污染监测等方面进行无人作业。

图 1-22　“海腾 01”无人艇

(4)“Sliver Frog”无人艇

上海海事大学研制的“Sliver Frog”号无人艇为双体铝合金小船，是一个多任务通用平台，如图 1-23 所示。该艇船长 2.7m，宽为 1.48m，艇重 60kg(航速可达 11km/h)，有效载重 100kg，采用双螺旋桨推进，由 DC 电机驱动，依靠推力差进行转向控制，使用 60A・h 的锂电池组供电。“Sliver Frog”采用了基于无线局域网络的控制系统，无线局域网络的有效通信距离可达 1852m，该艇还配备有照相机等设备。目前已进行了海港监视、水质量采样、水文测量、海事搜救等试验。

图 1-23　“Sliver Frog”无人艇

(5)“XG-2”无人艇

在第六届中国国际航空航天博览会上，航天科工新光集团展示了自行研制的“XG-2”USV(图 1-24)，该型号的无人艇采用了自主航行与遥控航行两种模式，最大航速可达 45kn，遥控距离达到 100km[20]。“XG-2”USV 配备有雷达、光电和声呐等目标探测系统，同时可配备机枪、防空导弹等自卫武器。该艇可以通过卫星与地面控制基站通信，可以完成巡逻、搜集和导弹发射等任务。

图 1-24　“XG-2”无人艇

(6)“天象一号”无人艇

2008 年,沈阳航天新光公司与中国气象局大气探测技术中心合作,共同研发出我国首艘无人驾驶海上气象探测船——“天象一号”USV[21],如图 1-25 所示。“天象一号”探测系统由两部分组成:一是海上无人探测平台,即“天象一号”无人驾驶船;二是地面控制系统。该气象探测船总长 6.5m,船体用碳纤维制成,采用智能驾驶、雷达搜索、卫星应用、图像处理与传输等诸多国际前沿技术,科技含量高。该探测船有人工遥控和自动驾驶(可按预定航线行驶)两种驾驶方式,如途中遇到障碍物可通过目标搜索识别系统和处理系统进行避让航行。“天象一号”无人艇在船体设计上有自稳定功能,可满足在高海况下工作。该船配备可靠的动力系统,其航程可达数百千米,一次航行可在海面作业 20d 左右,填补了我国海洋气象动态探测空白,在应对海洋突发事件和监测海洋、大型湖泊等的环境及灾害预警等方面具有重要意义。

图 1-25　“天象一号”无人艇

(7)“领航者”无人艇

珠海云洲智能科技有限公司于2014年开发的海洋高速无人艇平台“领航者”号(图1-26)是一款通用化海洋高速无人艇平台,可应用于环保监测、科研勘探、水下测绘、搜索救援、安防巡逻乃至军事应用领域,通过搭载无人机、潜水器等设备开展更多的任务。该艇在海洋测绘、海上应急等众多领域都有广阔的应用前景。

图1-26 “领航者”无人艇

1.4 无人艇发展的关键技术

从国外公开的资料来看,关于无人艇的研究广泛借鉴了认知心理学、符号学、神经科学和人工智能等专业理论,从应用前景看,未来包含的理论和技术主要有:控制理论、运筹学、博弈论、模式识别、图像理解、自动化原理以及控制论等。与之相关的技术和工程问题可分为两类:第一类是技术本身不能完全满足任务需要;第二类是技术本身是成熟的,但是目前在无人艇中的应用还不够成熟。其中,可归属到第一类的技术和工程问题包括:自主控制、障碍规避、威胁避免、自动目标识别、无人艇子任务包的自动布放和回收;可归为第二类的技术和工程问题包括:集中控制、武器发射、无人艇部署与回收等。

从现有资料看,国内针对无人艇的研究较西方国家存在明显的差距。尽管在无人艇研制方面均取得了一定成果,但多数无人艇产品仍只能实现简单测量、巡视、采样等功能,要想真正在情报侦察与监视,以及无人系统协同等方面有所作为,尚存在较多需要解决的问题,主要包括以下几个方面:

(1) 无人艇总体设计

无人艇的模块化设计技术;无人艇系统的可靠性、容错性、可扩展性设计;能够满足快速调试等多种需要的控制系统体系结构设计;与无人艇功能相适应的信息综合处理系统设计;与任务需求相适应的组合导航系统设计。

(2) 无人艇运动控制技术研究

面向精确控制的无人艇运动建模；无人艇运动参数辨识；面向任务的无人艇快速性、稳定性、耐波性研究；无人艇水动力性能、操纵性仿真、测试与验证研究；无人艇的航向、航速、航迹与姿态智能控制技术研究。

(3) 无人艇自主导航与定位技术

无人艇高精度卫星导航技术；无人艇组合导航技术；基于机器视觉的同步定位与建图(SLAM)技术；多无人艇协同导航与定位技术。

(4) 无人艇自主航行与任务规划技术

无人艇自主路径规划技术；无人艇自主运动规划技术；无人艇自主避障与避碰技术；无人艇任务规划与自主决策技术；无人艇的集群控制与编队控制技术。

(5) 环境信息采集与识别

水面静止和运动目标的动态识别及运动轨迹预测；多传感器信息获取与处理方法研究；多传感器的目标跟踪和检测技术；目标识别和轨迹预测算法的自适应能力提升技术。

(6) 通信技术

基于卫星通信、UHF 高速数据传输通信、VHF 数据通信、近岸 4G 网络以及自组织无线网络等技术的实时、可靠性通信技术；面向大数据传输与云服务的宽带无线通信技术；无人艇自组网通信技术。

参考文献

[1] CORFIELD S J, YOUNG J M. Unmanned surface vehicles-game changing technology for naval operations[M]// Advances in Unmanned Marine Vehicles. [S. l.]: IET Digital Library, 2006: 311-328.

[2] 朱炜，张磊. 现代水面无人艇技术[J]. 造船技术，2017(2):1-6.

[3] LIU Z, ZHANG Y, YU X, et al. Unmanned surface vehicles: An overview of developments and challenges [J]. Annual Reviews in control, 2016, 41: 71-93.

[4] GOERLANDT F, MONTEWKA J. Maritime transportation risk analysis: Review and analysis in light of some foundational issues[J]. Reliability Engineering & System Safety, 2015, 138: 115-134.

[5] IMHOF D, WEINGARTNER E, PREVDT A S H, et al. Aerosol and NO_x emission factors and submicron particle number size distributions in two road tunnels with different traffic regimes[J]. Atmospheric Chemistry & Physics, 2006, 6(8): 2215-2230.

[6] ARHAMI A. Design and analysis of an unmanned small-scaleair-land-water vehicle[D]. Malaysia: UTHM, 2013.

[7] MILLER J V, CARTER D W, KOLITZ S E. Large-scale dynamic observation planning for unmanned surface vessels[J]. Massachusetts Institute of Technology, 2007, 34, 65-71.

[8] 万接喜. 外军无人水面艇发展现状与趋势[J]. 国防科技，2014, 35(5): 91-96.

[9] 宋磊. 全球自主：国外无人水面艇未来发展及关键技术[J]. 军事文摘，2015(13): 26-28.

[10] BRIZZOLARA S, BRIZZOLARA R A. Autonomous sea surface vehicles[M]// Springer Handbook of Ocean Engineering. Cham: Springer International Publishing, 2016.

[11] 傅金祝．多用途“航行器”——以色列“保护者”无人水面艇[J]．现代舰船，2012(4):36-39.

[12] 汪成洋．以色列“海星”水面无人载具面世[J]．当代海军，2006(7):27.

[13] 佚名．“黄貂鱼”无人艇[J]．军民两用技术与产品，2005(12):14.

[14] 国科．国外无人航行器信息[J]．军民两用技术与产品，2007(3):19.

[15] PORATHE T, JAN R Ø. Maritime unmanned navigation through intelligence in networks: the MUNIN project[J]. Unmanned Ship, 2013,23(2):177-183.

[16] GHASSEMI H. Hydrodynamic characteristics of the surface-piercing propellers for the planing craft [J]. Journal of marine science and application, 2009, 8(4):267.

[17] CACCIA M, BIBULI M, BRUZZONE G, et al. Charlie, a testbed for USV research[J]. IFAC Proceedings Volumes, 2009, 42(18):97-102.

[18] 柳晨光，初秀民，吴青，等．USV 发展现状及展望[J]．中国造船，2014,55(4):194-205.

[19] WANG J, LI Z, REN F, et al. Calibration of vision system used on unmanned surface vehicle[C]// OCEANS 2016-Shanghai. Shanghai:[s. n.], 2016: 1-4.

[20] 田勇．水面无人艇运动控制系统设计与实现[D]．大连:大连海事大学，2016.

[21] 鞠景会．基于 DSP 和 GPRS 的无人船运动控制子系统设计[D].保定:河北大学，2013.

第2章　水面无人艇的体系结构

体系结构(Architecture)一词在英文中的本意是“建筑”。体系结构涵盖的范围较广,按照美国国家标准与技术研究院对体系结构的定义:体系结构作为一种架构,包括对组成部分的标识、定义和组织,彼此之间的相互关系、设计原理,子系统的任务功能以及子系统之间的接口协议规范[1]。以软件体系结构为例,软件体系结构为软件系统提供了一个结构、行为和属性的高级抽象,由构成系统的元素的描述、这些元素的相互作用、指导元素集成的模式以及这些模式的约束组成。软件体系结构不仅指定了系统的组织结构和拓扑结构,还显示了系统需求和构成系统的元素之间的对应关系,提供了一些涉及决策的基本原理。生成一个满足软件需求的体系结构的过程叫体系结构设计。软件体系结构设计过程的本质在于将系统分解成相应的组成成分(如构件、连接件),并将这些成分重新组装成一个系统。有了系统设计才可以进行后续的系统实现[2]。

无人艇作为一个复杂的系统工程,未来更是向着智能化、模块化和集成化发展,为了能够尽快制造出可以实际应用的无人艇,对其研究应该运用系统工程的研究方法[3]。事实上,系统总是有体系结构的,不存在没有体系结构的系统,考虑到无人艇将在未知海洋环境中执行任务,构建与无人艇任务相适应、可靠性高、容错性强,并且能够满足快速调试等诸多需求的控制系统体系结构显得尤为重要。无人艇的体系结构作为无人艇研究项目的顶层设计,决定了下层设计的可靠性和通用性[4]。

2.1　水面无人艇物理架构

无人艇根据其设备分布可以分为两大部分:无人艇子系统和控制无人艇的主控站(也称为岸基监控子系统)[5],如图2-1所示。无人艇用来外出执行任务,是由无人艇的艇体及艇上搭载的所有设备组成的集合。主控站部分指的是位于岸上或者船上的指挥与控制系统。根据任务的需要,主控站不仅可以同时控制多个无人艇外出执行任务,还可以在陆域及功能上进行扩展和分配。在实现本地控制的基础上,主控站还可以通过网络向指挥中心,或者远在几千公里外的远程战略指挥所进行延伸[6-7]。本书仅对一套完整的无人艇系统进行物理架构模块化分析和设计。采用模块化设计,可以增强系统的扩展性,提高系统的开发效率,降低开发成本。根据无人艇的任务需求,按照即插即用的原则设计相应的任务模块,可以实现无人艇功能模块的快速开发和调试[8-9]。

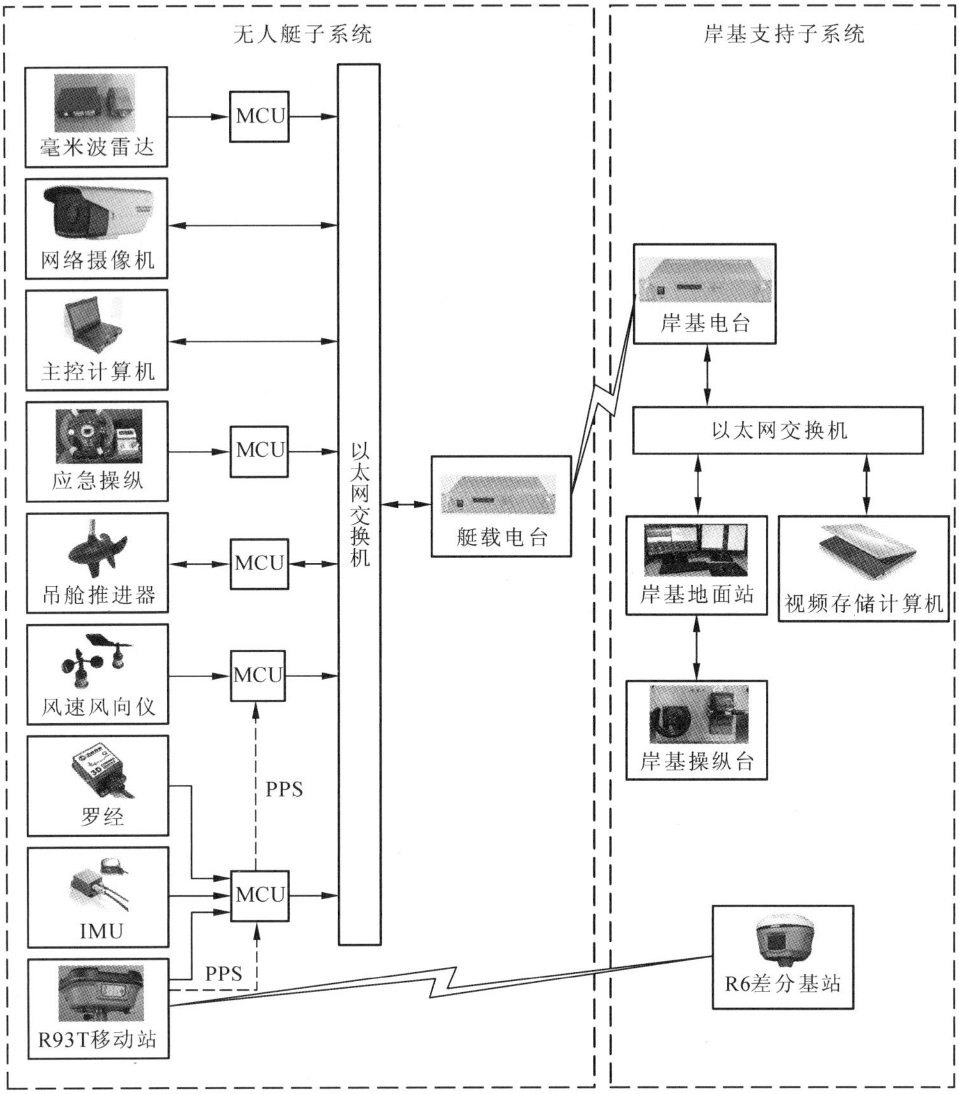

图 2-1　无人艇的物理架构

2.1.1　无人艇组成架构

一般可将无人艇子系统分为几个组成模块，除了艇体及辅助结构部件模块外，还包括航行模块、能源模块、导航定位模块、通信模块、环境信息采集模块以及指挥与控制模块。现对各模块具体设备组成分别进行说明。

（1）艇体及辅助结构部件模块

艇体及辅助结构部件是最基本的组成部分。艇体作为无人艇所有设备的搭载平台，必须确保设备的安全，同时它对无人艇的操纵性能和可实现的其他功能有着较大的影响。艇体的选择主要和无人艇期望达到的操纵性、灵活性、续航力、载重量以及成本限制有关。无人艇可以选择的船体类型包括：射流滑行艇外壳、刚性充气艇[10]、定制的三体壳[11]、巡逻艇单体壳和小水面双体船外壳、平底船、水翼艇、穿浪艇等。以武汉理工大学的“iNav-Ⅱ”型无人艇为例，它采用的是一艘设计总长3.96m，型宽1.55m，吃水0.3～0.5m，满载排水量0.708t的玻璃钢快艇，如图2-2所示，对其进行改装和加强后作为科研无人艇的艇体。

辅助结构指的是水上舷侧结构及加固支架等，可以用来保护船载系统，容纳和安装传感器，并且可以保护无人艇免遭环境条件的影响。辅助结构还可以增加无人艇的载重率，提高无人艇的有效载荷能力。玻璃钢快艇具有较好的辅助结构，只需对水上结构进行重新布置和部分覆盖，安装传感器支架即可。玻璃纤维、碳纤维和凯夫拉纤维等轻质材料都可以用来制造辅助结构。

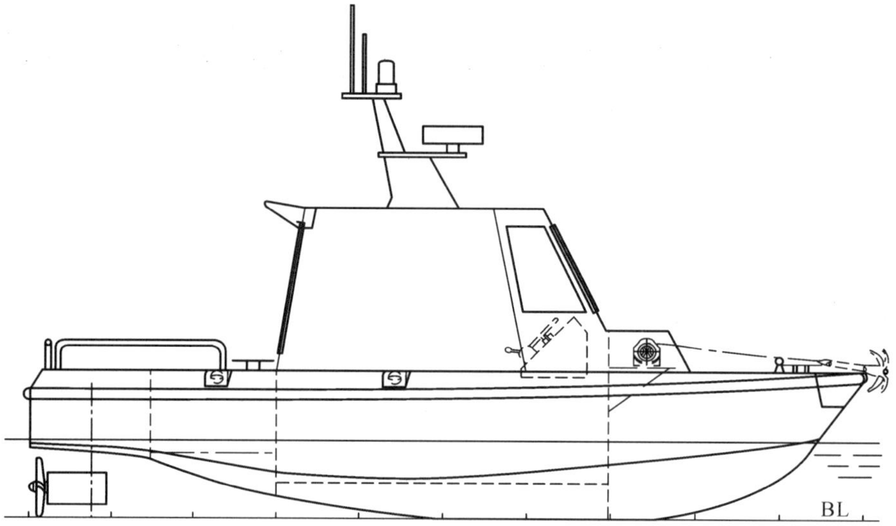

图 2-2　“iNav-Ⅱ”型无人艇设计图

(2) 航行模块

航行模块主要对无人艇的航向和航速进行实时控制，以实现无人艇的航行功能，具体设备包括发动机、齿轮箱、推进器、舵机。考虑到无人艇的遥控操作，发动机可以选择可电控操作的柴油发动机、混合能源发动机等。推进器的推进方式一般有两种，即螺旋桨式和喷水式。螺旋桨式推进是利用发动机和螺旋桨之间的变速齿轮箱来实现无人艇航速无级变速，灵活控制航速大小。航向的改变由舵机及其相关轴性连接实现，通过控制舵机的转角改变舵角，进而改变航向，加装舵角指示器后就可以检测舵角信号。喷水推进的方式主要依靠喷水推进器中的喷水推进泵，水流从海里被吸入泵之后，水泵叶片对水流做功使水动能增加，最后水流高速冲出喷口，水流喷出的反作用力将作为驱动的动力推动舰船运动。此时无人艇航向的改变则是通过改变喷泵的喷口朝向来控制。

图2-3为“iNav-Ⅱ”型无人艇的推进和操纵系统结构图。由图可知，该无人艇的推进方式为螺旋桨推进。

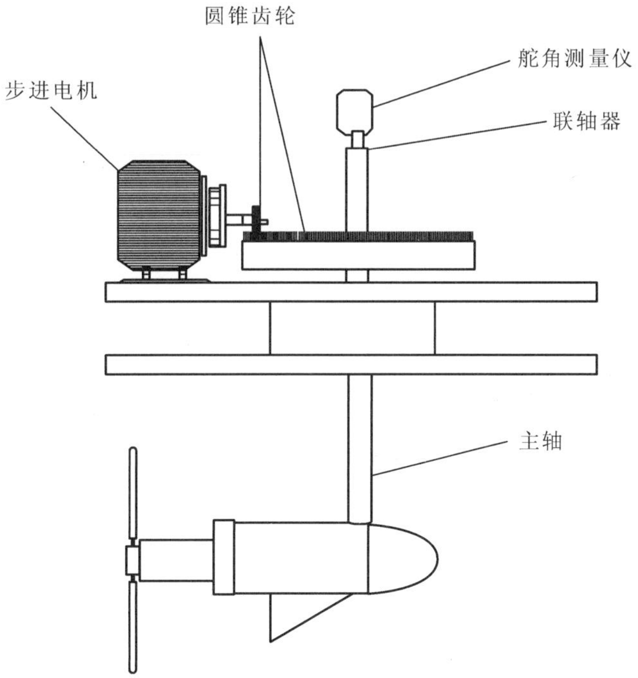

图 2-3　“iNav-Ⅱ”型无人艇推进和操纵系统结构

(3) 能源模块

能源模块提供全艇所需能源，一般包括燃料箱和电池组，并且能够实时显示能源剩余情况。为了确保无人艇安全返航，必要时可以关闭不重要的设备，或者降低航速。燃料箱内的燃料(一般为柴油)为发动机提供能源。在燃油剩余量不足以安全返航时，应该有自动报警系统。电池组为全船的电子设备进行供电，工作时间应不小于无人艇单次巡航任务所需的时间，一般选择铅酸蓄电池组。有时为了满足某些特殊设备的供电需求，可以将其更换成银锌电池组，同等质量下其电容量是铅酸蓄电池电容量的 5 倍。同时也可以考虑安装与发动机相连的轴带发电机，或者安装太阳能电池板为电池组供电，电池组需同样具备剩余电量显示和自动报警功能。燃料箱支持燃料的快速加注，电池组位置的选择要便于安装和布置，根据任务需要可整体替换，以满足连续执行任务的需要。

由于“iNav-Ⅱ”型无人艇为一艘纯电动船，因此其能源模块仅包括电池组。图 2-4 为无人艇的电源模块电路图。首先将蓄电池产生 24V 的电源电压逆变得到 220V 的交流电压，再用电源适配器产生硬件电路需要的低电压。而无人艇控制器的电源与推进电机和转向电机的 24V 供电分开，防止两者之间产生干扰，影响控制器的稳定。而且把 24V 蓄电池逆变到 220V 交流电，可以方便外接船上的其他供电设备。在转换芯片的附近则放置了相应的电容，用来稳定电压和滤除干扰，保证供电电压的稳定。

(4) 导航定位模块

无人艇的实时定位信息很重要，一般选用卫星导航系统获得。使用 GPS 或者北斗来获取包括 UTC 时间、经纬度位置以及速度在内的卫星导航信息[12-13]。该设备应安装在远离其他通信天线的位置，减少电磁干扰，避免影响卫星信号接收。在无人艇首尾线靠近船中的位置应安装体积较小的激光陀螺罗经，用来提供无人艇的船首向和转首角速度信息。同时，通过多普勒计程仪可以获取无人艇的速度和航程信息；而回声测深仪则可以测量水深数据，并提供浅水报警信息。根据相关任务的需要，还可以配备小型的导航雷达。导航雷达通过串口向指挥与控制系统提供雷达视频和目标信息，该雷达同时具备 ARPA(Automatic Radar Plotting Aid) 功能，可以跟踪锁定目标并提供目标的运动态势分析[14]。

"iNav-Ⅱ"型无人艇配备的定位设备是高精度的载波相位差分 GPS(RTK)。该设备分为移动站(图 2-5) 和基准站(图 2-6)，它通过载波相位差分技术进行求差解算坐标，能够在野外实时为无人艇提供厘米级定位精度。

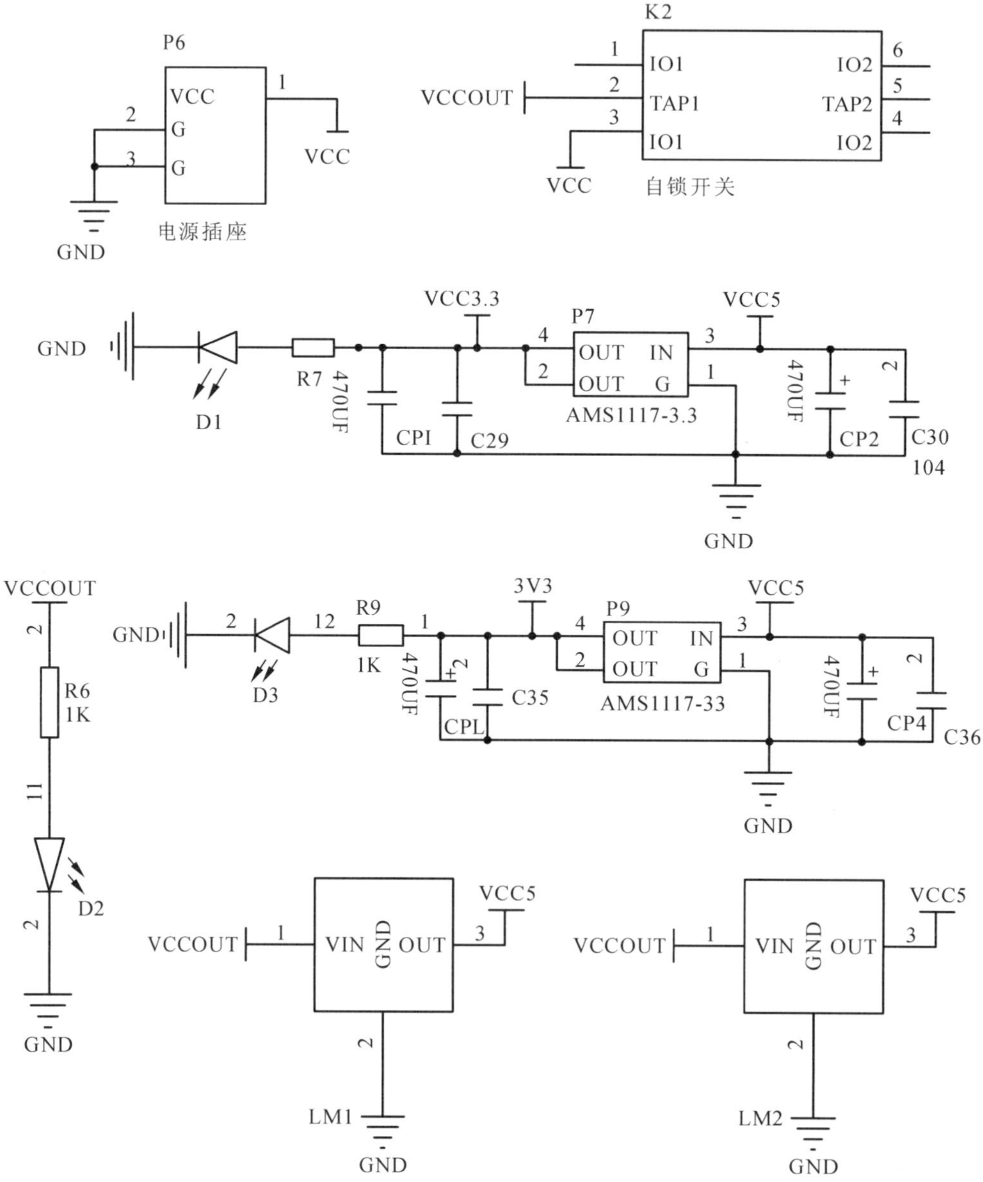

图 2-4　"iNav-Ⅱ"型无人艇电源模块电路图

图2-5　RTK移动站

图2-6　RTK基准站

(5) 通信模块

无人艇的通信方式有多种，可以采用卫星通信、超短波通信、微波通信或者多种通信相互结合的通信方式[15]。超短波和微波设备通信距离有限，主要用于视距范围内的通信。超出视距范围的远距离通信采用卫星通信。此外，近海覆盖3G网络信号的水域可以利用3G网络进行通信，也可以通过布设无线网络在近岸水域作为备用的通信方式，这样可以避免通信线路的冗余。

为了保障艇载数据交换局域网内部数据交换和无人艇与岸基之间数据传输的可靠性，消除不同类型的传感器和设备的数据格式差异带来的影响，“iNav-Ⅱ”型无人艇的控制系统中使用统一的数据通信协议——MavLink协议。MavLink协议是一种目前广泛应用于小型无人驾驶航空器之间通信，以及小型无人驾驶航空器与地面控制站之间通信的开源通信协议。

(6) 环境信息采集模块

环境信息采集模块是无人艇的眼睛和耳朵，负责对水面进行侦察和监视任务。其中摄像机能够获取现场视频，前视红外传感器能够在夜晚获取红外环境信息，激光测距仪和方位指示器提供与目标的距离和相对方位信息。以上这些设备一般集成在多功能光电塔内，包括控制云台与支撑物之间的连接。云台是安装、固定各种传感器的支撑设备。根据外部控制信号，云台可以完成指定速度的水平、垂直运动，光圈、焦距调节，传感器关闭、开启等功能。多功能光电塔通过串口和指挥与控制模块相连，借助串口通信实现彼此之间的互联。

此外还应该有安装在负载平台上的指向型的音频采集卡，可以采集特定方向上的音频数据；VHF设备可以获取无人艇周围的通话信息；自动识别系统(Automatic Identification System，AIS)设备可以实时获取并显示周围船舶的船舶资料和航行相关信息。

(7) 指挥与控制模块

由以上模块中的设备实时采集的信息都将通过网络或者串口线汇总到指挥与控制模块。指挥与控制模块一般采用一台工业用加固计算机，在计算机内对所有的信息进行处理和分析，对无人艇的状态信息进行编码，将视频和音频数据进行压缩处理，通过选定的通信线路发送回主控站。同时负责接收主控站的控制指令，解码后发送到相应的设备实现对无人艇的控制。该计算机内部安装有标准输入输出接口的航行管理系统，可以实现本地航行操作，确保无人艇在通信状态不佳或者通信线路断开时仍能按照一套规定的控制程序进行控制，保证无人艇的安全。在无人艇上保留了与航行相关的操控台，与航行管理系统直接相连，在无人艇发生故障时，可以由操作人员直接操纵无人艇返回，进行维修。

以上就是无人艇的物理架构，通过更换任务模块即可执行不同的任务。

2.1.2 主控站组成架构

主控站作为无人艇的指挥与控制中枢，负责对无人艇进行任务规划。考虑到实际使用过程中安装布置的方便与灵活，一般将主控站设计成移动式工作站。该工作站可以安装在一艘有人驾驶的小艇上，或者其他大型船舶上，也可以设于岸上的指挥中心内。根据具体任务需要还可以通过网络在陆域上进行延伸，在上一级指挥中心的控制终端上进行控制。主控站通过通信设备与无人艇相连，接收无人艇传回的各种数据，供操作人员决策使用，生成的控制指令实时发送回无人艇，由位于无人艇上的指挥与控制模块负责解析和分类，并发送到相应的设备，实现对无人艇的控制操作。

根据实际应用需要，主控站的设计主要分为两种。一种是手持控制终端，借助通信天线，通过操纵杆和旋钮控制无人艇的螺旋桨转速和舵角，实现对无人艇的航行控制。手持终端仅显示包括位置、航向、速度以及舵角在内的信息，体积较小，功能比较单一。该终端主要供操作人员对无人艇进行施放和回收，以及其他应急操作。另一种为标准的移动式工作站，由多台计算机组成局域网，一台计算机用来显示雷达目标视频信息，一台计算机用来显示不同传感器采集的环境信息，还有一台计算机不仅安装有用来进行路径规划的电子海图系统，还可以综合显示包括无人艇的导航定位信息以及工作状态等在内的信息，可通过下拉菜单查看和控制不同设备的工作状态。最后一部分是控制面板，借助控制面板可以手动对无人艇进行航向、航速控制，操作多功能光电塔内的传感器。控制面板通过串口与综合信息显示计算机相连，所有的操作和控制指令在综合信息显示计算机内经过编码后经由通信线路发送到无人艇。

具体而言，“iNav-Ⅱ”型无人艇的主控站需要接收操舵控制指令和无人艇终端反馈的数据，依据数据做出对应的响应，在用户界面显示任务执行的结果和实现无人艇终端反馈信息的可视化，同时发送远程控制指令到无人艇艇端系统。因此系统的体系结构为 3 层：数据层、业务层、表现层，如图 2-7 所示。

(1) 数据层

数据层是主控站体系结构中的第 1 层，整个主控站的工作都是围绕数据流的流动展开的。操纵台的控制指令数据发送到主控站，在主控站和基于任务规划控制的指令数据一起发送给无人艇终端系统；无人艇终端把传感器设备采集的信息发送给主控站。其中数据的传输需要依靠定义的数据传输协议和通信媒介完成。

(2) 业务层

业务层是主控站体系结构中的第 2 层，也称为任务层。依据数据层的数据和主控站的功能，执行相关的任务。需要执行的任务有 4 种：发布控制指令、可视化无人艇终端的反馈信息、通信链路的选择和配置、数据的存储等操作。

发布控制指令，把远程控制信息发送给无人艇艇端。远程控制信息包括转发操纵舵的控

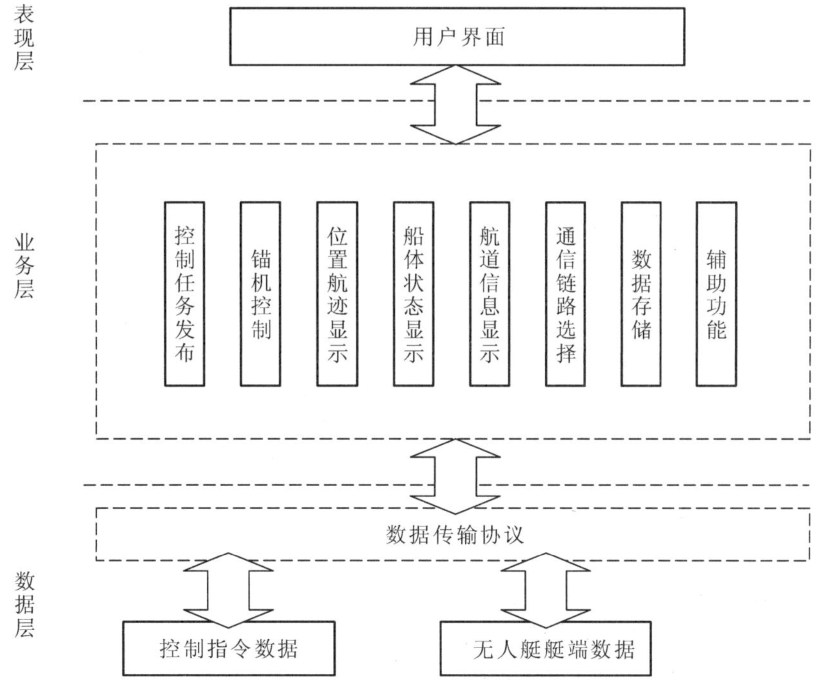

图 2-7　“iNav-Ⅱ”型无人艇主控站控制系统体系结构

制指令、任务规划中的航迹信息以及在对话框中直接输入的控制指令、锚机控制指令。

可视化无人艇终端反馈信息，可以很好地掌握无人艇的工作状态信息。通过位置和航迹显示可以获得无人艇在航道中的实时位置；通过艇体状态信息显示可以获得无人艇姿态、航向、速度以及它们的变化情况；通过航道信息显示可以得知航道中实时交通流和周围环境信息。

通信链路的选择和配置。主控站与无人艇终端、主控站与操纵台之间的通信都是基于串口连接实现的，对应不同的对象选择正确的串口，并且对串口进行波特率等参数的配置。

数据的存储等操作，数据存储是把主控站运行过程中实时的部分关键参数存储在数据库或者根据特定的需求格式存储在文本中。其他辅助功能如系统的容错恢复、状态提醒，在这里不做具体的阐述。

(3) 表现层

表现层是主控站体系结构中的第 3 层，是业务层执行后的结果。表现层是主控站呈现给用户的最终结果，即用户界面，是主控站呈现给基站控制者最直观的图形界面，也是基站控制者获得无人艇状态参数以及航道信息展示的重要途径、远程控制中任务规划实施的重要场所，此外它还具有过程数据的动态显示、后续数据仿真绘图、手动控制结果显示以及串口通信配置选择等功能。

2.2　水面无人艇逻辑架构

对于复杂系统来说，信息对于揭示事物的组织结构有着重要的意义，要使一个系统从杂乱走向有序就要有信息，信息的丧失意味着杂乱程度的增加。信息方法把复杂系统看成是一个通信和控制系统，从逻辑的角度，研究它们共同存在的信息接收、存贮、加工和传输的变换过程，就能揭示其信息联系和共同属性。控制系统也是通过信息变换过程和反馈原理实现的[16]。人类的认识过程，就是一个信息反馈控制和调节的过程。世界上关于无人智能平台的研究大部分都是在模仿人类的思维和行动，广泛借鉴了人工智能和生物医学等领域的研究成果[17-21]。因此在无人艇的物理架构设计的基础上，通过划分无人艇的功能子系统，从逻辑的角度分析各子系统的信息组成和各子系统之间的逻辑关系，对无人艇的逻辑架构进行设计。

对应于不同的物理模块，将无人艇具体划分为六个功能子系统：指挥与控制子系统、导航定位子系统、环境信息采集子系统、通信子系统、航行控制子系统和能源管理子系统，如图2-8所示。

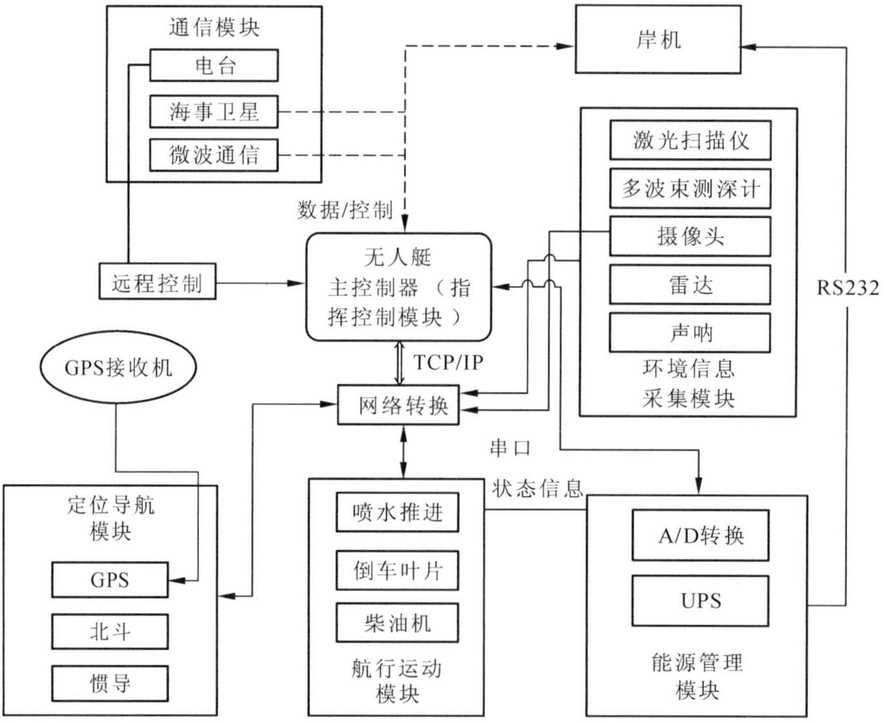

图2-8　水面无人艇逻辑架构

2.2.1　指挥与控制子系统

指挥与控制子系统作为无人艇逻辑架构的核心，通过串口和网络接收来自其他子系统的信息，同时根据各子系统的信息需求，向各子系统发送所需的信息以及控制指令，负责监督各子系统的工作状态，处理系统报警信息，控制所有搭载设备的开启和关闭，并保证各设备可以正常运行。指挥与控制子系统接收和处理的信息主要有导航信息、环境信息、航行状态信息、剩余能源信息，以及负载平台的工作信息。

无人艇和主控站各自有一个指挥与控制子系统。无人艇上的指挥与控制子系统负责将所有接收到的信息进行分类和汇总，按照规定的报文格式进行编码后通过通信线路发送到主控站；主控站的指挥与控制子系统对接收的信息进行分析和处理，提取有用信息，供操作人员决策使用。同时，由主控站生成的控制指令通过相同的通信线路发送回无人艇，无人艇上的指挥与控制子系统对其进行解析分类，分发给不同的子系统，控制各子系统的工作。

主控站的指挥与控制子系统在对来自无人艇的信息数据进行解码和分类时，通过串口和网络总线发送到不同的计算机分别显示，除了雷达视频信息和环境信息分别使用一台计算机进行显示外，其他的导航信息和设备的工作状态信息均在综合信息显示计算机上显示，可通过下拉菜单查看和控制不同设备的工作状态。

图 2-9 所示为“iNaV-Ⅱ”型无人艇地面站控制系统功能组成图，地面站控制系统不仅包括软件部分的功能，而且还有硬件部分远程控制中操纵台平台的设计与实现、串口通信中用于远程通信的无线传输电台的硬件实现。此外，还有部分功能如模块间多线程设计、容错恢复、远程语音通信以及为后期系统的改进与提升预留的需添加模块(船舶避碰中信息的可视化如红外测距、雷达以及声呐等信息显示)的接口。

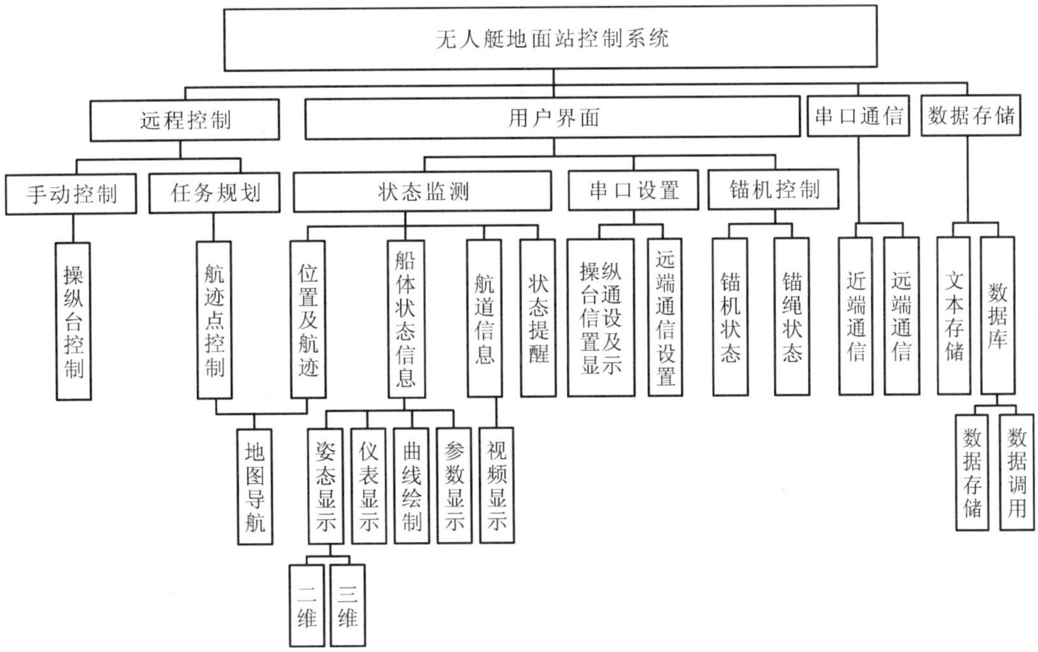

图 2-9　“iNav-Ⅱ”型无人艇地面站控制系统功能组成

(1) 用户界面功能

用户界面设计部分是整个地面站控制系统人机交互的唯一途径，通过它不仅可以查看远程实时监测信息，而且还可以依托它实现任务控制、参数模拟仿真以及历史数据显示等功能。

用户界面具体分为串口设置、锚机控制和状态监测 3 个模块。串口设置模块是为了完成对应串口的选择、波特率等串口通信参数的配置，它包括操纵台中数据采集串口的配置和上下位机中数据传输串口的配置。锚机控制模块是为了发送无人艇在定点监测的情况下锚机的自动抛锚与收锚的工作指令，可视化锚绳长度信息。锚机控制模块具有抛锚、停止、收锚和锚绳长度变化可视化显示功能。状态监测是用户界面中最为重要的部分，主要包括无人艇体状态信息监测模块、航道信息监测模块、位置及航迹信息监测模块。

(2) 远程控制功能

远程控制是控制无人艇在航域中执行任务的途径，是整个系统的控制中枢，分为手动控制和任务规划控制两个模块。

手动控制即操纵台控制，操纵台把舵机控制指令和车钟控制指令通过地面站进行中转发送给无人艇艇端系统执行相应的任务。舵机指令是为了通过控制舵机的角度来改变无人艇的转向角度，车钟控制指令控制两个推进电机的转速和方向，完成前进、后退和停车动作。任务规划控制模块是依托于用户界面完成的，不能算是一个独立的模块。从结构的完整性考虑，在功能需要分析、功能体系结构以及功能组成上单独介绍，但在地面站的具体设计与实现中将在用户界面的实现部分中完成。任务规划控制分为两个部分：基于地图模块的航迹点规划控制和在用户界面模块上通过按钮或者文本框直接输入控制指令而完成偏航、回旋等任务。基于地图模块的航迹点规划是把规划的航迹中关键点的坐标发给下位机进行算法控制，上位机系统目前不涉及算法的具体实现。

(3) 串口通信功能

从地面站系统完整性的角度考虑，一般把串口通信分为两个模块，一个属于用户界面中的一部分，另一个作为地面站控制系统中独立的一部分。属于用户界面部分已在(1)中介绍，本部分功能是硬件和数据传输协议的设计实现。在硬件实现上，整个地面站有两个通信连接链路，分别是地面站和操纵台之间以及地面站和无人艇终端间通信媒介的连接。属于地面站控制系统的串口通信模块还具有数据传输协议的设计，两条通信链路的数据传输工作都要通过自定义的数据链传输协议进行打包与解析，这样可以保证大量数据在传输过程中解析效率比较高、丢包率比较低。

(4) 数据存储功能

数据存储模块包含文本存储和数据库两种方式。文本存储的优点在于快捷、存储格式自由度大等，对于解析与分类存储的数据会更加便捷。此外，文本存储可以很容易地实现根据需求存储特定片段或者特定过程段中的部分数据。

由于整个地面站需要长时间连续运行，其中涉及大量的关键参数而且都是实时的，这些数据的总量是海量的，需要对这些信息充分有效地进行管理与分类存储，冗余度也要求比较小，因此为地面站控制系统设计一个数据库系统是十分必要的。

2.2.2 导航定位子系统

无人艇的导航定位子系统主要提供无人艇执行任务所需的导航定位信息，主要包括导航雷达、GPS、计程仪、激光陀螺罗经、回声测深仪等，要求信息的获取尽可能实时，定位精度应达到米级，所有的信息均通过串口发送给指挥与控制子系统。

导航雷达应具备 ARPA 功能，其数据格式满足 NMEA-0183 规范要求。导航雷达提供的数据包括两部分，一部分是雷达图像视频信息，另一部分是包括目标运动态势分析数据在内的雷达目标信息。导航雷达上布置有罗经、计程仪、GPS 的输入接口以及跟踪数据输出接口。通过串口通信，雷达可获得所需的无人艇航向信息、航速信息以及位置信息。导航雷达的操作控制信息则通过串口由导航处理模块输入。

GPS/北斗一体机接收卫星定位信号，提供无人艇的经纬度位置信息、UTC 时间信息和速度信息。这些信息将实时地发送给导航处理模块进行信息提取，同时导航处理模块向其发送控制指令，控制开关机和选择提供定位信号的卫星。

激光陀螺罗经提供无人艇的船首向和船首旋转角速度信息。多普勒计程仪输出无人艇的航速信息，作为无人艇航速的主要信息来源。回声测深仪输出无人艇所在位置的水深数据。首向信息、速度信息和水深数据均通过串口发送到导航处理模块。控制罗经、计程仪和测深仪开关机的控制指令由导航处理模块通过串口发送。

2.2.3　环境信息采集子系统

环境信息采集子系统和指挥与控制子系统通过串口相连，负责采集并上传包括无人艇周围环境信息在内的视频、图片、音频格式的数据，目标的方位、距离信息以及传感器的工作状态信息。指挥与控制子系统则针对不同设备通过串口传输控制指令。环境信息采集子系统将摄像机、前视红外传感器、激光测距仪、方位指示器、音频采集卡、AIS 等设备集成在多功能光电塔内部。

多功能光电塔内的控制云台遵循云台控制标准协议。目前主流的云台控制协议为 PELCO-D 协议。云台通过云台解码器可与系统内的处理模块按照串口或者并口的方式相连。处理模块通过向云台解码器发送控制指令来实现云台控制，包括俯仰、横移、聚焦、变倍等控制指令，同时返回包括云台转速、旋转角度在内的工作状态信息。

通过控制云台可实现光电塔内其他传感器的姿态控制，处理模块发送的控制指令仅限于控制各传感器的开启关闭和工作模式切换。控制云台接收不同传感器采集的环境信息，经过简单处理后打包发送给指挥与控制子系统。这些信息包括黑白/彩色摄像机采集的周围环境的视频信息，前视红外传感器采集的视频和图片信息，方位指示器输出的目标方位信息以及激光测距仪输出的目标距离信息等。

2.2.4　通信子系统

通信子系统建立了无人艇与主控站之间的有效通信线路。在视距范围内，采用 UHF 高速数据通信传输无人艇上采集的雷达数据、环境状况、无人艇的工作状态等信息，使用 VHF 通信传输采集到的音频信息。对无人艇的控制指令和任务命令均可通过 UHF 高速数据和 VHF 通信传回无人艇上，同等条件下优先使用 UHF 高速数据进行通信。操作人员的语音呼叫通过 VHF 设备传回无人艇，并通过扩音器进行播放。在视距范围外，主要采用卫星通信的方式向主控站发送采集到的数据信息和工作状态信息，并接收来自主控站的控制指令和任务命令。通信线路的选择一方面要考虑通信距离，另一方面也要考虑水上通信信号强弱，中间是否有岛屿等障碍物遮挡。三种通信线路均保持实时守听，确保数据传输的连贯性。

2.2.5 航行控制子系统

航行控制子系统主要实现对无人艇航速和航向的控制。航速的控制要借助发动机、齿轮箱和螺旋桨来实现。发动机为电控发动机，将传感器测量得到的发动机温度信息和齿轮箱转速信息实时发送到航速控制器，同时控制器会将控制指令输出给发动机和齿轮箱，用来改变航速。航向的控制主要由舵机完成。舵机接收到来自航向控制器的控制指令后，通过控制舵机内部的电机转动来改变舵角，进而改变航向。发动机及齿轮箱状态信息和舵角指示器测量的舵角信息(如果采用喷泵返回的则是喷口朝向信息)在航行处理模块内经过编码后作为反馈信息通过串口发送给指挥与控制子系统，指挥与控制子系统将制定好的航行控制指令发送给航行控制器，同时发送的信息还包括当前的位置、航向、航速和船首旋转角速度信息。

2.2.6 能源管理子系统

能源管理子系统负责管理无人艇的能源分配和使用、控制能源的消耗、实时测量能源剩余情况，包括燃油剩余量和电池组的剩余电量。在剩余燃油量或电量低于设定的低容量界限，不能满足当前任务需求时会自动报警。能源剩余情况连同报警信息通过串口发送到指挥与控制模块，提醒操作人员合理安排任务，确保无人艇可以安全返航。在需要的情况下可通过关闭不重要的电子系统以减少用电量，或者降低航速减少燃油消耗。相应的控制指令都通过串口由指挥与控制子系统下达。

参考文献

[1] 杨学斌. 无人艇体系结构研究[D]. 大连：大连海事大学，2011.

[2] 张友生，李雄. 软件体系结构原理、方法与实践[M]. 北京，清华大学出版社，2009.

[3] 李家良. 水面无人艇发展与应用[J]. 火力与指挥控制，2012，37(6)：203-207.

[4] 王宗维. 无人艇体系结构及运动控制系统的研究[D]. 镇江：江苏科技大学，2013.

[5] 黄贤源，陆秀平，邓凯亮，等. 无人水面测量艇技术研究(一)：船型及推进方式设计[J]. 海洋测绘，2016，36(2)：54-57.

[6] Roberts G N，Sutton R. 无人水下航行器进展[M]. 任志良，译. 北京：电子工业出版社，2009.

[7] 李明，王晓军. 以网络为中心的美国海军：增强作战能力的转变战略[M]. 北京：国防工业出版社，2008.

[8] 闵绍荣，黎洪生. 未来舰艇作战系统总体设计模式研究[J]. 舰船电子工程，2004，24(1)：5-8.

[9] 张平. 水面舰艇模块划分方法[J]. 中国舰船研究，2006，1(4)：7-10.

[10] SONNENBURG C R . Modeling，Identification，and Control of an Unmanned Surface Vehicle[J]. Journal of Field Robotics，2013，30(3)：371-398.

[11] 李培勇，裘泳铭，顾敏童. 高速三体船型概念设计研究[J]. 上海交通大学学报，2004，38(11)：33-35.

[12] 武英洁. 船用北斗/GPS 联合导航终端的研究[D]. 大连：大连海事大学，2010.

[13] 洪德本. 航海仪器[M]. 大连：大连海事大学出版社，2003：20-22，86-99，111-141，169-186.

[14] 王世远. 航海雷达与 ARPA[M]. 大连：大连海事大学出版社，1998：104-109.

[15] 徐东华,刘彤,唐信源.海上无线电通信[M].大连:大连海事大学出版社,1999:1-65,129-153,165-212,245-247.
[16] 吴今培,李学伟.系统科学发展概论[M].北京:清华大学出版社,2010:1-6,224-245.
[17] 冯天瑾.智能学简史[M].北京:科学出版社,2007.
[18] 何志军.多功能海事无人船地面控制系统设计与实现[D].武汉:武汉理工大学,2016.
[19] 万小慧.水面无人船可靠通信系统的设计与实现[D].武汉:武汉理工大学,2016.
[20] 靳舒怀.小型海事水面无人艇的远程控制系统设计[D].武汉:武汉理工大学,2015.
[21] 许峰.小型海事无人机地面控制站系统软件设计[D].武汉:武汉理工大学,2015.

第3章　水面无人艇的运动建模

USV在复杂的海洋环境中运动，表现出非线性、不确定性等特征。无人艇运动数学模型是进行操控性能研究、控制系统分析与设计、运动仿真的基础。为满足USV控制性能的要求，需要根据USV运动特性，建立能够精确描述其运动特性的数学模型。

从船舶运动数学模型的分类来看，主要有水动力模型和响应模型这两类。其中水动力模型又包括整体型模型和分离型模型。水动力模型中包含了众多的线性、非线性水动力系数和各种干扰系数，比较适用于船舶操纵运动预报研究。响应模型描述了船舶动力学系统的系统输出（如转首角速度、横向速度等）对系统输入（如舵角、螺旋桨转速等）的动态响应关系，在船舶航向保持研究和控制器设计中被广泛使用。本章将重点介绍基于水动力模型的USV运动建模。

3.1　基础知识和基本概念

3.1.1　基本假设

为了便于研究水面无人艇的数学模型，首先提出如下几点假设：

（1）艇体为刚体，艇体质量均匀分布，且为常值；

（2）艇体关于中纵剖面对称；

（3）假设大地坐标系是一个惯性坐标系，忽略地球曲率的影响，并把海面看作平面；

（4）假设流体具有不可压缩性；

（5）假设重力加速度、大气密度以及海水密度恒定。

3.1.2　坐标系统及相关参数

针对USV运动控制的研究，通常采用运动坐标系（也称船舶坐标系）与空间固定坐标系（也称地面坐标系）两种坐标系统[1]。

如图3-1所示，运动坐标系O-xyz是以船舶中某指定点（对于水面船舶通常取作满载吃水平面的前后左右对称点）为原点O，并固定在船体上的直角坐标系。规定Ox轴的方向垂直于中横剖面，并指向船首，Oy轴的方向垂直于中纵剖面，并指向右舷，Oz轴垂直于水线面，指向龙骨。该坐标系随船舶的运动而运动，是非惯性系。将无人艇看作一刚体，其运动可看作是两部分运动叠加得到的：一部分是跟随参考点O的平动，另一部分是围绕该点O的转动。因此需要用6个相互独立的坐标来确定它在空间的位置和方向，包括跟随3个随船坐标轴的移动：纵向速度（纵荡）u、横向速度（横荡）v和垂向速度（垂荡）w；以及围绕3个随船坐标轴的转动：横摇角速度p、纵摇角速度q和转首角速度r。

空间固定坐标系 $O_0\text{-}x_0y_0z_0$ 是固定于地球表面的惯性坐标系。如图 3-1 所示，O_0 是固定于地球表面的坐标系原点，其位置可以任意选定。O_0x_0 轴在静水平面内，其方向也可以任意选定，一旦选定，该方向相对于地球便固定下来。静水平面内将 O_0x_0 轴沿顺时针旋转 90° 便是 O_0y_0 轴的方向。O_0z_0 轴垂直于静水平面，指向地心。船舶在惯性坐标系 $O_0\text{-}x_0y_0z_0$ 内的运动是通过位置和姿态来描述的。船舶位置一般指的是在附体坐标系中原点 O 的三个空间坐标 x_0、y_0、z_0，船舶的姿态指的是它的 3 个欧拉角，以 φ、θ、ψ 表示。φ 称为横倾角，θ 称为纵倾角，ψ 称为方位角。这 3 个欧拉角实际上确定了动坐标系 $O\text{-}xyz$ 与固定坐标系 $O_0\text{-}x_0y_0z_0$ 之间的几何方位关系。

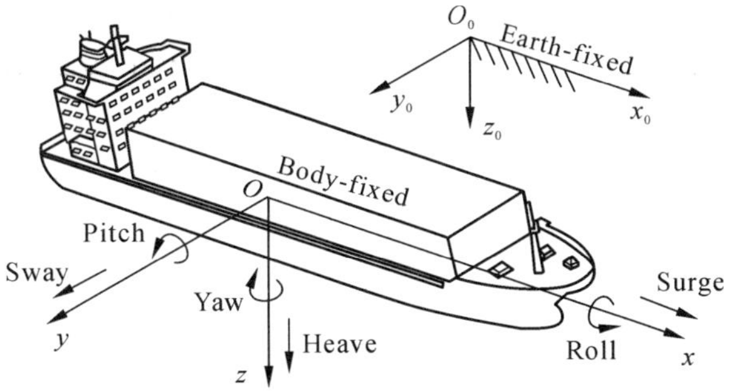

图 3-1　两种坐标系

表 3-1 是船舶运动在坐标系中的相关参数。

表 3-1　船舶运动在坐标系中的相关参数

方向	X 轴	Y 轴	Z 轴
平动	纵向运动：Surge	横向运动：Sway	垂向运动：Heave
	纵向力：X	横向力：Y	垂向力：Z
	纵向位移：x	横向位移：y	垂向位移：z
	纵向速度：u	横向速度：v	垂向速度：w
转动	横摇运动：Roll	纵摇运动：Pitch	转首运动：Yaw
	横摇力矩：K	纵摇力矩：M	转首力矩：N
	横摇角：φ	纵摇角：θ	首向角：ψ
	横摇角速度：p	纵摇角速度：q	转首角速度：r

3.1.3　两个坐标系内运动学物理量之间的关系

船舶的运动可以用两种方式表示，一是运动坐标系内的速度向量 $\boldsymbol{u}$、$\boldsymbol{v}$、$\boldsymbol{w}$ 和角速度 $\boldsymbol{p}$、$\boldsymbol{q}$、$\boldsymbol{r}$，二是用惯性坐标系内的位置向量的导数 $\dot{\boldsymbol{x}}$、$\dot{\boldsymbol{y}}$、$\dot{\boldsymbol{z}}$ 和欧拉角姿态向量的导数 $\dot{\boldsymbol{\varphi}}$、$\dot{\boldsymbol{\theta}}$、$\dot{\boldsymbol{\psi}}$ 表达。这两组变量之间的变换关系可以用式(3-1) 和式(3-2) 表达。

$$\begin{bmatrix}\dot{\boldsymbol{x}}\\ \dot{\boldsymbol{y}}\\ \dot{\boldsymbol{z}}\end{bmatrix}=\boldsymbol{T}_{\mathrm{V}}\begin{bmatrix}\boldsymbol{u}\\ \boldsymbol{v}\\ \boldsymbol{w}\end{bmatrix}\tag{3-1}$$

$$\begin{bmatrix} \dot{\varphi} \\ \dot{\theta} \\ \dot{\psi} \end{bmatrix} = \boldsymbol{T}_{\Omega} \begin{bmatrix} p \\ q \\ r \end{bmatrix} \tag{3-2}$$

其中，$\boldsymbol{T}_{\mathrm{V}}$、$\boldsymbol{T}_{\Omega}$ 分别为变换矩阵，可表示为：

$$\boldsymbol{T}_{\mathrm{V}} = \begin{bmatrix} \cos\theta\cos\psi & \sin\varphi\sin\theta\cos\psi - \cos\varphi\sin\psi & \cos\varphi\sin\theta\cos\psi + \sin\varphi\sin\psi \\ \cos\theta\sin\psi & \sin\varphi\sin\theta\sin\psi + \cos\varphi\cos\psi & \cos\varphi\sin\theta\sin\psi - \sin\varphi\sin\psi \\ -\sin\theta & \sin\varphi\cos\theta & \cos\varphi\cos\theta \end{bmatrix} \tag{3-3}$$

$$\boldsymbol{T}_{\Omega} = \begin{bmatrix} 1 & \sin\varphi\tan\theta & \cos\varphi\tan\theta \\ 0 & \cos\varphi & -\sin\varphi \\ 0 & \sin\varphi\sec\theta & \cos\varphi\sec\theta \end{bmatrix} \tag{3-4}$$

3.1.4　船舶运动模型化的两大流派

目前在船舶运动模型化研究中有两大流派[2-3]：一派是欧美学派，它采用的是整体型模型结构；另一派是日本学派，通常称为 MMG 学派（Manoeuvring Model Group），它发展的是分离型模型结构[4]。

（1）整体型模型结构

这种模型结构的研究者以 Abkowitz 为代表，它的模型化方法是把船、桨、舵看作一个不可分的整体。船舶所受的外力和外力矩的组成表述为下列形式：

$$\begin{cases} \boldsymbol{F} = \boldsymbol{F}_{\mathrm{I}} + \boldsymbol{F}_{\mathrm{H}} + \boldsymbol{F}_{\mathrm{P}} + \boldsymbol{F}_{\mathrm{R}} \\ \boldsymbol{M} = \boldsymbol{M}_{\mathrm{I}} + \boldsymbol{M}_{\mathrm{H}} + \boldsymbol{M}_{\mathrm{P}} + \boldsymbol{M}_{\mathrm{R}} \end{cases} \tag{3-5}$$

$\boldsymbol{F}$（$\boldsymbol{M}$）代表作用于整个船舶的所有流体动力（力矩），下标 I、H、P、R 分别代表流体惯性力（力矩）、驱动力（力矩）、升力（力矩）和阻力（力矩）。

船舶所受的总流体动力 $\boldsymbol{F}$ 和动力矩 $\boldsymbol{M}$ 数量上与船舶的尺度，流体的物理性质（黏度、密度、重力加速度），船舶与周围介质相对运动的速度（角速度）、加速度（角加速度），驱动控制面的位置或转速等因素有关。利用泰勒定理，可将上式展开成泰勒级数。它将包括船、桨、舵在内的船舶作为一个整体，不存在复杂的相互干扰问题，从而便于自动取得包括船、桨、舵相互干扰在内的准确的水动力，并能正确地表达各种操纵性参数。但是方程包括的项数很多，水动力导数有几十项之多，且各项的物理意义不明确。应用约束船模试验方法可以确定这些水动力导数。进行这些试验时，应该在满足相似规律条件下，使船模在拖曳水池中被旋臂机构、平面运动机构等试验设备带动做各种特定的运动，并让螺旋桨和舵叶同时做相应的旋转和偏移，工作量十分巨大。

流体动力的整体化建模方法从数学分析角度看比较完整。但也存在明显缺陷：众多的流体动力导数中有一些（高阶导数）物理意义不明显；很难把一艘船的试验结果应用于另一艘，不能合理地说明船模和实船的相关问题；试验耗资巨大，不具备试验条件和经费的建模难以实现；不便于探求船舶设计每一局部（如舵叶面积）的修改将对总的操纵性产生何种影响。

（2）分离型模型结构

这种模型结构的研究者以小川宏阳、小濑邦治、井上正佑、平野雅祥等人为代表。MMG

认为船舶运动数学模型应满足下列要求[5]：

① 有明确的物理意义；

② 便于做试验求得数学模型中的各项系数；

③ 便于处理模型与实船的相关问题；

④ 便于进行设计上的局部修改；

⑤ 既能用于常规操纵模拟，又可适应更大范围的运动及浅水中的操纵。

根据这些要求，认为船舶运动数学模型应按下述原则建立：

① 应以船、桨、舵的单独性能为基础；

② 应能简洁地表示船 - 桨 - 舵的干涉效应；

③ 能合理地表达作用于船舶上的各种流体动力。

缺点在于为了准确地叠加出全船的水动力，必须仔细地考虑船 - 桨 - 舵之间的水动力干扰，但是该干扰是不容易确定的。

本章中 USV 的运动建模采用分类模型结构。关于分离模型的描述详见 3.2 ～ 3.6 节。

3.2　水面无人艇状态空间六自由度模型

3.2.1　刚体动力学应用于船舶任意运动

将牛顿刚体力学的动量定理和动量矩定理应用于船舶的任意运动，可得到三个平动运动方程和三个转动运动方程，即式(3-6)和式(3-7)。

$$\begin{cases}\sum X = m\{[\dot{u}]_{(1)} + [(qw - rv)]_{(2)} - [x_G(q^2 + r^2) - y_G(pq - \dot{r}) - z_G(pr + \dot{q})]_{(3)}\} \\ \sum Y = m\{[\dot{v}]_{(1)} + [(ur - pw)]_{(2)} - [y_G(r^2 + p^2) - z_G(qr - \dot{p}) - x_G(pq + \dot{r})]_{(3)}\} \\ \sum Z = m\{[\dot{w}]_{(1)} + [(pv - qu)]_{(2)} - [z_G(p^2 + q^2) - x_G(rp - \dot{q}) - y_G(qr + \dot{p})]_{(3)}\}\end{cases} \tag{3-6}$$

$$\begin{cases}\sum K = [I_{xx}\dot{p} - I_{xy}\dot{q} - I_{xz}\dot{r}]_{(1)} + [-(I_{yy} - I_{zz})qr + I_{xy}rp - I_{xz}pq - I_{yz}(q^2 - r^2)]_{(2)} \\ \qquad + [my_G(\dot{w} + pv - qu) - mz_G(\dot{v} + ru - pw)]_{(3)} \\ \sum M = [I_{yy}\dot{q} - I_{yz}\dot{r} - I_{yx}\dot{p}]_{(1)} + [-(I_{zz} - I_{xx})rp + I_{yz}pq - I_{xy}qr - I_{xz}(r^2 - p^2)]_{(2)} \\ \qquad + [mz_G(\dot{u} + qw - rv) - mx_G(\dot{w} + pv - qu)]_{(3)} \\ \sum N = [I_{zz}\dot{r} - I_{xz}\dot{p} - I_{yz}\dot{q}]_{(1)} + [-(I_{xx} - I_{yy})pq + I_{xz}qr - I_{yz}rp - I_{xy}(p^2 - q^2)]_{(2)} \\ \qquad + [mx_G(\dot{v} + ru - pw) - my_G(\dot{u} + qw - rv)]_{(3)}\end{cases} \tag{3-7}$$

其中，x_G、y_G、z_G 是重心 G 的坐标；

$$\begin{cases} I_{xx} = \int (y^2 + z^2)\,\mathrm{d}m \\ I_{yy} = \int (z^2 + x^2)\,\mathrm{d}m \\ I_{zz} = \int (x^2 + y^2)\,\mathrm{d}m \end{cases} \tag{3-8}$$

其中，I_{xx}、I_{yy}、I_{zz} 分别为对 Ox、Oy、Oz 轴的惯性矩，而

$$\begin{cases} I_{xy} = I_{yx} = \int xy\,\mathrm{d}m \\ I_{yz} = I_{zy} = \int yz\,\mathrm{d}m \\ I_{zx} = I_{xz} = \int zx\,\mathrm{d}m \end{cases} \tag{3-9}$$

则分别为关于 xy、yz、zx 各平面的惯性积。装载情况一定时，这些惯性矩和惯性积都是常量，构成了一个惯性矩阵。

式(3-6)中左端是外力合力的各分量；右端(1)项代表刚体的加速运动引起的惯性力；(2)项代表 $O\text{-}xyz$ 坐标系转动而引起的惯性力，实际上是离心惯性力；(3)项可解释为附体坐标系原点 O 与重心 G 不重合造成的附加惯性力，从性质上看，部分属于离心惯性力，部分属于切向惯性力。

式(3-7)中左端是外力合力矩的各分量；右端(1)项代表刚体的加速运动造成的惯性力矩；(2)项代表陀螺效应引起的惯性力矩；(3)项可解释为附体坐标系原点 O 与重心 G 不重合而出现的附加惯性力矩。

式(3-6)、式(3-7)是研究船舶六自由度任意受控运动的基础。值得注意的是，它们只讨论了船舶运动数学模型的刚体惯性力部分，没有考虑外力和外力矩。

3.2.2　水面无人艇六自由度操纵运动方程

无人艇的实际运动非常复杂。3.2.1小节没有考虑外力和外力矩，如果基于MMG理论分别计算船、舵和桨的力和力矩，同时考虑海风海浪的影响，可以得到USV的六自由度操纵运动方程：

$$\begin{cases} (m + m_x)\dot{u} - (m + m_y)vr = X_{\mathrm{H}} + X_{\mathrm{P}} + X_{\mathrm{R}} + X_{\mathrm{wd}} + X_{\mathrm{wv}} \\ (m + m_y)\dot{v} - (m + m_x)ur = Y_{\mathrm{H}} + Y_{\mathrm{P}} + Y_{\mathrm{R}} + Y_{\mathrm{wd}} + Y_{\mathrm{wv}} \\ (m + m_z)\dot{w} = Z_{\mathrm{H}} + Z_{\mathrm{P}} + Z_{\mathrm{R}} + Z_{\mathrm{wd}} + Z_{\mathrm{wv}} \\ (I_{xx} + J_{xx})\dot{p} = K_{\mathrm{H}} + K_{\mathrm{P}} + K_{\mathrm{R}} + K_{\mathrm{wd}} + K_{\mathrm{wv}} \\ (I_{yy} + J_{yy})\dot{q} = M_{\mathrm{H}} + M_{\mathrm{P}} + M_{\mathrm{R}} + M_{\mathrm{wd}} + M_{\mathrm{wv}} \\ (I_{zz} + J_{zz})\dot{r} = N_{\mathrm{H}} + N_{\mathrm{P}} + N_{\mathrm{R}} + N_{\mathrm{wd}} + N_{\mathrm{wv}} \end{cases} \tag{3-10}$$

上式也可写为：

$$
\begin{cases}
\dot{u} = \dfrac{X_{\mathrm{H}} + X_{\mathrm{P}} + X_{\mathrm{R}} + X_{\mathrm{wd}} + X_{\mathrm{wv}} + (m + m_y)vr}{m + m_x} \\
\dot{v} = \dfrac{Y_{\mathrm{H}} + Y_{\mathrm{P}} + Y_{\mathrm{R}} + Y_{\mathrm{wd}} + Y_{\mathrm{wv}} - (m + m_x)ur}{m + m_y} \\
\dot{w} = \dfrac{Z_{\mathrm{H}} + Z_{\mathrm{P}} + Z_{\mathrm{R}} + Z_{\mathrm{wd}} + Z_{\mathrm{wv}}}{m + m_z} \\
\dot{p} = \dfrac{K_{\mathrm{H}} + K_{\mathrm{P}} + K_{\mathrm{R}} + K_{\mathrm{wd}} + K_{\mathrm{wv}}}{I_{xx} + J_{xx}} \\
\dot{q} = \dfrac{M_{\mathrm{H}} + M_{\mathrm{P}} + M_{\mathrm{R}} + M_{\mathrm{wd}} + M_{\mathrm{wv}}}{I_{yy} + J_{yy}} \\
\dot{r} = \dfrac{N_{\mathrm{H}} + N_{\mathrm{P}} + N_{\mathrm{R}} + N_{\mathrm{wd}} + N_{\mathrm{wv}}}{I_{zz} + J_{zz}}
\end{cases}
\tag{3-11}
$$

其中，X_{H}、Y_{H}、Z_{H} 和 K_{H}、M_{H}、N_{H} 是作用于艇体的力和力矩；带有下标“P”或“R”的变量是螺旋桨和舵受到的力和力矩；带有下标“wd”或“wv”的变量是来自海风或海浪的力和力矩；m_x、m_y 和 m_z 是 Ox、Oy、Oz 轴的附加质量；I_{xx}、I_{yy}、I_{zz} 同 3.2.1 节；J_{xx}、J_{yy} 和 J_{zz} 是绕 Ox、Oy、Oz 轴的附加惯性矩。

3.3　水面无人艇运动受力分析

无人艇在流体中运动时除了受推进器推力影响外还受到各种其他力的影响，包括重力、惯性水动力、黏性水动力和海风海浪的影响，它们是 USV 数学模型的组成部分。对于舵桨分离式无人艇来说，螺旋桨和舵分别由相应的电机和舵机控制[6]。USV 模型结构如图 3-2 所示。

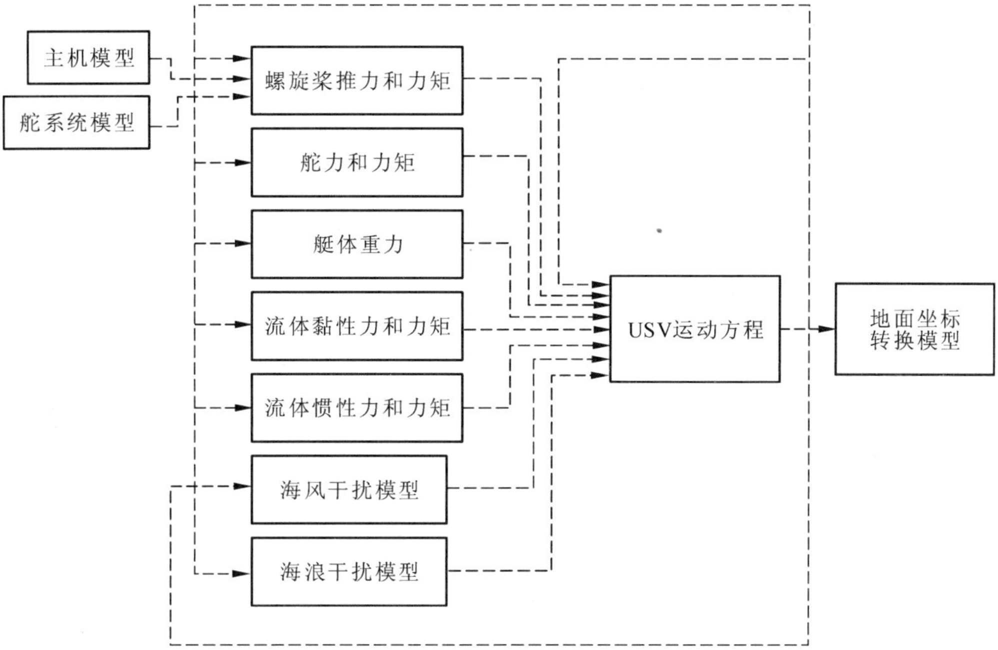

图 3-2　USV 模型结构图

由于 USV 高速航行时，艇体抬起在水面上，因此它在流体动力性能上具有一系列与排水船不同的特点。首先静水航行阻力成分发生变化导致其相应的阻力规律也发生变化，高速航行时 USV 与水的接触面积大大减小，所以黏性阻力和兴波阻力均大幅度下降，同时有新的阻力成分出现，如飞沫阻力等。因为动升力是随航速增加而增大的，所以艇体随航速的增加而上抬，相应的浸湿面积随之减小。因此随着速度的增加，无人艇的阻力增大的程度比排水船小。

当航速很高时，艇体所受到的静浮力减小接近于零，所以一般的滑行艇运动方程将与浮力有关项取消，用各种流体动压力项代替。这一改变使得作为保证稳定性的扶正力矩由动压力取代了静浮力，影响到垂直平面内的纵向运动稳定性问题。艇体水下部分的减少改变了快艇的操纵性能，流体动压力的作用使艇在风浪中的耐波性也发生变化。

3.3.1　主机模型

主机提供无人艇的主要动力。为了简化问题，将主机模型看作一阶惯性环节，忽略轴系的转动惯量和其他高阶动量，则有

$$T_{\mathrm{m}}\dot{n} = n_{\mathrm{c}} - n \tag{3-12}$$

其中，T_{m} 为电机的时间常数；n_{c} 为设定电机转速(r/min)；n 为实际主机转速(r/min)。

3.3.2　舵机模型

舵机系统是一个非常复杂的电液伺服系统，包括舵令发送、电液放大、液压功率放大、舵角反馈等多个部分。一般情况下，将舵机系统看成一个一阶惯性过程，一个积分环节加上负反馈构成的闭环[5]。舵机特性表示如下：

$$\begin{cases} T_{\mathrm{E}}\dot{\delta} = \delta_{\mathrm{E}} - \delta \\ |\delta| \leqslant 35^\circ \\ |\dot{\delta}| \leqslant \dfrac{20^\circ}{s} \end{cases} \tag{3-13}$$

其中，T_{E} 为舵机的时间常数；δ_{E} 为命令舵角(°)；δ 为实际舵角(°)。

3.3.3　螺旋桨推力和力矩模型

螺旋桨模型是船舶运动建模中的重要组成部分，其推力是船舶航行中的主控力，依靠其推力能克服水的阻力来维持船舶的操纵运动，所以螺旋桨的流体动力模型是船舶运动建模的一个重要部分。

(1) 敞水螺旋桨推力和转矩

螺旋桨单独地在均匀水流中工作时的流体动力特性被称为敞水螺旋桨特性。在敞水中，螺旋桨所产生的推力和转矩主要由螺旋桨直径 D_{P}、水密度 ρ、水的运动黏性系数 υ、重力加速度 g、转速 n、进速 V_{A} 共同决定。推力 T 与上述各因子之间的关系可用以下函数表达式描述：

$$T = f(D_{\mathrm{P}}, n, V_{\mathrm{A}}, \rho, \upsilon, g) \tag{3-14}$$

螺旋桨推力的计算方法有很多种，既可以通过理论公式进行计算，也可以通过试验直接

进行测量。螺旋桨的理论计算方法现在还不完善，在进行螺旋桨设计或者研究船舶操纵运动特性时，都是采用试验方法求螺旋桨推力。MMG 模型通常采用一定缩尺比的螺旋桨模型进行试验。为了便于表达模型试验结果并换算到实船螺旋桨，应用量纲分析方法将螺旋桨的流体动力表示为[7]：

$$T = \rho n^2 D_P^4 f_1\left(\frac{V_A}{nD_P}, \frac{nD_P^2}{\upsilon}, \frac{n^2 D_P^2}{gD_P}\right) \tag{3-15}$$

或

$$k_T = \frac{T}{\rho n^2 D_P^4} = f_1\left(\frac{V_A}{nD_P}, \frac{nD_P^2}{\upsilon}, \frac{n^2 D_P^2}{gD_P}\right) \tag{3-16}$$

同理，螺旋桨转矩表示为：

$$Q = \rho n^2 D_P^5 f_2\left(\frac{V_A}{nD_P}, \frac{nD_P^2}{\upsilon}, \frac{n^2 D_P^2}{gD_P}\right) \tag{3-17}$$

或

$$k_Q = \frac{Q}{\rho n^2 D_P^5} = f_2\left(\frac{V_A}{nD_P}, \frac{nD_P^2}{\upsilon}, \frac{n^2 D_P^2}{gD_P}\right) \tag{3-18}$$

其中，k_T 为推力系数；k_Q 为转矩系数；函数 f_1、f_2 中 $\frac{V_A}{nD_P}$ 为进速系数 J；$\frac{nD_P^2}{\upsilon}$ 为雷诺数 Re；$\frac{n^2 D_P^2}{gD_P}$ 相当于傅汝德数 $F_n = \frac{\pi n D_P}{\sqrt{gD_P}}$。

在进行船舶运动特性模拟时，螺旋桨特性一般可根据螺旋桨模型系列试验图谱进行计算。

(2) 船体对螺旋桨干涉的流体动力系数 —— 伴流系数

船舶以某一速度向前航行时，附近的水受到船体的影响而产生运动，其表现为船体周围将存在一股水流以某一速度随船前进，这股水流称为伴流或迹流。伴流的存在使得船后螺旋桨附近流场中的水流对桨的相对速度和船速不同，从而使螺旋桨产生的推力与敞水桨也不同。两者的差别即为船体对螺旋桨干涉的流体动力。

伴流系数与船型、螺旋桨尺度及螺旋桨与船体间的相对位置等因素有关，故伴流系数比较可取的办法是进行专门的模型试验。在无法进行模型试验时，可用经验公式进行估算。这里介绍船舶操纵领域中常用的几个经验公式[8]：

① 泰洛公式（适用于海上运输船舶）

单桨船：

$$w_P = 0.5C_b - 0.05 \tag{3-19}$$

双桨船：

$$w_P = 0.55C_b + 0.20 \tag{3-20}$$

其中，C_b 为方形系数。

② 汉克歇尔公式

对于单螺旋桨的标准商船（$C_b = 0.54 \sim 0.84$）：

$$w_P = 0.70C_P - 0.18 \tag{3-21}$$

单螺旋桨渔船：

$$w_P = 0.77C_P - 0.28 \tag{3-22}$$

双螺旋桨标准商船（$C_b = 0.54 \sim 0.84$）：

$$w_P = 0.70C_P - 0.30 \tag{3-23}$$

其中，C_P 为菱形系数。

③ 巴普米尔公式：

$$w_P = 0.165C_b^x \sqrt{\frac{\sqrt[3]{\nabla}}{D_P}} - \Delta w \tag{3-24}$$

其中，∇ 为船舶的排水体积（m^3）；D_P 为螺旋桨的直径（m）；x 为指数，当 $x = 1$ 时适用于中线处的螺旋桨，$x = 2$ 时适用于舷侧螺旋桨；Δw 为伴流系数的修正值，由下式进行确定：

$$\Delta w = \begin{cases} 0.1(F_n - 0.2), & F_n > 0.2 \\ 0, & F_n \leqslant 0.2 \end{cases} \tag{3-25}$$

（3）螺旋桨对船体的干涉流体动力系数——推力减额系数

螺旋桨在船后工作时，它的抽吸作用使桨盘前方的水流速度增大。根据伯努利定理，该处压力必然下降。船尾处压力的降低导致船体压阻力增加。此外，船尾部水流速度增大使摩擦阻力也有所增加，但其数值远较压力的增加为小。因此，螺旋桨装于船后，改变了船体原来的流场，对船体产生干涉流体动力。

螺旋桨在船后工作时引起的船舶附加阻力称为阻力增额。若螺旋桨发出的推力为 T，其中一部分用于克服船体本身的阻力 R，另一部分则用于克服阻力增额 ΔR，即

$$T = R + \Delta R \tag{3-26}$$

易知螺旋桨推力中只有（$T - \Delta R$）这部分是用于克服阻力 R 并推动船舶前进，故称为有效推力，记为 T_e。习惯上将 ΔR 称为推力减额，用 ΔT 表示。定义推力减额 ΔT 与推力 T 的无量纲比值为推力减额系数 t_P。

$$t_P = \frac{\Delta T}{T} = \frac{T - T_e}{T} = \frac{T - R}{T} \tag{3-27}$$

推力减额系数值与船型、螺旋桨尺度、负荷及船体间的相对位置等因素有关。用理论方法计算推力减额系数是很困难的。通常是根据船模自航试验或经验公式来确定。

当船舶直航时，计算推力减额系数 t_P 的经验公式如下：

① 汉克歇尔公式

对于单螺旋桨的标准商船（$C_b = 0.54 \sim 0.84$）：

$$t_P = 0.50C_P - 0.12 \tag{3-28}$$

单螺旋桨渔船：

$$t_P = 0.77C_P - 0.30 \tag{3-29}$$

双螺旋桨标准商船（$C_b = 0.54 \sim 0.84$）：

$$t_P = 0.50C_P - 0.18 \tag{3-30}$$

其中，C_P 为菱形系数。

② 商赫公式

对于单螺旋桨船

$$t_P = kw_P \tag{3-31}$$

其中，k 为系数，视舵的形式而定。$k = 0.50 \sim 0.70$ 适用于流线型舵或反应舵；$k = 0.70 \sim 0.90$ 适用于方形舵柱之双板舵；$k = 0.90 \sim 1.05$ 适用于单板舵。

对于双螺旋桨采用轴包架者

$$t_P = 0.25w_P + 0.14 \tag{3-32}$$

对于双螺旋桨采用轴支架者

$$t_P = 0.70w_P + 0.06 \tag{3-33}$$

③ 哥铁保公式

对于单桨标准型商船($C_b = 0.6 \sim 0.85$)：

$$t_P = \left(1.57 - 2.3\frac{C_b}{C_{wp}} + 1.5C_b\right)C_P \tag{3-34}$$

对于双桨标准型商船($C_b = 0.6 \sim 0.85$)：

$$t_P = 1.57 - 2.3\frac{C_b}{C_{wp}} + 1.5C_b \tag{3-35}$$

其中，C_{wp} 为水线面面积系数。

(4) 水面无人艇螺旋桨流体动力计算模型

由上述可知，螺旋桨推力 T 求取公式如下：

$$\begin{cases} T = \rho n^2 D_P^4 k_T J \\ J = (1 - w_P)\dfrac{u}{nD_P} \end{cases} \tag{3-36}$$

其中，J 为螺旋桨的进速系数。

附体坐标系下，螺旋桨产生的力和力矩如下：

$$\begin{cases} X_P = T\cos\delta \\ Y_P = T\sin\delta \\ Z_P = 0 \\ K_P = T\sin\delta(z_P - z_G) \\ M_P = -T\cos\delta(z_P - z_G) \\ N_P = -T\sin\delta x_G \end{cases} \tag{3-37}$$

其中，δ 为实际推力角(°)，左舷方向为正；x_G 为重心在船尾板前方的纵向位置(m)；z_G 为重心在基线以上的垂直高度(m)；z_P 为螺旋桨在基线以上的垂直高度(m)。

3.3.4　舵力和力矩模型

1) 考虑船体、螺旋桨对舵的干涉时舵的正压力 F_N 的计算

研究船舶操纵运动的主要控制力——舵力矩时只需要考虑舵的正压力 F_N。对于安装在船尾桨后的舵，其正压力为：

$$F_N = \frac{1}{2}\rho A_R f_\alpha U_R^2 \sin\alpha_R \tag{3-38}$$

其中，A_R 是舵叶面积；U_R 是流入舵的有效流速；α_R 是流入舵的有效冲角；f_α 为舵升力系数在 $\alpha=0$ 时的斜率，它是舵展弦比 λ 的函数，由藤井公式计算。

$$f_\alpha = \frac{6.13\lambda}{2.25+\lambda} \tag{3-39}$$

(1) 舵处来流有效流速 U_R 的计算

舵处来流有效流速和有效冲角示意如图 3-3 所示，由图可知：

$$U_R = \sqrt{u_R^2 + v_R^2} \tag{3-40}$$

其中，v_R、u_R 分别为舵处有效来流速度的横向分量和纵向分量。一般 v_R 比 u_R 小得多，因此计算 U_R 时，u_R 起主要作用。

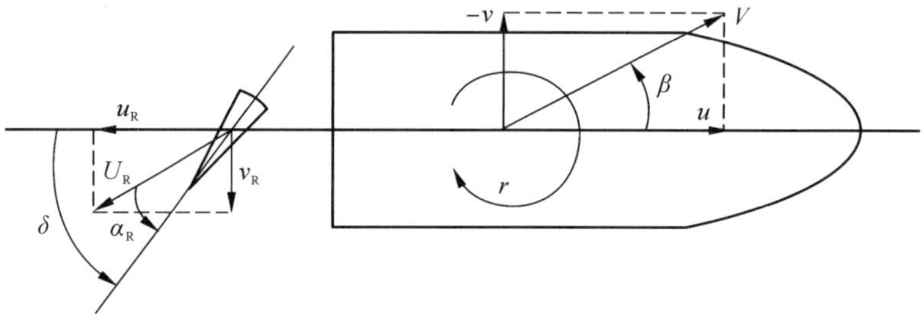

图 3-3　舵处来流有效流速和有效冲角示意图

考虑船体伴流作用时，流入舵的有效来流速度 u_{R0} 的计算公式为：

$$u_{R0} = (1-w_{R0})u \tag{3-41}$$

其中，w_{R0} 为船舶直航运动时的伴流系数，可通过船模试验获取；u 为船体运动纵向速度。

已知螺旋桨处来流速度可表示为：

$$u_P = (1-w_{P0})u \tag{3-42}$$

可以把舵处的有效速度表示为桨处来流速度乘以某一系数 ε。

$$u_{R0} = \varepsilon u_P \tag{3-43}$$

则 $\varepsilon = \dfrac{(1-w_{R0})}{(1-w_{P0})}$，$\varepsilon$ 实际上是一个试验系数。

桨处的伴流系数 $(1-w_{P0})$ 可采用等效推力法测定，舵处的伴流系数 $(1-w_{R0})$ 可采用等正压力法进行测定。

考虑螺旋桨尾流对舵的影响，桨尾流中舵的有效来流速度 u_{RP} 的计算方法有以下几种[9]。

① 野本 - 芳村法近似计算有效来流速度

$$u_R = u_P\sqrt{1+\eta\kappa[2-(2-\kappa)s]s/(1-s)^2} \tag{3-44}$$

其中，$\kappa = \dfrac{k_x}{\varepsilon} \approx \dfrac{0.6}{\varepsilon}$，$k_x$ 为增速系数。

螺旋桨的滑失比 $s = 1-\dfrac{u_P}{nP}$，u_P 为流入螺旋桨的有效流速，P 为螺旋桨的螺距，n 为每秒钟的转数。

设桨尾流中的部分舵面积为 A_{R1}，不在桨尾中的部分舵面积为 A_{R2}，有如下定义：$\eta = \dfrac{A_{R1}}{A_{R1} + A_{R2}}$。

② 动量理论法近似计算有效来流速度

$$u_R = \varepsilon u_P \sqrt{\eta \left\{ 1 + \kappa \left[\sqrt{1 + \frac{8k_T}{\pi J^2}} - 1 \right] \right\}^2 + (1 - \eta)} \tag{3-45}$$

其中，$J = \dfrac{u_P}{nD_P}$，D_P 为螺旋桨直径。

③MMG 的有效来流速度计算方法

$$u_R = u_P \sqrt{1 + k \frac{8k_T}{\pi J^2}} \tag{3-46}$$

其中，k 是增速系数，由试验确定。

随后小濑邦治对 MMG 有效速度模型修正为：

$$\begin{cases} u_R = \varepsilon u_P \sqrt{1 + \kappa \dfrac{8k_T}{\pi J^2}} \\ k = \eta \kappa \dfrac{2 + \kappa \left(\sqrt{1 + \dfrac{8k_T}{\pi J^2}} - 1 \right)}{\sqrt{1 + \dfrac{8k_T}{\pi J^2}} + 1} \end{cases} \tag{3-47}$$

在 $J = 0$ 和 $J = \infty$ 两种特殊情况下，有

$$(k) \Big|_{\frac{k_T}{J^2} \to 0} = \eta \kappa$$

$$(k) \Big|_{\frac{k_T}{J^2} \to \infty} = \eta \kappa^2$$

可见，k 的值随桨的负荷，在 $\eta\kappa \sim \eta\kappa^2$ 内变化，由试验，k 一般为 0.5。

④ 冈田、藤井提出的有效来流速度公式：

$$u_R = u_P \sqrt{1 + ks^{1.5}} \tag{3-48}$$

其中，$ks^{1.5}$ 为桨的增速量；k 为试验系数，冈田提出为 6.3，藤井提出为 3.6。

⑤ 神中提出的有效来流速度计算简单模型：

$$u_R = u_P \left\{ 0.4 + 0.6 \sqrt{1 + \frac{8k_T}{\pi J^2}} \right\} \tag{3-49}$$

(2) 舵处有效来流冲角 α_R 的计算模型

舵处有效来流冲角计算公式如下：

$$\alpha_R = \delta - \delta_0 - \arctan \frac{v_R}{u_R} \tag{3-50}$$

其中，δ_0 为零正压力舵角，即使 $\alpha_R = 0$ 的舵角；u_R 已经在上节中给出了计算公式；v_R 为舵处来流有效横向速度，可表示为：

$$v_R = v_{RP} - \gamma_R (v + l_R r) \tag{3-51}$$

其中，v_{RP} 为正舵时因螺旋桨单向旋转的不对称作用而引起的横向平均流速；l_R 可视为舵的

纵向坐标，概念上应为$\frac{-L}{2}$，但是大量的模型试验结果表明，l_R 约为$\frac{-L}{2}$ 的 2 倍，因此计算时应取该模型试验结果；$v+l_R r$ 为船舶旋回和斜航引起舵处水流的横向速度分量；γ_R 是考虑船体整流作用的修正系数，由贵岛给出近似式进行计算：

$$\gamma_R = -22.2\left(C_b \frac{B}{L}\right)^2 + 0.02\left(C_b \frac{B}{L}\right) + 0.68 \tag{3-52}$$

2）舵力减额系数

由于操舵，船体的阻力会略增大，将此考虑为舵的阻力减额，采用与推力减额相同的观点，用一修正系数$(1-t_R)$来表示，则舵的纵向阻力为：

$$X_R = (1-t_R)F_N\sin\delta \tag{3-53}$$

其中，t_R 称为舵阻力减额系数，通常有 $t_R = 0.29$。也可用下列近似式进行估算：

$$(1-t_R) = 0.7382 - 0.0539C_b - 0.1755C_b^2 \tag{3-54}$$

3）计入船体横向力后关于舵力的修正因子

操舵时，产生作用于舵上的横向力 Y_{R0}，同时在船体上产生诱导横向力 ΔY_{R0}，以及由 ΔY_{R0} 产生绕船舶重心的力矩 ΔN_{R0}。后两者就是舵对船体的干涉流体动力，如图 3-4 所示。

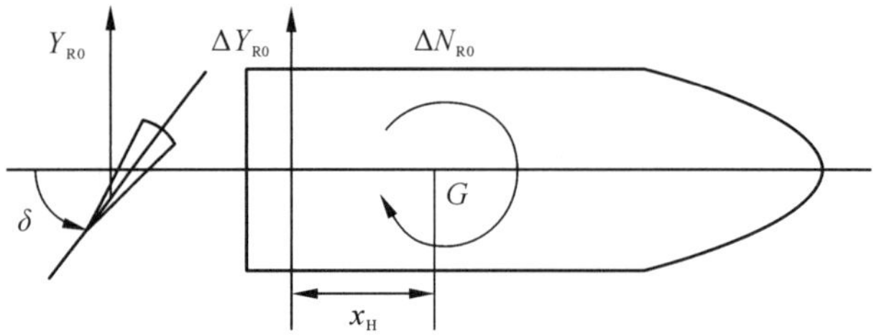

图 3-4　舵对船体的干涉流体动力示意图

ΔY_{R0} 的作用点距船舶重心的纵向距离为 x_H。通常将 ΔY_{R0} 放在舵力中处理，提出下列模型：

$$\begin{cases} Y'_R = Y'_{R0} + \Delta Y'_{R0} = Y'_{R0} + a_H Y'_{R0} = (1+a_H)Y'_{R0} \\ N'_R = -x'_R Y'_{R0} - \Delta N'_{R0} = -x'_R Y'_{R0} - a_H x'_H Y'_{R0} = -(x'_R + a_H x'_H)Y'_{R0} \end{cases} \tag{3-55}$$

其中，a_H 为计入操舵诱导船体横向力后关于舵力的修正因子；x'_R为舵力作用中心到船舶重心的无量纲纵向距离；x'_H为操舵诱导船体横向作用中心到船舶重心的无量纲距离。

为便于计算应用，给出下列拟合式：

$$a_H = 0.6784 - 1.3374C_b + 1.8892C_b^2 \tag{3-56}$$

当考虑桨负荷变化影响时，松本提出了如下修正公式：

$$a_H = \begin{cases} a_{H0} \cdot J/0.3, & J \leqslant 0.3 \\ a_{H0}, & J > 0.3 \end{cases} \tag{3-57}$$

其中，a_{H0} 为式(3-56) 给出的计算值。

至于 x'_H，几乎不受船型影响，一般取 $-0.5 \sim -0.4$，也可用下式计算：

$$x'_H = -(0.4 + 0.1C_b) \tag{3-58}$$

4）作用于舵上流体动力模型

综上，可得作用于舵上流体动力模型如下：

$$\begin{cases} X_R = (1-t_R)F_N\sin\delta \\ Y_R = (1+a_H)F_N\cos\delta \\ N_R = (x_R + a_H x_H)F_N\cos\delta \end{cases} \tag{3-59}$$

3.3.5　艇体重力模型

假设所研究的无人艇的整体质量为 m，所处环境重力加速度为 g，由于运动坐标系的原点取在无人艇的重心处，所以无人艇所受的重力对其没有力矩作用。无人艇艇体受到的重力表达式如下：

$$\begin{bmatrix} X_G \\ Y_G \\ Z_G \end{bmatrix} = \boldsymbol{T}_{e\to b} \cdot \begin{bmatrix} 0 \\ 0 \\ mg \end{bmatrix} \tag{3-60}$$

$$\boldsymbol{T}_{e\to b} = \begin{bmatrix} \cos\theta\cos\psi & \cos\theta\sin\psi & -\sin\theta \\ \sin\varphi\sin\theta\cos\psi - \cos\varphi\sin\psi & \sin\varphi\sin\theta\sin\psi + \cos\varphi\cos\psi & \sin\varphi\cos\theta \\ \cos\varphi\sin\theta\cos\psi + \sin\varphi\sin\psi & \cos\varphi\sin\theta\sin\psi - \sin\varphi\cos\psi & \cos\varphi\cos\theta \end{bmatrix} \tag{3-61}$$

其中，$[X_G \ \ Y_G \ \ Z_G]^T$ 为艇体坐标系重力向量作用点重心的位置，$\boldsymbol{T}_{e\to b}$ 为地面坐标系到艇体坐标系的转换矩阵。

3.3.6　流体黏性力和力矩模型

无人艇在实际流体中做非定常运动时，黏性会引起黏性水动力。船舶所受到的黏性类流体动力和力矩，一般与其本身几何形状（如船长、船宽、型深、方形系数等形状参数）有关，与船舶的动力学参数如质量、转动惯量有关，还与船舶运动状况有关，也与流体的物理特性（流体的密度、黏性系数、重力加速度、表面张力系数）等有关。

流体力学理论计算得到的结果应用起来往往精度很低，进行约束模型试验虽然精确但需要建造庞大的试验设备、投入昂贵的实验费用和人力，所以为了最大限度地获得效益，有一种近似估算的方法是进行系列船模约束实验并对实验结果进行回归，找出流体动力导数与船型特征参数的关系[10]。

USV 在六个自由度上的黏性流体动力和力矩模型如下：

$$\begin{cases} X_H = X(u) + X_{vv}v^2 + X_{vr}vr + X_{rr}r^2 \\ Y_H = Y_v v + Y_r r + Y_{|v|v}|v|v + Y_{|r|r}|r|r + Y_{vvr}v^2 r + Y_{vrr}vr^2 \\ Z_H = 0 \\ K_H = -N(\dot{\varphi}) - W \cdot GZ(\varphi) - Y_H z_H \\ M_H = 0 \\ N_H = N_v v + N_r r + N_{|v|v}|v|v + N_{|r|r}|r|r + N_{vvr}v^2 r + N_{vrr}vr^2 \\ \qquad + N_\varphi \varphi + N_{v\varphi}v|\varphi| + N_{r\varphi}r|\varphi| - Y_H x_G \end{cases} \tag{3-62}$$

(1) $X_H = X(u) + X_{vv}v^2 + X_{vr}vr + X_{rr}r^2$

①$X(u)=X_{|u|u}|u|u$ 表示直航阻力

$$\begin{cases} X_{|u|u}=\dfrac{1}{2}\rho L_{pp}d_m\cdot X'_{|u|u}(\tau') \\ X'_{|u|u}(\tau')=X'_{|u|u}(1+0.143\tau') \\ X'_{|u|u}=-\dfrac{S}{L_{pp}d_m}C_t \\ \tau'=\dfrac{d_A-d_F}{d_m} \end{cases} \tag{3-63}$$

其中，L_{pp} 为船长；d_A 为尾吃水；d_F 为首吃水；d_m 为平均吃水；C_t 为无量纲化的总阻力系数；S 为艇体浸湿面积，其计算公式如下：

$$S=\nabla^{\frac{2}{3}}\left(3.432+0.305\frac{L_{pp}}{B}+0.443\frac{B}{d_m}+0.643C_b\right) \tag{3-64}$$

其中，∇ 表示艇体排水量(m^3)。而总阻力系数 C_t 有：

$$C_t=C_f+C_r+\Delta C_{AR} \tag{3-65}$$

其中，C_f 表示摩擦阻力系数，为修正平板边缘效应，采用国际船模试验水池会议(ITTC)提出的公式；C_r 表示剩余阻力系数，剩余阻力主要由兴波阻力和涡流阻力组成，采用由系列船模试验得到的剩余阻力系数与船型系数之间的图谱曲线；ΔC_{AR} 为粗糙度补贴系数，见表 3-2。

$$\begin{cases} C_f=\dfrac{0.075}{(\lg R_n-2.03)^2} \\ R_n=\dfrac{VL_{pp}}{v} \\ V=\sqrt{u^2+v^2} \end{cases} \tag{3-66}$$

其中，R_n 为雷诺数。

$$\begin{cases} C_r=a_0+a_1F_r+a_2F_r^2+a_3F_r^3+a_4F_r^4+a_5F_r^5+\cdots\cdots \\ F_r=\dfrac{u}{\sqrt{gL_{pp}}} \end{cases} \tag{3-67}$$

表 3-2　粗糙度补贴系数

L_{pp}(m)	ΔC_{AR}	L_{pp}(m)	ΔC_{AR}
50 ～ 150	0.0004 ～ 0.00035	260 ～ 300	0
150 ～ 210	0.0002	300 ～ 350	−0.0001
210 ～ 260	0.0001	350 ～ 450	−0.00025

②X_{vv}、X_{vr}、X_{rr}

$$\begin{cases} X_{vv}=\dfrac{1}{2}\rho L_{pp}d_m\left(0.4\dfrac{B}{L_{pp}}-0.006\dfrac{L_{pp}}{d_m}\right) \\ X_{vr}=(1.11C_b-1.07)m_y+(1.11C_b-0.07)m_y\cdot(0.208\tau') \\ X_{rr}=\dfrac{1}{2}\rho L_{pp}^3d_m\cdot\left(0.0003\dfrac{L_{pp}}{d_m}\right) \\ \tau'=\dfrac{d_A-d_F}{d_m} \end{cases} \tag{3-68}$$

其中，m_y 为 y 轴方向的流体动力附加质量。

(2) $Y_H = Y_v v + Y_r r + Y_{|v|v}|v|v + Y_{|r|r}|r|r + Y_{vvr}v^2 r + Y_{vrr}vr^2$

其中

$$\left\{\begin{aligned}
Y_v &= \frac{1}{2}\rho V L_{pp} d_m \cdot \left\{-\left(\frac{\pi}{2}\lambda + 1.4C_b\frac{B}{L_{pp}}\right)\left[1+\left(25C_b\frac{B}{L_{pp}}-2.25\right)\tau'\right]\right\}\\
Y_r &= \frac{1}{2}\rho V L_{pp}^2 d_m \cdot \left(m'+m'_x-1.5C_b\frac{B}{L_{pp}}\right)\left(1+\left\{\begin{aligned}&571\left[\frac{d_m(1-C_b)}{B}\right]^2-\\&81\frac{d_m(1-C_b)}{B}+2.1\end{aligned}\right\}\tau'\right)\\
Y_{vv} &= \frac{1}{2}\rho L_{pp} d_m \cdot \left\{\left[-2.5(1-C_b)\frac{B}{d_m-0.5}\right]\left[1-\left(35.7C_b\frac{B}{L_{pp}}-2.5\right)\tau'\right]\right\}\\
Y_{rr} &= \frac{1}{2}\rho L_{pp}^3 d_m \cdot \left\{\left(0.343C_b\frac{d_m}{B}-0.07\right)\left[1+\left(45C_b\frac{B}{L_{pp}}-8.1\right)\tau'\right]\right\}\\
Y_{vrr} &= \frac{1}{2V}\rho L_{pp}^3 d_m \cdot \left[-5.95(1-C_b)\frac{d_m}{B}\right]\left\{1+\left[40(1-C_b)\frac{d_m}{B}-2\right]\tau'\right\}\\
Y_{vvr} &= \frac{1}{2V}\rho L_{pp}^2 d_m \cdot \left(1.5C_b\frac{d_m}{B}\times 0.65\right)\left\{1+\left[110(1-C_b)\frac{d_m}{B}-9.7\right]\tau'\right\}
\end{aligned}\right. \tag{3-69}$$

其中，m_x 是 x 轴方向的流体动力附加质量；$\lambda = \dfrac{2d_m}{L_{pp}}$；$\tau' = \dfrac{d_A - d_F}{d_m}$；$m' + m'_x = \dfrac{m + m_x}{\frac{1}{2}\rho L_{pp}^2 d_m}$；$V = \sqrt{u^2 + v^2}$。

(3) $Z_H = 0$

(4) $K_H = -N(\dot{\varphi}) - W \cdot GZ(\varphi) - Y_H z_H$

① $N(\dot{\varphi}) = 2N_{\dot{\varphi}}\dot{\varphi}$

其中，$N_{\dot{\varphi}}$ 为线性阻尼系数，由式(3-70)估算。

$$\left\{\begin{aligned}
N_{\dot{\varphi}} &= \mu_\varphi \sqrt{(I_{xx}+J_{xx})W \cdot GM_T}\\
\mu_\varphi &= \frac{1}{2}\cdot\frac{0.057L_{pp}B^4}{W(B^2+D^4)}\varphi_m\\
\mu_\varphi(F_n) &= \mu_\varphi(0)(1+3.3F_n)\\
\varphi_m &= 0.55\\
F_n &= \frac{V}{\sqrt{gL_{pp}}}
\end{aligned}\right. \tag{3-70}$$

其中，GM_T 为初稳性高度；μ_φ 为无量纲系数；F_n 为傅汝德数。

② $W \cdot GZ(\varphi)$ 为恢复力矩，当横倾较小时，$GZ(\varphi)$ 可由下式计算：

$$GZ(\varphi) = GM_T \sin\varphi \tag{3-71}$$

(5) $M_H = 0$

(6) $N_H = N_v v + N_r r + N_{|v|v}|v|v + N_{|r|r}|r|r + N_{vvr}v^2 r + N_{vrr}vr^2 + N_\varphi \varphi + N_{v\varphi}v|\varphi| + N_{r\varphi}r|\varphi| - Y_H x_G$

其中，各量的计算按照以下回归估算公式：

$$\begin{cases} N_{\mathrm{v}} = \dfrac{1}{2}\rho V L_{\mathrm{pp}}^{2} d_{\mathrm{m}} \cdot [-\lambda(1-\tau')] \\ N_{\mathrm{r}} = \dfrac{1}{2}\rho V L_{\mathrm{pp}}^{3} d_{\mathrm{m}} \cdot \left\{-(0.54\lambda-\lambda^{2})\left[1+\left(34C_{\mathrm{b}}\dfrac{B}{L_{\mathrm{pp}}}-3.4\right)\tau'\right]\right\} \\ N_{\mathrm{vv}} = \dfrac{1}{2}\rho L_{\mathrm{pp}}^{2} d_{\mathrm{m}} \cdot \left[0.96(1-C_{\mathrm{b}})\dfrac{d_{\mathrm{m}}}{B}-0.066\right]\left\{1+\left[58(1-C_{\mathrm{b}})\dfrac{d_{\mathrm{m}}}{B}-5\right]\tau'\right\} \\ N_{\mathrm{rr}} = \dfrac{1}{2}\rho L_{\mathrm{pp}}^{4} d_{\mathrm{m}} \cdot \left(0.5C_{\mathrm{b}}\dfrac{B}{L_{\mathrm{pp}}}-0.09\right)\left[1-\left(30C_{\mathrm{b}}\dfrac{B}{L_{\mathrm{pp}}}-2.6\right)\tau'\right] \\ N_{\mathrm{vrr}} = \dfrac{1}{2V}\rho L_{\mathrm{pp}}^{4} d_{\mathrm{m}} \cdot \left(0.5C_{\mathrm{b}}\dfrac{B}{L_{\mathrm{pp}}}-0.05\right)\left\{1+\left[48\left(C_{\mathrm{b}}\dfrac{B}{L_{\mathrm{pp}}}\right)^{2}-16\left(C_{\mathrm{b}}\dfrac{B}{L_{\mathrm{pp}}}\right)+1.3\right]100\tau'\right] \\ N_{\mathrm{vvr}} = \dfrac{1}{2V}\rho L_{\mathrm{pp}}^{3} d_{\mathrm{m}} \cdot \left[-57.5\left(C_{\mathrm{b}}\dfrac{B}{L_{\mathrm{pp}}}\right)^{2}+18.4\left(C_{\mathrm{b}}\dfrac{B}{L_{\mathrm{pp}}}\right)-1.6\right]\left\{1+\left(3\left[C_{\mathrm{b}}\dfrac{B}{L_{\mathrm{pp}}}\right)-1\right]\tau'\right\} \\ N_{\varphi} = \dfrac{1}{2}\rho L_{\mathrm{pp}} d_{\mathrm{m}} V^{2}(-0.008) \\ N_{\mathrm{v}\varphi} = \dfrac{1}{2}\rho L_{\mathrm{pp}} d_{\mathrm{m}} V[-1.72\lambda(1-\tau')] \\ N_{\mathrm{r}\varphi} = \dfrac{1}{2}\rho L_{\mathrm{pp}} d_{\mathrm{m}} V^{2}\left\{2.60(0.54\lambda-\lambda^{2})\left[1+\left(34C_{\mathrm{b}}\dfrac{B}{L_{\mathrm{pp}}}-3.4\right)\tau'\right]\right\} \\ \lambda = \dfrac{2d_{\mathrm{m}}}{L_{\mathrm{pp}}} \\ \tau' = \dfrac{d_{\mathrm{A}}-d_{\mathrm{F}}}{d_{\mathrm{m}}} \\ V = \sqrt{u^{2}+v^{2}} \end{cases} \tag{3-72}$$

3.3.7 流体惯性力和力矩模型

假设流体为理想流体，USV 艇体左右对称。USV 在理想流体中做非定常运动时产生了惯性引起的水动力。这种惯性类水动力与加速度的大小之间的比例系数叫作附加质量。

(1) 船舶附加惯性力和附加惯性力矩

船舶附加惯性力和附加惯性力矩的分解表达式如下：

$$\begin{cases} X_{\mathrm{I}} = -[m_x\dot{u}+q(m_z w+m_y\alpha_z q)-r(m_y v+m_y\alpha_x r)] \\ Y_{\mathrm{I}} = -[(m_y\dot{v}+m_y\alpha_x\dot{r})+m_x ur-p(m_z w+m_y\alpha_z q)] \\ Z_{\mathrm{I}} = -[(m_z\dot{w}+m_y\alpha_z\dot{q})+p(m_y v+m_y\alpha_x r)-m_x qu] \\ L_{\mathrm{I}} = -[J_{xx}\dot{p}+q(m_y\alpha_x v+J_{zz}r)-r(m_y\alpha_z w+J_{yy}q)+v(m_z w+m_y\alpha_z q)-w(m_y v+m_y\alpha_x r)] \\ M_{\mathrm{I}} = -[(m_y\alpha_z\dot{w}+J_{xx}\dot{q})+J_{xx}rp-p(m_y\alpha_x v+J_{zz}r)+m_x uw-u(m_z wr+m_y\alpha_z q)] \\ N_{\mathrm{I}} = -[(m_y\alpha_x\dot{v}+J_{zz}\dot{r})+p(m_y\alpha_z w+J_{yy}q)-J_{xx}pq+u(m_y v+m_y\alpha_x r)-m_x uv] \end{cases} \tag{3-73}$$

下面考虑两种最常用的例子[11]：

① 船舶在平面内运动时附加惯性矩阵为

$$\boldsymbol{m}=\begin{bmatrix} m_x & 0 & 0 \\ 0 & m_y & m_y\alpha_x \\ 0 & m_y\alpha_x & J_{zz} \end{bmatrix} \tag{3-74}$$

附加动量和附加动量矩分解式

$$\begin{cases} K_x = m_x u \\ K_y = m_y u + m_y\alpha_x r \\ I_z = m_y\alpha_x v + J_{xx} r \end{cases} \tag{3-75}$$

流体惯性力和惯性力矩分解式

$$\begin{cases} X_{\mathrm{I}} = -(m_x\dot{u} - m_y vr - m_y\alpha_x r^2) \\ Y_{\mathrm{I}} = -(m_y\dot{v} + m_x ur + m_y\alpha_x\dot{r}) \\ N_{\mathrm{I}} = -[J_{zz}\dot{r} + m_y\alpha_x(\dot{v} + ur) + (m_y - m_x)uv] \end{cases} \tag{3-76}$$

假设船舶做有漂角的直线运动，有 $\dot{u}=\dot{v}=\dot{r}=r=0$，由式(3-76)得：

$$\begin{cases} X_{\mathrm{I}} = 0 \\ Y_{\mathrm{I}} = 0 \\ N_{\mathrm{I}} = (m_x - m_y)uv \end{cases} \tag{3-77}$$

即此时作用于船体上的流体动力为零。将流体动力矩 N_{I} 称为 Munk 力矩。

将式(3-76)代入 MMG 模型，并整理得

$$\begin{cases} (m+m_x)\dot{u} - (m+m_y)rv - (mx_{\mathrm{G}} + m_y\alpha_x)r^2 = X_{\mathrm{H}} + X_{\mathrm{P}} + X_{\mathrm{R}} \\ (m+m_y)\dot{v} + (m+m_x)ru + (mx_{\mathrm{G}} + m_y\alpha_x)\dot{r} = Y_{\mathrm{H}} + Y_{\mathrm{P}} + Y_{\mathrm{R}} \\ (I_{zz} + J_{zz})\dot{r} + (mx_{\mathrm{G}} + m_y\alpha_x)(\dot{v} + ru) = N_{\mathrm{H}} + N_{\mathrm{P}} + N_{\mathrm{R}} \end{cases} \tag{3-78}$$

上式中没有列出 Munk 力矩。该力矩只是一个理论结果，船模试验时是不能分离出该项的，一般都体现在黏性力矩 N_{H} 内。另外假设船舶是前后对称的(一般来说船舶的前后不对称性很小)，则 $\alpha_x \approx 0$，同时又设附体坐标系的原点在船舶重心，所以上式可简化为：

$$\begin{cases} (m+m_x)\dot{u} - (m+m_y)rv = X_{\mathrm{H}} + X_{\mathrm{P}} + X_{\mathrm{R}} \\ (m+m_y)\dot{v} + (m+m_x)ru = Y_{\mathrm{H}} + Y_{\mathrm{P}} + Y_{\mathrm{R}} \\ (I_{zz} + J_{zz})\dot{r} = N_{\mathrm{H}} + N_{\mathrm{P}} + N_{\mathrm{R}} - Y_{\mathrm{H}} \cdot x_{\mathrm{G}} \end{cases} \tag{3-79}$$

② 计及横摇的四自由度船舶操纵运动附加惯性矩阵

$$\boldsymbol{m}=\begin{bmatrix} m_x & 0 & 0 & 0 \\ 0 & m_y & 0 & m_y\alpha_x \\ 0 & 0 & J_{xx} & 0 \\ 0 & m_y\alpha_x & 0 & J_{zz} \end{bmatrix} \tag{3-80}$$

附加动量及附加动量矩分解式

$$\begin{cases} K_x = m_x u \\ K_y = m_y v + m_y\alpha_x r \\ I_x = J_{xx} p \\ I_z = m_y\alpha_x v + J_{zz} r \end{cases} \tag{3-81}$$

流体惯性力和惯性力矩分解式

$$\begin{cases} X_{\mathrm{I}} = -(m_x\dot{u} - m_y ru - m_y\alpha_x r^2) \\ Y_{\mathrm{I}} = -(m_y\dot{v} + m_y\alpha_x\dot{r} + m_x ru) \\ L_{\mathrm{I}} = -J_{xx}\dot{p} \\ N_{\mathrm{I}} = -[J_{zz}\dot{r} + m_y\alpha_x(\dot{v} + ur) + (m_y - m_x)uv] \end{cases} \tag{3-82}$$

仍考虑船舶做有漂角的直线运动：$\dot{u} = \dot{v} = \dot{r} = r = 0$ 但存在横摇角速度 p，则由式(3-82)得

$$\begin{cases} X_{\mathrm{I}} = 0 \\ Y_{\mathrm{I}} = 0 \\ L_{\mathrm{I}} = -J_{xx}\dot{p} \\ N_{\mathrm{I}} = (m_x - m_y)uv \end{cases} \tag{3-83}$$

此时，除 Munk 力矩之外，还存在着阻碍横摇的惯性力矩 L_{I}。

(2) 附加质量和附加惯性矩的计算

从实用角度来看，计算附加质量和附加惯性矩有两种方法：一是周昭明等人的回归公式；二是 Clarke 等人的回归公式。下面分别介绍。

① 周昭明等人的回归公式

$$\begin{cases} \dfrac{m_x}{m} = \dfrac{1}{100}[0.398 + 11.97C_b(1 + 3.73d/B) - 2.89(C_bL/B)(1 + 1.13d/B) \\ \qquad + 0.175C_b(L/B)^2(1 + 0.541d/B) - 1.107Ld/B^2)] \\ \dfrac{m_y}{m} = 0.882 - 0.54C_b(1 - 1.6d/B) - 0.156(L/B)(1 - 0.673C_b) \\ \qquad + 0.826(Ld/B^2)(1 - 0.678d/B) - 0.638(C_bLd/B^2)(1 - 0.669d/B) \\ \dfrac{J_{zz}}{L^2} = \dfrac{1}{100}[33 - 76.85C_b(1 - 0.784C_b) + 3.43L/B(1 - 0.63C_b)] \end{cases} \tag{3-84}$$

其中，L 为船长；B 为船宽；d 为吃水；C_b 为方形系数。

②Clarke 等人的回归公式

$$\begin{cases} m_y = 0.5\rho L^2 d\left\{\pi\left(\dfrac{d}{L}\right)\left[1 + 0.16C_b\dfrac{B}{d} - 5.1\left(\dfrac{B}{L}\right)^2\right]\right\} \\ J_{zz} = 0.5\rho L^4 d\left\{\pi\left(\dfrac{d}{L}\right)\left[\dfrac{1}{12} + 0.017C_b\dfrac{B}{d} - 0.33\dfrac{B}{L}\right]\right\} \\ Y_{\dot{r}} = 0.5\rho L^3 d\left\{-\pi\left(\dfrac{d}{L}\right)\left[0.67\dfrac{B}{d} - 0.0033\left(\dfrac{B}{L}\right)^2\right]\right\} \\ N_{\dot{v}} = 0.5\rho L^3 d\left\{-\pi\left(\dfrac{d}{L}\right)\left[1.1\dfrac{B}{L} - 0.041\dfrac{B}{d}\right]\right\} \end{cases} \tag{3-85}$$

由上式得

$$m_y\alpha_x = \frac{(Y_{\dot{r}} + N_{\dot{v}})}{2} \tag{3-86}$$

平面运动机构试验通常不能给出 m_x，但由于 L 远远大于 d，m_x 与 m 相比较小，可以近似取

$$m_x = (0.03 \sim 0.06)m \tag{3-87}$$

3.4　风的干扰力数学模型

地球表面的温度差引起大气压力的变化，从而产生空气的流动便形成风。船舶航行时，上层结构装置受到风的作用，导致船舶航向发生偏离或者操纵困难。特别是船舶低速航行时，风对操纵性的影响尤其显著。了解船舶在风中的操纵运动性能，可以降低事故发生率，还可以有效利用风的作用使船舶操纵更加灵活。作用于船体的风压力和力矩可看作是平均风压力和变动风压力两种成分的叠加[12]。由于变动风压力计算较为复杂，仅研究平均风压力。在考察风的影响时，都是以平均风速来描述。

3.4.1　相对风速和相对风向角计算

风作用在船体上层建筑以上造成流体动力 $\boldsymbol{F}_{\text{wind}}$ 和力矩 $\boldsymbol{M}_{\text{wind}}$，在船舶平面运动情况下，具有分量 X_{wind}、Y_{wind} 和 N_{wind}。在船舶上所感受的风、风速和风向与实际的不同，原因在于船速的影响。一般将实际风速、风向称为绝对风速、绝对风向；将船舶上感受到的风速、风向称为相对风速、相对风向。

绝对风或真风是在固定于地球上的惯性坐标系内观察到的风，绝对风速用 $\boldsymbol{U}_{\text{T}}$ 表示，绝对风向用风向角 ψ_{T} 表示，规定北风的 ψ_{T} 为 0，东风的 ψ_{T} 为 90°，依此类推，ψ_{T} 的变化范围为 0 ～ 360°。实际上船舶所受的风压力和力矩是与相对风或视风直接相关的，相对风是附体坐标系内观察到的风，相对风速 $\boldsymbol{U}_{\text{R}}$ 和相对风向角（风舷角）α_{R} 是在船上用风速计所测量的风速、风向值。α_{R} 是 $\boldsymbol{U}_{\text{R}}$ 相对于船首的来流角，规定风自左舷吹来时 $\alpha_{\text{R}} > 0$，自右舷吹来时则 $\alpha_{\text{R}} < 0$，故 α_{R} 的变化范围为 $-180° \sim 180°$，如图 3-5 所示。

绝对风速 $\boldsymbol{U}_{\text{T}}$ 是船速 $\boldsymbol{V}$ 与相对风速 $\boldsymbol{U}_{\text{R}}$ 之间的矢量和，故有

$$\boldsymbol{U}_{\text{R}} = \boldsymbol{U}_{\text{T}} - \boldsymbol{V} \tag{3-88}$$

将式(3-88) 投影到两个附体坐标系 x，y 轴方向，得

$$\begin{cases} u_{\text{R}} = u + U_{\text{T}}\cos(\psi_{\text{T}} - \psi) \\ v_{\text{R}} = -v + U_{\text{T}}\sin(\psi_{\text{T}} - \psi) \end{cases} \tag{3-89}$$

其中，U_{T} 是绝对风速的量值；u_{R}、v_{R} 为 U_{R} 的两个分量。前面所定义的风舷角为：

$$\alpha_{\text{R}} = \arctan\frac{v_{\text{R}}}{u_{\text{R}}} + v \tag{3-90}$$

$$v = \begin{cases} -\pi\text{sgn}(v_{\text{R}}), & u_{\text{R}} \geqslant 0 \\ 0, & u_{\text{R}} < 0 \end{cases} \tag{3-91}$$

另外，相对风速与绝对风速和船速间的关系还可以表示为：

$$\begin{cases} U_{\text{R}}\cos\alpha_{\text{R}} = U_{\text{T}}\cos(\psi_{\text{T}} - \psi) - V\cos\beta \\ U_{\text{R}}\sin\alpha_{\text{R}} = U_{\text{T}}\sin(\psi_{\text{T}} - \psi) + V\sin\beta \end{cases} \tag{3-92}$$

经三角运算可得：

$$U_{\text{R}}^2 = U_{\text{T}}^2 + V^2 + 2U_{\text{T}}V\cos(\psi_{\text{T}} - \beta) \tag{3-93}$$

其中，β 为船舶的漂角。

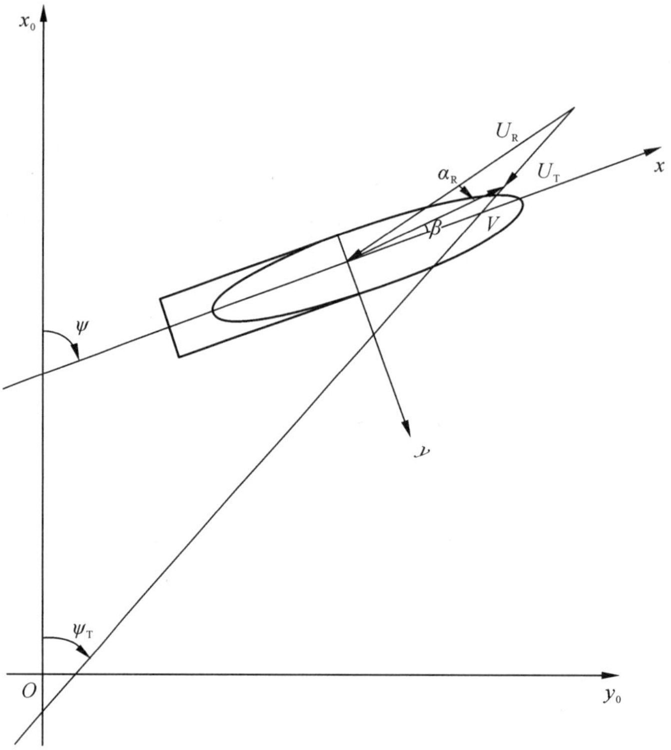

图 3-5　绝对风和相对风

3.4.2　船体上的平均风压力和力矩

作用在船体上的平均风压力和力矩为：

$$\begin{cases}\overline{X}_{\text{wind}} = 0.5\rho_a A_f U_R^2 C_{wx}(\alpha_R) \\ \overline{Y}_{\text{wind}} = 0.5\rho_a A_s U_R^2 C_{wy}(\alpha_R) \\ \overline{N}_{\text{wind}} = 0.5\rho_a A_s L_{oa} U_R^2 C_{wn}(\alpha_R)\end{cases} \tag{3-94}$$

其中，ρ_a 为空气密度；A_f 为船舶水线以上的正投影面积；A_s 为水线以上的侧投影面积；L_{oa} 为船舶的总长度；$C_{wx}(\alpha_R)$、$C_{wy}(\alpha_R)$ 和 $C_{wn}(\alpha_R)$ 分别为 x、y 方向的风压力系数及绕 z 轴的风压力矩系数。

在实际中，还有一种表示风压力和力矩的方法，是采用平均风压合力 $\overline{F}_{\text{wind}}$、风压合角 α_F 和风压力作用点位置 x_F 这三个参数表示，x_F 从船首计算。风压合力为：

$$\overline{F}_{\text{wind}} = \frac{1}{2}\rho_a U_R^2 (A_s \sin^2\alpha_R + A_f \cos^2\alpha_R) C_{wF}(\alpha_R) \tag{3-95}$$

其中，$C_{wF}(\alpha_R)$ 为风压合力系数。

通常风压力系数 $C_{wx}(\alpha_R)$、$C_{wy}(\alpha_R)$ 和风压力矩系数 $C_{wn}(\alpha_R)$ 以及风压合力系数 $C_{wF}(\alpha_R)$、风压合力角 α_F 及风压力作用点位置 x_F 是由风洞试验来确定。

风压力系数 $C_{wx}(\alpha_R)$、$C_{wy}(\alpha_R)$ 和风压力矩系数 $C_{wn}(\alpha_R)$ 与风压合力系数 $C_{wF}(\alpha_R)$、风压

合力角 α_F、风压力作用点位置 x_F 之间，有如下关系：

$$\begin{cases} C_{wx} = C_{wF}\cos\alpha_F \dfrac{\sqrt{A_f^2+A_s^2}}{A_f} \\ C_{wy} = C_{wF}\sin\alpha_F \dfrac{\sqrt{A_f^2+A_s^2}}{A_s} \\ C_{wn} = \left(0.5-\dfrac{x_F}{L_{oa}}\right)C_{wF}\sin\alpha_F \dfrac{\sqrt{A_f^2+A_s^2}}{A_s} \end{cases} \tag{3-96}$$

通常对所研究的每艘船都进行风洞试验是不切合实际的。一些学者在进行了大量的风洞试验的基础上，提出了下列关于风压力系数和风压力矩系数的近似估算方法。

3.4.3　风压力系数和风压力矩系数的估算

(1)Isherwood 公式

Isherwood 根据各类商船有关风压力的大量船模风洞试验结果按商船上层建筑各特征参数进行回归分析，得到 $C_{wx}(\alpha_R)$、$C_{wy}(\alpha_R)$ 和 $C_{wn}(\alpha_R)$ 的回归方程式[13]。

$$\begin{cases} C_{wx}(\alpha_R) = A_0 + A_1\dfrac{2A_s}{L_{oa}^2} + A_2\dfrac{2A_f}{B^2} + A_3\dfrac{L_{oa}}{B} + A_4\dfrac{c}{L_{oa}} + A_5\dfrac{e}{L_{oa}} + A_6 M \\ C_{wy}(\alpha_R) = B_0 + B_1\dfrac{2A_s}{L_{oa}^2} + B_2\dfrac{2A_f}{B^2} + B_3\dfrac{L_{oa}}{B} + B_4\dfrac{c}{L_{oa}} + B_5\dfrac{e}{L_{oa}} + B_6\dfrac{A_{ss}}{A_s} \\ C_{wn}(\alpha_R) = C_0 + C_1\dfrac{2A_s}{L_{oa}^2} + C_2\dfrac{2A_f}{B^2} + C_3\dfrac{L_{oa}}{B} + C_4\dfrac{c}{L_{oa}} + C_5\dfrac{e}{L_{oa}} \end{cases} \tag{3-97}$$

其中，c 为船体水线以上部分侧投影面积的周长(除去桅杆和通风筒等细长物体以及水线长度)；e 为船舶水线以上部分侧投影面积形心距船首的距离；M 为侧投影面积中桅杆或中线面支柱的数量；A_s 和 A_{ss} 分别为船舶上层设备装置的侧投影和正投影面积。

式(3-97) 中的参数值参见表 3-3、表 3-4 和表 3-5。

表 3-3　纵荡方向风力参数 A_i

α_R	A_0	A_1	A_2	A_3	A_4	A_5	A_6
0°	2.152	−5.00	0.243	−0.164	—	—	—
10°	1.714	−3.33	0.145	−0.121	—	—	—
20°	1.818	−3.97	0.211	−0.143	—	—	0.033
30°	1.965	−4.81	0.243	−0.154	—	—	0.041
40°	2.323	−5.99	0.247	−0.190	—	—	0.042
50°	1.726	−6.54	0.189	−0.173	0.343	—	0.048
60°	0.913	−4.68	—	−0.104	0.482	—	0.052
70°	0.457	−2.88	—	−0.068	0.346	—	0.043
80°	0.341	−0.291	—	−0.031	—	—	0.032
90°	0.355	—	—	—	−0.247	—	0.018

续表 3-3

α_R	A_0	A_1	A_2	A_3	A_4	A_5	A_6
100°	0.601	—	—	—	−0.582	—	−0.020
110°	0.651	1.29	—	—	−0.582	—	−0.031
120°	0.564	2.54	—	—	−0.748	—	−0.024
130°	−0.142	3.58	—	0.047	−0.700	—	−0.028
140°	−0.677	3.64	—	0.069	−0.529	—	−0.032
150°	−0.723	3.14	—	0.064	−0.475	—	−0.032
160°	−2.148	2.56	—	0.081	—	1.27	−0.027
170°	−2.707	3.97	−0.175	0.126	—	1.81	—
180°	−2.529	3.76	−0.174	0.128	—	1.55	—

表 3-4　横荡方向风力参数 B_i

α_R	B_0	B_1	B_2	B_3	B_4	B_5	B_6
10°	0.096	0.22	—	—	—	—	—
20°	0.176	0.71	—	—	—	—	—
30°	0.225	1.38	—	0.023	—	−0.29	—
40°	0.329	1.82	—	0.043	—	−0.59	—
50°	1.164	1.26	0.121	—	−0.242	−0.95	—
60°	1.163	0.96	0.101	—	−0.177	−0.88	—
70°	0.916	0.53	0.069	—	—	−0.65	—
80°	0.844	0.55	0.082	—	—	−0.54	—
90°	0.889	—	0.138	—	—	−0.66	—
100°	0.799	—	0.155	—	—	−0.55	—
110°	0.797	—	0.151	—	—	−0.55	—
120°	0.996	—	0.134	—	−0.212	−0.66	0.34
130°	1.014	—	0.191	—	−0.280	−0.69	0.44
140°	0.784	—	0.166	—	−0.209	−0.53	0.38
150°	0.536	—	0.176	−0.029	−0.163	—	0.27
160°	0.251	—	0.106	−0.022	—	—	—
170°	0.125	—	0.046	−0.012	—	—	—

表 3-5　首摇方向风力参数 C_i

α_R	C_0	C_1	C_2	C_3	C_4	C_5
10°	0.0596	0.061	—	—	—	−0.074
20°	0.1106	0.204	—	—	—	−0.170
30°	0.2258	0.245	—	—	—	−0.380
40°	0.2017	0.457	—	0.0067	—	−0.472
50°	0.1759	0.573	—	0.0118	—	−0.523
60°	0.1925	0.480	—	0.0115	—	−0.546
70°	0.2133	0.315	—	0.0081	—	−0.526
80°	0.1827	0.254	—	0.0053	—	−0.443
90°	0.2627	—	—	—	—	−0.508
100°	0.2102	—	−0.0195	—	0.0335	−0.492
110°	0.1567	—	−0.0258	—	0.0497	−0.457
120°	0.0801	—	−0.311	—	0.0740	−0.396
130°	0.0189	—	−0.0488	0.0101	0.1128	−0.420
140°	0.0256	—	−0.0422	0.0100	0.0889	−0.463
150°	0.0552	—	−0.0381	0.0109	0.0689	−0.476
160°	0.0881	—	−0.0306	0.0091	0.0366	−0.415
170°	0.0852	—	−0.0122	0.0025	—	−0.220

（2）汤忠谷公式

汤忠谷对 15 艘长江和近海商船的船模进行了风洞试验，就此对风压合力系数 $C_{wF}(\alpha_R)$、风压合力角 α_R 及风压力作用点位置 x_F，给出了下列回归公式[14]：

$$
\begin{aligned}
C_{wF}(\alpha_R) = {} & 0.3935 + 2.177\sin^2\alpha_R - 1.586\sin^3\alpha_R - 0.3154 L_{oa}\frac{Z_G}{A_f} \\
& + 0.04944\left(L_{oa}\frac{Z_G}{A_f}\right)^2 + 0.3810 L_{oa}\frac{Z_G}{A_s} \\
& - 0.3632\left(L_{oa}\frac{Z_G}{A_f}\right)\sin^2\alpha_R + 0.1379\left(L_{oa}\frac{Z_G}{A_s}\right)^2\sin^2\alpha_R \\
& + 2.334\left(\frac{A_s}{L_{oa}^2}\right)\sin^2\alpha_R + 0.4530 C_K\sin^4\alpha_R \\
& - 0.000380\left(L_{oa}\frac{Z_G}{A_f}\right)^6\sin^2\alpha_R - 100.5\left(\frac{A_s}{L_{oa}^2}\right)^3\sin^2\alpha_R
\end{aligned}
\tag{3-98}
$$

$$
\begin{aligned}
\alpha_{\mathrm{F}} = \operatorname{sgn}(\alpha_{\mathrm{R}})\Big\{ & 12.85 + 75.97\alpha_{\mathrm{R}} - 19.77\alpha_{\mathrm{R}}^{2} + 4.588\alpha_{\mathrm{R}}^{3} - 20.06C_{\mathrm{K}} \\
& + 37.89\left(L_{\mathrm{oa}}\frac{Z_{\mathrm{G}}}{A_{\mathrm{f}}}\right)\alpha_{\mathrm{R}} + 1113\left(\frac{A_{\mathrm{s}}}{L_{\mathrm{oa}}^{2}}\right)\alpha_{\mathrm{R}} - 56.23\left(L_{\mathrm{oa}}\frac{Z_{\mathrm{G}}}{A_{\mathrm{f}}}\right)\alpha_{\mathrm{R}}^{2} \\
& - 1970\left(\frac{A_{\mathrm{s}}}{L_{\mathrm{oa}}^{2}}\right)\alpha_{\mathrm{R}}^{2} + 32.9\left(L_{\mathrm{oa}}\frac{Z_{\mathrm{G}}}{A_{\mathrm{f}}}\right)\alpha_{\mathrm{R}}^{3} + 1212\left(\frac{A_{\mathrm{s}}}{L_{\mathrm{oa}}^{2}}\right)\alpha_{\mathrm{R}}^{3} \\
& - 8.120\left(L_{\mathrm{oa}}\frac{Z_{\mathrm{G}}}{A_{\mathrm{f}}}\right)\alpha_{\mathrm{R}}^{4} - 283.1\left(\frac{A_{\mathrm{s}}}{L_{\mathrm{oa}}^{2}}\right)\alpha_{\mathrm{R}}^{4} + 0.2210\left(L_{\mathrm{oa}}\frac{Z_{\mathrm{G}}}{A_{\mathrm{f}}}\right)\alpha_{\mathrm{R}}^{6} \\
& + 6.170\left(\frac{A_{\mathrm{s}}}{L_{\mathrm{oa}}^{2}}\right)\alpha_{\mathrm{R}}^{6}\Big\}
\end{aligned} \tag{3-99}
$$

$$
\frac{x_{\mathrm{F}}}{L_{\mathrm{oa}}} = C_{\mathrm{K}} + 0.003(\alpha_{\mathrm{R}} - 90) \tag{3-100}
$$

其中，C_{K}、Z_{G} 分别为侧投影面积形心位置到船首柱和水线的距离。

注意：式(3-98)、式(3-99)中 α_{R} 的单位为 rad，在式(3-100)中单位为度。

3.5 波浪干扰力数学模型

波浪干扰力是各种干扰力中最复杂的一种，一般分为两类：一类是一阶波浪干扰力，也称高频波浪干扰力，这是在假设波浪为微幅波，引起船舶的摇荡不大的情况下，认为船舶受到与波高成线性关系并且与波浪同频率的波浪力；另一类是二阶波浪干扰力，也称波浪漂移力，该波浪力与波高平方成正比。第一类波浪干扰力最主要的是引发船舶的纵摇和垂荡运动，对横摇的影响稍次之，而对横漂及首摇运动的影响相对来说就小一些了。至于具有慢时变特性的二阶波浪干扰力，本身又是非线性的，它仍然和波浪的频率有关。波浪的二阶漂移力主要改变船舶航行的航向和航迹[15]。

海洋上波浪的变化十分复杂，并且是随机的，即在同一条件下，例如一定风速、一定海域等，波浪的轮廓是不能完全确定的，这种波浪通常称为不规则波。对不规则波直接进行数学描述十分困难，一般采用规则波的线性叠加来描述海洋上的波浪。

为计算波浪漂移力，尽管已建立了许多理论方法，但要用之于实际还有一定的距离，其原因：一是计算方法十分复杂，一般研究人员还难以接受；二是计算精度还不能达到工程要求。目前计算波浪漂移力还是依赖于水池中船模试验。

Daidola 在考虑波浪干扰对船舶操纵运动性能的影响时，提出了如下波浪漂移力和力矩的近似计算公式[16]：

$$
\begin{cases}
X_{\mathrm{wave}}^{D} = 0.5\rho La^{2}\cos\chi C_{X\mathrm{w}}^{D}(\lambda) \\
Y_{\mathrm{wave}}^{D} = 0.5\rho La^{2}\sin\chi C_{Y\mathrm{w}}^{D}(\lambda) \\
N_{\mathrm{wave}}^{D} = 0.5\rho L^{2}a^{2}\sin\chi C_{N\mathrm{w}}^{D}(\lambda)
\end{cases} \tag{3-101}
$$

其中，$C_{X\mathrm{w}}^{D}(\lambda)$、$C_{Y\mathrm{w}}^{D}(\lambda)$、$C_{N\mathrm{w}}^{D}(\lambda)$ 分别表示波浪漂移力系数和力矩系数；χ 为船舶与波浪的遭遇角；λ 为波长；ρ 为流体密度；L 为船长；a 为波幅。

而且 Daidola 在船模试验结果的基础上，回归分析得到了波浪漂移力系数和力矩系数的近似计算公式。

$$\begin{cases} C_{X\mathrm{w}}^{D}(\lambda)=0.05-0.2\left(\dfrac{\lambda}{L}\right)+0.75\left(\dfrac{\lambda}{L}\right)^{2}-0.51\left(\dfrac{\lambda}{L}\right)^{3} \\ C_{Y\mathrm{w}}^{D}(\lambda)=0.46+6.83\left(\dfrac{\lambda}{L}\right)-15.65\left(\dfrac{\lambda}{L}\right)^{2}+8.44\left(\dfrac{\lambda}{L}\right)^{3} \\ C_{N\mathrm{w}}^{D}(\lambda)=-0.11+0.68\left(\dfrac{\lambda}{L}\right)-0.79\left(\dfrac{\lambda}{L}\right)^{2}+0.21\left(\dfrac{\lambda}{L}\right)^{3} \end{cases} \tag{3-102}$$

3.6 流干扰力数学模型

流从时间上分为定常流和非定常流，从空间上分为均匀流和非均匀流。到目前为止，大多数的船舶运动数学模型对于流的处理都采用定常和均匀的假设，即流速度 $\mathbf{V}_{\mathrm{c}}$ 的数值和方向不随时间和空间点的位置变化而变化。这种流只适用于海洋上的操纵模拟，在港湾、航道、近海航道等处的流一般会因时因地发生变化。

流对船舶运动的影响，一般等效为船对水的相对速度变化引起的附加干扰力和力矩。流对船舶的附加干扰力和力矩可以用式(3-103)表示：

$$\begin{cases} X_{\mathrm{c}}=\dfrac{1}{2}\rho A_{\mathrm{FW}}V_{\mathrm{c}}^{2}C_{X\mathrm{c}}(\beta) \\ Y_{\mathrm{c}}=\dfrac{1}{2}\rho A_{\mathrm{SW}}V_{\mathrm{c}}^{2}C_{Y\mathrm{c}}(\beta) \\ N_{\mathrm{c}}=\dfrac{1}{2}\rho A_{\mathrm{FW}}L_{\mathrm{S}}V_{\mathrm{c}}^{2}C_{N\mathrm{c}}(\beta) \end{cases} \tag{3-103}$$

其中，ρ 是海水的密度；A_{FW} 是水线以下船舶的正投影面积；A_{SW} 是水线以下船舶的侧投影面积；V_{c} 是流速；L_{S} 是船舶的水线长；β 是流的入射角(漂角)；$C_{X\mathrm{c}}(\beta)$、$C_{Y\mathrm{c}}(\beta)$、$C_{N\mathrm{c}}(\beta)$是与漂角有关的系数。

一般认为流是恒定均匀的。流对船舶的作用如图 3-6 所示。

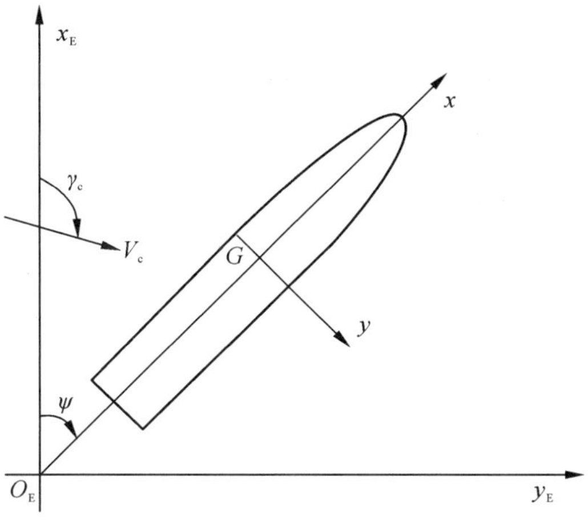

图 3-6 流干扰

图中 V_c 是流速；γ_c 是流向，其方向从正北顺时针计起。

V_c 在附体坐标轴上的分量为：

$$\begin{cases} u_c = V_c\cos(\gamma_c - \psi) \\ v_c = V_c\sin(\gamma_c - \psi) \end{cases} \tag{3-104}$$

假设船舶运动时，对地速度在附体坐标系上有两个分量，分别是 u 和 v，船舶对流的相对速度的投影分别为 u_r、v_r。显然有：

$$\begin{cases} u = u_r + u_c \\ v = v_r + v_c \end{cases} \tag{3-105}$$

在均匀流情况下，船舶的首摇角速度对地和对水流是相同的，用 r 来表示，且有式 $\dot{\psi} = r$。将式(3-105) 对时间求导得加速度分量的关系为：

$$\begin{cases} \dot{u} = \dot{u}_r + \dot{u}_c = \dot{u}_r + V_c r\sin(\gamma_c - \psi) = \dot{u}_r + rv_c \\ \dot{v} = \dot{v}_r + \dot{v}_c = \dot{v}_r - V_c r\cos(\gamma_c - \psi) = \dot{v}_r - ru_c \end{cases} \tag{3-106}$$

流不会影响船舶的操纵方程，但是流对船舶的位置有直接影响。在流的作用下，船舶位置满足：

$$\begin{cases} \dot{x}_0 = u\cos\psi - v\sin\psi + V_c\cos\varphi_c \\ \dot{y}_0 = u\sin\psi + v\cos\psi + V_c\sin\varphi_c \end{cases} \tag{3-107}$$

其中，V_c 是流的绝对速度；φ_c 是流的绝对流向。

这种处理方法可以把流对船舶的作用放在船速里面进行处理，把流对船舶的干扰力通过对速度的影响表现出来，简化思路，便于分析问题。

参考文献

[1] 金鸿章，姚绪梁. 船舶控制原理[M]. 哈尔滨：哈尔滨工程大学出版社，2001.

[2] 盛振邦，刘应中. 船舶原理(下)[M]. 上海：上海交通大学出版社，2004.

[3] 肖仲明. 风浪中船舶操纵运动建模与仿真[D]. 大连：大连海事大学，2007.

[4] 贾欣乐，杨盐生. 船舶运动数学模型——机理建模与辨识建模[M]. 大连：大连海事大学出版社，1997.

[5] ZHU J. Conversion of Earth-centered Earth-fixed coordinates to geodetic coordinates[J]. IEEE Transactions on Aerospace and Electronic Systems, 1994, 30(3): 957-961.

[6] FOSSEN T I. Nonlinear modelling and control of underwater vehicles[D]. Trondheim: Norwegian University of Science and Technology, 1991.

[7] 贾欣乐，杨盐生. 船舶运动数学模型[M]. 大连：大连海事大学出版社，1999.

[8] SONNENBURG C R. Modeling, Identification, and Control of an Unmanned Surface Vehicle[D]. Blacksburg: Virginia Tech, 2013.

[9] FOSSEN T I. Handbook of marine craft hydrodynamics and motion control[M]. Hoboken: John Wiley & Sons, 2011.

[10] SHIN J, DONG J K, LEE Y I. Adaptive Path-following control for an unmanned surface vessel using an identified dynamic model[J]. IEEE/ASME Transactions on Mechatronics, 2017, 22(3): 1143-1153.

[11] 张显库. 船舶运动简捷鲁棒控制[M]. 北京：科学出版社，2012.

[12] 吴恭兴. 无人艇操纵性与智能控制技术研究[D]. 哈尔滨：哈尔滨工程大学，2011.

[13] ISHERWOOD R M. Wind resistance of merchantships [J]. Trans. Roy. Inst. Naval Architects,1972,114:327-328.

[14] 汤忠谷. 水面船舶的空气动力[J]武汉水运工程学院学报,1982(4)：79-89.

[15] ZHANG J, XIONG J, ZHANG G, et al. Flooding disaster oriented USV & UAV system development & demonstration[C]// OCEANS 2016-Shanghai. Piscataway: IEEE, 2016: 1-4.

[16] DAIDOLA J A, GRAHAM D A, CHANDRASH L A. A simulation program for vessel's manoeuvring at slow speeds[C]//Proeeeding of Eleventh ship Teehnology and Researeh(STAR) symposium,1986: 77-84.

第 4 章　水面无人艇操纵运动响应模型的建立与参数辨识

4.1　水面无人艇操纵运动响应模型

将舵角看作系统的输入，首向角或首摇角速度看作系统的输出，整个船舶看作一个动态系统，已知输入求输出是一个系统响应的过程。输入输出的关系就是船舶响应型模型，这种模型是船舶运动数学模型的另一种表现方式，于 20 世纪由野本谦作率先提出[1]，即 Nomoto 模型。

4.1.1　水面无人艇操纵运动响应方程

为简化建立模型过程，首先对船舶线性响应模型进行探讨。建立船舶线性响应模型，首先要研究线性船舶运动。当外界干扰较小时，船舶的运动将始终维持在初始平衡状态附近，叫作线性船舶运动。这个初始平衡状态一般选择船舶的匀速直线运动。

由于船舶运动方程为：

$$\begin{cases} m(\dot{u} - vr - x_g r^2) = X \\ m(\dot{v} + ur + x_g \dot{r}) = Y \\ I_{zz}\dot{r} + m x_g(\dot{v} + ur) = N \end{cases} \tag{4-1}$$

其中，m 是船舶质量；u 为船舶的前进速度；v 为船舶的横荡速度；r 为首摇运动的角速度；x_g 是船舶重心距船中心的距离；I_{zz} 是船舶对 Z 轴的惯性矩；在 X、Y、Z 方向上，船体会受到水动力(矩)、舵力(矩) 和轴方向的风力(矩)，这三个非线性变量分别用 X、Y、N 来表示。

将其线性化后，得到船舶运动数学模型如下：

$$\begin{cases} (m - X_{\dot{u}})\dot{u} = X_u \Delta u \\ (m - Y_{\dot{v}})\dot{v} + (m x_g - Y_{\dot{r}})\dot{r} = Y_v v + (Y_r - m u_0) r + Y_\delta \delta \\ (m x_g - N_{\dot{v}})\dot{v} + (I_{zz} - N_{\dot{r}})\dot{r} = N_v \mathrm{v} + (N_r - m x_g u_0) r + N_\delta \delta \end{cases} \tag{4-2}$$

其中，u_0 是船舶航速；$Y_{\dot{v}}$、Y_v 等是水动力导数。

易知，在线性化模型范围内，船舶在前进方向上的运动和其他两个自由度上的运动方程是解耦的，横移方向上的运动方程与转首方向上的运动方程具有明显的耦合关系。

只考虑船舶在横荡和首摇两自由度下的运动，以船中心为原点建立坐标系，假设船舶受外界小扰动，那么船舶的操纵运动方程可表达为[2]：

$$\begin{bmatrix} m - Y_{\dot{v}} & m x_g - Y_{\dot{r}} \\ m x_g - N_{\dot{v}} & I_z - N_{\dot{r}} \end{bmatrix} \begin{bmatrix} \dot{v} \\ \dot{r} \end{bmatrix} + \begin{bmatrix} -Y_v & (m - X_{\dot{u}})u_0 - Y_r \\ (X_{\dot{u}} - Y_{\dot{v}})u_0 - N_v & (m x_g - Y_{\dot{r}})u_0 - N_r \end{bmatrix} \begin{bmatrix} v \\ r \end{bmatrix} = \begin{bmatrix} \tau_Y \\ \tau_N \end{bmatrix} \tag{4-3}$$

其中，τ_Y，τ_N 是船舶操纵的控制力与力矩。

τ_Y、τ_N 由无人艇的推力提供。当偏转角以向左偏转为正方向，使得无人艇在正偏转角 δ 作用下产生正的回转角速度 r。保持推进电机转速一定，有：

$$\begin{bmatrix}\tau_Y\\ \tau_N\end{bmatrix}=\begin{bmatrix}F\sin\delta\\ -FL\sin\delta\end{bmatrix} \tag{4-4}$$

其中，δ 为偏转角；F 为船舶受到的推力；L 为中心线至船中的纵向距离。

一般情况下，δ 的取值范围在 $-35°$ 到 $35°$ 之间，换算成弧度约为($-0.61\sim0.61$)rad。在这个范围内，δ 与 $\sin\delta$ 的关系如图 4-1 所示。

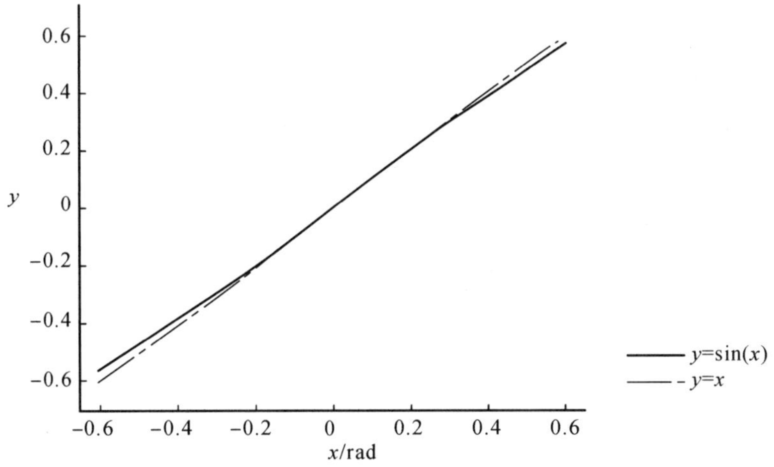

图 4-1　δ 与 sinδ 关系图

因此，式(4-4)可近似为：

$$\begin{bmatrix}\tau_Y\\ \tau_N\end{bmatrix}=\begin{bmatrix}F\sin\delta\\ -FL\sin\delta\end{bmatrix}\approx\begin{bmatrix}F\delta\\ -FL\delta\end{bmatrix} \tag{4-5}$$

由式(4-3)、式(4-5)可知：

$$\begin{bmatrix}m-Y_{\dot{v}} & mx_g-Y_{\dot{r}}\\ mx_g-N_{\dot{v}} & I_z-N_{\dot{r}}\end{bmatrix}\begin{bmatrix}\dot{v}\\ \dot{r}\end{bmatrix}+\begin{bmatrix}-Y_v & (m-X_{\dot{u}})u_0-Y_r\\ (X_{\dot{u}}-Y_{\dot{v}}) & (mx_g-Y_{\dot{r}})u_0-N_r\end{bmatrix}\begin{bmatrix}v\\ r\end{bmatrix}=\begin{bmatrix}F\delta\\ -FL\delta\end{bmatrix} \tag{4-6}$$

对上式进行拉普拉斯变换，系统输入输出分别为偏转角 δ 和首摇角速度 r，可以得到响应模型的传递函数形式：

$$\frac{r(s)}{\delta(s)}=\frac{K(1+T_3s)}{(1+T_1s)(1+T_2s)} \tag{4-7}$$

其中

$$K=\frac{FLY_v-F[(X_{\dot u}-Y_{\dot v})u_0-N_v]}{Y_v[(mx_g-Y_{\dot r})u_0-N_r]+[(m-X_{\dot u})u_0-Y_r][(X_{\dot u}-Y_{\dot v})u_0-N_v]}$$

$$T_3=\frac{FL(m-Y_{\dot v})+F(mx_g-N)}{FLY_v-F[(X_{\dot u}-Y_{\dot v})u_0-N_v]}$$

$$T_1T_2=\frac{(m-Y_{\dot v})(I_z-N_{\dot r})-(mx_g-Y_{\dot r})(mx_g-N_{\dot v})}{-Y_v[(mx_g-Y_{\dot r})u_0-N_r]-[(m-X_{\dot u})u_0-Y_r][(X_{\dot u}-Y_{\dot v})u_0-N_v]}$$

$$T_1+T_2=\frac{(m-Y_{\dot v})[(mx_g-Y_{\dot r})u_0-N_r]-(I_z-N_{\dot r})Y_v}{-Y_v[(mx_g-Y_{\dot r})u_0-N_r]-[(m-X_{\dot u})-Y_r][(X_{\dot u}-Y_{\dot v})u_0-N_v]}+\frac{-(mx_g-N_{\dot v})[(m-X_{\dot u})-Y_r]-(mx_g-Y_{\dot r})[(X_{\dot u}-Y_{\dot v})u_0-N_v]}{-Y_v[(mx_g-Y_{\dot r})u_0-N_r]-[(m-X_{\dot u})-Y_r][(X_{\dot u}-Y_{\dot v})u_0-N_v]}$$

同理可得到偏转角 δ 和横漂速度 v 的传递函数。实际工程应用中，人们更多考虑的是转首运动而不是横向运动。另外在实船或自航船模试验中，航向 ψ 或者转首角速度 r 的测量比横漂速度 v 要容易得多，目前为止还没有足够精确的测量设备测量 v，特别是对于实船更是如此。因此，对舵角 δ 和横漂速度 v 的传递函数不做进一步研究。

以航向角 ψ 为系统输出，有传递函数：

$$G(s)=\frac{\psi(s)}{\delta(s)}=\frac{K(T_3s+1)}{s(1+T_1s)(1+T_2s)} \tag{4-8}$$

写成微分方程则为：

$$\dddot{\psi}+\left(\frac{1}{T_1}+\frac{1}{T_2}\right)\ddot{\psi}+\frac{1}{T_1T_2}\dot{\psi}=\frac{K}{T_1T_2}(T_3\dot{\delta}+\delta) \tag{4-9}$$

参数计算同式(4-7)。

由于船舶运动具有较大的惯性，因此船舶运动具有低频特性[3]。传递函数式(4-7)在低频下可降解为一阶模型

$$H(s)=\frac{r(s)}{\delta(s)}\approx\frac{K}{Ts+1} \tag{4-10}$$

其中，K 与式(4-7)中的相同；$T=T_1+T_2-T_3$。

写成微分方程形式，即：

$$\begin{cases}\dot{\psi}=r\\ T\dot{r}+r=K\delta\end{cases} \tag{4-11}$$

当舵角较大时，由于泰勒展开式中力与力矩的非线性高阶项所占的比例会增加，为更好地描述船舶运动，用非线性项对线性模型进行修正十分有必要。Bech 将式(4-9)写成以下非线性方程：

$$\dddot{\psi}+\left(\frac{1}{T_1}+\frac{1}{T_2}\right)\ddot{\psi}+\frac{K}{T_1T_2}H(\dot{\psi})=\frac{K}{T_1T_2}(T_3\dot{\delta}+\delta) \tag{4-12}$$

其中，$H(\dot{\psi})$ 是关于 $\dot{\psi}$ 的非线性函数，可以通过实验结果的拟合求出。

也可以将式(4-12)改写成以下非线性方程的形式：

$$\begin{cases}\dot{\psi}=r\\ T\dot{r}+r+\alpha r^3=K(\delta+\delta_r)\end{cases} \tag{4-13}$$

4.1.2　船舶操纵性指数及其意义

K 和 T 被称为船舶操纵性指数，它们的值将决定在操舵后任意时刻所具有的转向角加速度、角速度及转向角的值。具体说来，K 和 T 指数的意义是[4]：

(1)K 表示船舶旋回性的优劣

K 又称旋回性指数。K 值大，则操舵后的转向角加速度初始值、定常转向角速度值均较大，易于有较大的转向角。船舶进入定常旋回后，因为 K 可用定常旋回角速度 r_0 与所操舵角 δ_0 之比来表示，所以 K 值实质上是定常旋回中的船舶每单位舵角所能给出的转首角速度值，又称增益常数。该增益常数越大，则船舶的旋回性能越好。

(2)T 表示船舶追随性的优劣

T 又称追随性指数。T 值小，则操舵后的转向角加速度初始值较大，向定常角速度趋近较快，易于有较大的转向角。船舶操舵后，因为 T 表示转向角加速度向零衰减、转向角速度向定常角速度趋近的周期，而且每经过 T 的时间均相近，所以 T 又称时间常数。该时间越短，则追随性越好。

4.1.3　K、T 指数无因次化及影响 K'、T' 指数的因素

(1)K、T 指数的无因次化

为了便于比较不同船舶之间的操纵性，常将操纵性指数 K、T 做无因次化处理，即消去其量纲的处理，即：

$$\begin{cases} K' = K \cdot \dfrac{L}{v_s} \\ T' = T \cdot \dfrac{L}{v_s} \end{cases} \tag{4-14}$$

其中，L 是船长(m)；v_s 是船速(m/s)。

无因次化后的船舶操纵性指数 K'、T' 由于已经除去了船舶尺度与船速的影响，故可直接用来比较不同船舶或同一船舶在不同条件下的操纵性优劣及其变化趋势；反过来说，当两船的 K、T 指数相同时，要使其操纵性能也相同，其船长和船速也应相同。

(2) 影响 K'、T' 值的因素

船舶操纵性能指数 K'、T' 值，将随舵角、吃水、吃水差、水深与吃水之比、船体线型等因素的变化而变化，且其规律较为复杂，但总体来讲，具有如表 4-1 所列的趋势。

表 4-1　K'、T' 值的变化趋势

影响因素	舵角增加	吃水增加	尾倾增加	水深变浅	船型越肥大
K'、T' 变化	同时减小	同时增大	同时减小	同时减小	同时增大

从表中可以看出，船舶的操纵性指数 K'、T' 值是同时减小或同时增大的，即提高船舶旋回性的结果将使其追随性受到某种程度的降低，而追随性的改善又将导致船舶旋回性的降低。值得注意的是，当舵角增加时，K'、T' 值同时减小，但 T' 值减小的幅度要比 K' 值减小的幅度大，因此船舶的舵效反而变好。

4.2　参数辨识方法

参数辨识与控制理论相互关联，密不可分。要想设计出一套性能良好的控制系统还必须要对所建立的无人艇响应型数学模型进行参数辨识。系统辨识方法有很多类别，按其计算方式可分为一次完成算法、递推辨识方法和迭代辨识方法；按其实时性可分为在线辨识方法和离线辨识方法；按其属性特征可分为最小二乘估计算法、最小均方估计算法、梯度估计算法、随机逼近估计算法、辅助模型辨识方法、多新息辨识方法、递阶辨识方法、极大似然辨识方法、贝叶斯辨识方法等[5]。

4.2.1　最小二乘参数辨识算法

最小二乘算法是系统参数辨识最基本的方法，由此发展出许多适合不同情况的算法。最小二乘算法在船舶响应模型参数的辨识方面也得到广泛应用。

设单输入单输出线性系统具有如下差分方程：

$$\begin{aligned} z(k)+a_1 z(k-1)+\cdots+a_{n_a} z(k-n_a)=b_1 u(k-1)+ \\ b_2 u(k-2)+\cdots+b_{n_b} u(k-n_b)+e(k) \end{aligned} \tag{4-15}$$

其中，$z(k)$是系统输出量的第k次观测值，$z(k-1)$是系统输出量的第$k-1$次观测值，依次类推；$u(k-1)$是该系统的第$k-1$个输入量；$e(k)$是零均值的随机噪声项。可以将上式改成：

$$\begin{aligned} z(k)=-a_1 z(k-1)-\cdots-a_{n_a} z(k-n_a)+b_1 u(k-1)+b_2 u(k-2)+\cdots+ \\ b_{n_b} u(k-n_b)+e(k) \end{aligned} \tag{4-16}$$

这样可以把系统写成输入输出最小二乘格式：

$$z(k)=\boldsymbol{h}^{\mathrm{T}}(k)\boldsymbol{\theta}+e(k) \tag{4-17}$$

其中，h为样本集合；θ为被辨识的参数集合。

$$\begin{cases} \boldsymbol{h}(k)=[-z(k-1)\ \cdots\ -z(k-n_a)\ \ u(k-1)\ \cdots\ u(k-n_b)]^{\mathrm{T}} \\ \boldsymbol{\theta}=[a_1\ a_2\ \cdots\ a_{n_a}\ b_1\ b_2\ \cdots\ b_{n_b}]^{\mathrm{T}} \end{cases} \tag{4-18}$$

辨识通常会用到一组数据，即$k=1,2,\cdots,L$，把最小二乘格式写成线性方程组的形式为：

$$\boldsymbol{z}_{\mathrm{L}}(k)=\boldsymbol{H}_{\mathrm{L}}(k)\boldsymbol{\theta}+\boldsymbol{e}_{\mathrm{L}}(k) \tag{4-19}$$

其中

$$\boldsymbol{z}_{\mathrm{L}}=\begin{bmatrix} z(1) \\ z(2) \\ \vdots \\ z(L) \end{bmatrix},\boldsymbol{e}_{\mathrm{L}}=\begin{bmatrix} e(1) \\ e(2) \\ \vdots \\ e(L) \end{bmatrix},$$

$$\boldsymbol{H}_{\mathrm{L}}=\begin{bmatrix}-z(0) & \cdots & -z(1-n_{\mathrm{a}}) & u(0) & \cdots & u(1-n_{\mathrm{b}})\\ -z(1) & \cdots & -z(2-n_{\mathrm{a}}) & u(1) & \cdots & u(2-n_{\mathrm{b}})\\ \vdots & & \vdots & \vdots & & \vdots\\ -z(L-1) & \cdots & -z(L-n_{\mathrm{a}}) & u(L-1) & \cdots & u(L-n_{\mathrm{b}})\end{bmatrix}$$

取准则函数

$$J(\theta)=\sum_{k=1}^{\infty}[e(k)]^2=\sum_{k=1}^{\infty}[z(k)-\boldsymbol{h}^{\mathrm{T}}(k)\boldsymbol{\theta}]^2=(\boldsymbol{z}_{\mathrm{L}}-\boldsymbol{H}_{\mathrm{L}}\boldsymbol{\theta})^{\mathrm{T}}(\boldsymbol{z}_{\mathrm{L}}-\boldsymbol{H}_{\mathrm{L}}\boldsymbol{\theta}) \tag{4-20}$$

满足 $J(\theta)=\min$ 的 θ 估计值记为 $\hat{\theta}_{\mathrm{LS}}$，称 $\hat{\theta}_{\mathrm{LS}}$ 为参数 θ 的最小二乘估计值。

据此，可以证明当实际观测值与理论计算值的累次误差的平方和达到最小值时，求得的模型参数越接近实际系统的输出。

设 $\hat{\theta}_{\mathrm{LS}}$ 使得 $J(\theta)\big|_{\hat{\theta}_{\mathrm{LS}}}=\min$，则有

$$\left.\frac{\partial J(\theta)}{\partial\theta}\right|_{\hat{\theta}_{\mathrm{LS}}}=\frac{\partial}{\partial\theta}(\boldsymbol{z}_{\mathrm{L}}-\boldsymbol{H}_{\mathrm{L}}\boldsymbol{\theta})^{\mathrm{T}}(\boldsymbol{z}_{\mathrm{L}}-\boldsymbol{H}_{\mathrm{L}}\boldsymbol{\theta})=0 \tag{4-21}$$

由此可得

$$\hat{\theta}_{\mathrm{LS}}=(\boldsymbol{H}_{\mathrm{L}}^{\mathrm{T}}\boldsymbol{H}_{\mathrm{L}})^{-1}\boldsymbol{H}_{\mathrm{L}}^{\mathrm{T}}\boldsymbol{z}_{\mathrm{L}} \tag{4-22}$$

4.2.2 最小二乘递推算法

为解决最小二乘法运算时占用内存较大这一问题，推导出最小二乘递推算法[6]。

当被辨识系统在运行时，每更新一次观测数据，就利用更新的观测数据通过递推算法对前次估计的结果进行修正，从而得到新一次的参数估计值。这样，随着观测次数的增加，观测数据的不断更新，会对参数进行多次估计，直到参数的估计值满足一定的精确度为止。

前面的最小二乘算法有这样的结论

$$\hat{\boldsymbol{\theta}}=(\boldsymbol{H}_{\mathrm{L}}^{\mathrm{T}}\boldsymbol{H}_{\mathrm{L}})^{-1}\boldsymbol{H}_{\mathrm{L}}^{\mathrm{T}}\boldsymbol{z}_{\mathrm{L}}$$

定义

$$\boldsymbol{P}(L)=(\boldsymbol{H}_{\mathrm{L}}^{\mathrm{T}}\boldsymbol{H}_{\mathrm{L}})^{-1}$$

则有

$$\boldsymbol{P}^{-1}(k)=\boldsymbol{H}_k^{\mathrm{T}}\boldsymbol{H}_k=\sum_{i=1}^{k}\boldsymbol{h}(i)\boldsymbol{h}^{\mathrm{T}}(i) \tag{4-23}$$

其中

$$\boldsymbol{H}_k=[\boldsymbol{h}^{\mathrm{T}}(1)\ \ \boldsymbol{h}^{\mathrm{T}}(2)\ \ \cdots\ \ \boldsymbol{h}^{\mathrm{T}}(k)]^{\mathrm{T}}$$

$\boldsymbol{h}(i)$是$\boldsymbol{H}_{\mathrm{L}}$第$i$行向量的转置，因此它是一个列向量；$\boldsymbol{P}(k)$是一个方阵，如果未知参数的个数是$n$，则$\boldsymbol{P}(k)$的维数为$n\times n$，易知，$\boldsymbol{P}(k)$的维数与观测次数无关，而是取决于未知参数的个数。则由式(4-23)可得

$$\boldsymbol{P}^{-1}(k)=\sum_{i=1}^{k}\boldsymbol{h}(i)\boldsymbol{h}^{\mathrm{T}}(i)=\sum_{i=1}^{k-1}\boldsymbol{h}(i)\boldsymbol{h}^{\mathrm{T}}(i)+\boldsymbol{h}(k)\boldsymbol{h}^{\mathrm{T}}(k)=\boldsymbol{P}^{-1}(k-1)+\boldsymbol{h}(k)\boldsymbol{h}^{\mathrm{T}}(k) \tag{4-24}$$

$$\hat{\boldsymbol{\theta}}(k-1)=(\boldsymbol{H}_{k-1}^{\mathrm{T}}\boldsymbol{H}_{k-1})^{-1}\boldsymbol{H}_{k-1}^{\mathrm{T}}\boldsymbol{z}_{k-1}=\boldsymbol{P}(k-1)\left[\sum_{i=1}^{k-1}\boldsymbol{h}(i)z(i)\right] \tag{4-25}$$

于是有

$$\boldsymbol{P}^{-1}(k-1)\hat{\boldsymbol{\theta}}(k-1)=\sum_{i=1}^{k-1}\boldsymbol{h}(i)\boldsymbol{z}(i) \tag{4-26}$$

利用式(4-24)和式(4-26)，可知：

$$\begin{aligned}\hat{\boldsymbol{\theta}}(k)&=(\boldsymbol{H}_k^{\mathrm{T}}\boldsymbol{H}_k)^{-1}\boldsymbol{H}_k^{\mathrm{T}}z_k=\boldsymbol{P}(k)\left[\sum_{i=1}^{k}\boldsymbol{h}(i)\boldsymbol{z}(i)\right]\\&=\boldsymbol{P}(k)\left[\boldsymbol{P}^{-1}(k-1)\hat{\boldsymbol{\theta}}(k-1)+\boldsymbol{h}(k)\boldsymbol{z}(k)\right]\\&=\boldsymbol{P}(k)\left\{\left[\boldsymbol{P}^{-1}(k)-\boldsymbol{h}(k)\boldsymbol{h}^{\mathrm{T}}(k)\right]\hat{\boldsymbol{\theta}}(k-1)\right\}+\boldsymbol{h}(k)\boldsymbol{z}(k)\\&=\hat{\boldsymbol{\theta}}(k-1)+\boldsymbol{P}(k)\boldsymbol{h}(k)\left[\boldsymbol{z}(k)-\boldsymbol{h}^{\mathrm{T}}(k)\hat{\boldsymbol{\theta}}(k-1)\right]\end{aligned} \tag{4-27}$$

引进增益矩阵 $\boldsymbol{K}(k)$，定义

$$\boldsymbol{K}(k)=\boldsymbol{P}(k)\boldsymbol{h}(k)$$

则式(4-27)可写成

$$\hat{\boldsymbol{\theta}}(k)=\hat{\boldsymbol{\theta}}(k-1)+\boldsymbol{K}(k)\left[\boldsymbol{z}(k)-\boldsymbol{h}^{\mathrm{T}}(k)\hat{\boldsymbol{\theta}}(k-1)\right] \tag{4-28}$$

式(4-26)可写成

$$\begin{aligned}\boldsymbol{P}(k)&=\left[\boldsymbol{P}^{-1}(k-1)+\boldsymbol{h}(k)\boldsymbol{h}^{\mathrm{T}}(k)\right]^{-1}\\&=\boldsymbol{P}(k-1)-\boldsymbol{P}(k-1)\boldsymbol{h}(k)\boldsymbol{h}^{\mathrm{T}}(k)\boldsymbol{P}(k-1)\left[\boldsymbol{h}^{\mathrm{T}}(k)\boldsymbol{P}(k-1)\boldsymbol{h}(k)\right]^{-1}\end{aligned} \tag{4-29}$$

将上式代入 $\boldsymbol{K}(k)=\boldsymbol{P}(k)\boldsymbol{h}(k)$，整理后得

$$\boldsymbol{K}(k)=\boldsymbol{P}(k-1)\boldsymbol{h}(k)\left[\boldsymbol{h}^{\mathrm{T}}(k)\boldsymbol{P}(k-1)\boldsymbol{h}(k)\right]^{-1} \tag{4-30}$$

综合式(4-28)、式(4-29)和式(4-30)，得到最小二乘递推算法如下

$$\begin{cases}\hat{\boldsymbol{\theta}}(k)=\hat{\boldsymbol{\theta}}(k-1)+\boldsymbol{K}(k)\left[\boldsymbol{z}(k)-\boldsymbol{h}^{\mathrm{T}}(k)\hat{\boldsymbol{\theta}}(k-1)\right]\\\boldsymbol{K}(k)=\boldsymbol{P}(k-1)\boldsymbol{h}(k)\left[\boldsymbol{h}^{\mathrm{T}}(k)\boldsymbol{P}(k-1)\boldsymbol{h}(k)\right]^{-1}\\\boldsymbol{P}(k)=\left[\boldsymbol{I}-\boldsymbol{K}(k)\boldsymbol{h}^{\mathrm{T}}(k)\right]\boldsymbol{P}(k-1)\end{cases} \tag{4-31}$$

递推计算需要事先选择初始参数 $\hat{\boldsymbol{\theta}}(0)$ 和 $\boldsymbol{P}(0)$，有两种方式可以对它们进行取值。第一种方式是先对一组数据利用批处理算法进行处理，求得

$$\begin{cases}\boldsymbol{P}(L_0)=(\boldsymbol{H}_{L_0}^{\mathrm{T}}\boldsymbol{H}_{L_0})^{-1}\\\hat{\boldsymbol{\theta}}(L_0)=\boldsymbol{P}(0)\boldsymbol{H}_{L_0}^{\mathrm{T}}\boldsymbol{z}_{L_0}\end{cases} \tag{4-32}$$

然后令 $\boldsymbol{P}(0)=\boldsymbol{P}(L_0)$，$\hat{\boldsymbol{\theta}}(0)=\hat{\boldsymbol{\theta}}(L_0)$，式中 L_0 是数据长度，当 L_0 较大时，式(4-32)中对矩阵求逆运算量十分巨大，不易计算。

第二种方式是直接取，因为

$$\begin{cases}\boldsymbol{P}^{-1}(k)=\displaystyle\sum_{i=1}^{k}\boldsymbol{h}(i)\boldsymbol{h}^{\mathrm{T}}(i)\\\boldsymbol{P}^{-1}(k)\hat{\boldsymbol{\theta}}(k)=\displaystyle\sum_{i=1}^{k}\boldsymbol{h}(i)\boldsymbol{z}(i)\end{cases}$$

初值参数选择为：

$$\begin{cases}\boldsymbol{P}(0)=\alpha^2\boldsymbol{I},\alpha\text{ 为充分大的实数}\\\hat{\boldsymbol{\theta}}(0)=\boldsymbol{\varepsilon},\boldsymbol{\varepsilon}\text{ 为充分小的实向量}\end{cases} \tag{4-33}$$

4.2.3　卡尔曼滤波参数辨识算法

20 世纪 60 年代初 Kalman 提出递推公式，避免了高阶矩阵求逆与大量数据存储。Kalman 提出的状态估计递推算法被称为卡尔曼滤波器(Kalman Filter，K. F.)[7]。

(1)Kalman 滤波器的具体计算

K. F. 基本公式如下：

$$\hat{\boldsymbol{x}}(k\mid k)=\boldsymbol{A}(k-1)\hat{\boldsymbol{x}}(k-1\mid k-1)+\boldsymbol{K}(k)[\boldsymbol{y}(k)-\boldsymbol{C}(k)\boldsymbol{A}(k-1)\hat{\boldsymbol{x}}(k-1\mid k-1)] \tag{4-34}$$

$$\boldsymbol{K}(k)=\boldsymbol{P}(k\mid k-1)\boldsymbol{C}^{\mathrm{T}}(k)[\boldsymbol{C}(k)\boldsymbol{P}(k\mid k-1)\boldsymbol{C}^{\mathrm{T}}(k)+\boldsymbol{R}_2(k)]^{-1} \tag{4-35}$$

$$\boldsymbol{P}(k\mid k)=[\boldsymbol{I}-\boldsymbol{K}(k)\boldsymbol{C}(k)]\boldsymbol{P}(k\mid k-1) \tag{4-36}$$

$$\boldsymbol{P}(k+1\mid k)=\boldsymbol{A}(k)\boldsymbol{P}(k\mid k)\boldsymbol{A}^{\mathrm{T}}(k)+\boldsymbol{G}(k)\boldsymbol{R}_1(k)\boldsymbol{G}^{\mathrm{T}}(k) \tag{4-37}$$

递推初值为 $\hat{\boldsymbol{x}}(0\mid 0)=\bar{\boldsymbol{x}}(0)$，$\boldsymbol{P}(0\mid -1)=\boldsymbol{P}(0)$。式(4-34) 称为滤波公式，式(4-35) ～式(4-37) 称为增益递推公式。

根据式(4-34) 可画出 K. F. 滤波计算过程图，如图 4-2 所示。该滤波器可用软件或硬件实现，不需存储过去的观测。

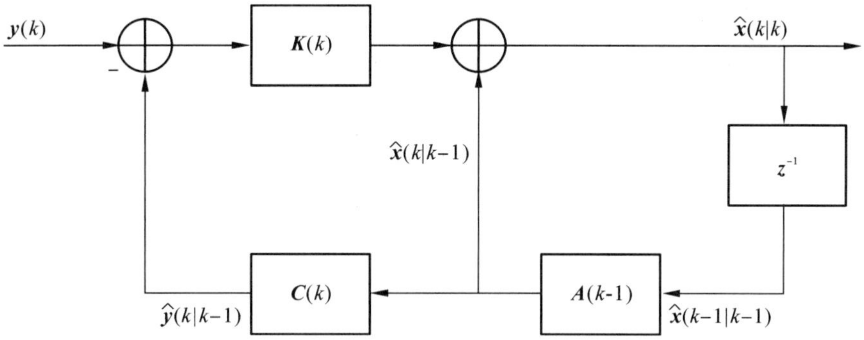

图 4-2　K. F 滤波计算

从式(4-35) ～ 式(4-37) 可见，$\boldsymbol{K}(k)$与在线观测值 $\boldsymbol{y}(k)$无关，而 $\boldsymbol{A}(k)$、$\boldsymbol{C}(k)$、$\boldsymbol{G}(k)$、$\boldsymbol{R}_1(k)$、$\boldsymbol{R}_2(k)$已知，因此可离线计算，计算过程如图 4-3 所示。

① 在给定 $\boldsymbol{P}(k\mid k-1)$条件下，利用式(4-35) 计算 $\boldsymbol{K}(k)$；

② 利用式(4-36) 计算 $\boldsymbol{P}(k\mid k)$；

③ 利用式(4-37) 计算 $\boldsymbol{P}(k+1\mid k)$；

④ 返回 ①。

(2)Kalman 滤波器用于系统的参数估计

设被控系统为：

$$y(k)+\sum_{i=1}^{n}a_i y(k-i)=\sum_{i=1}^{n}b_i u(k-i)+v(k) \tag{4-38}$$

其中，$\{v(k)\}$为零均值、高斯分布、白噪声序列。即 $E[v(k)]=0$，$E[v(k)v(l)]=\sigma^2\delta_{kl}$。

$$\delta_{kl}=\begin{cases}1, k=l\\0, k\neq l\end{cases}$$

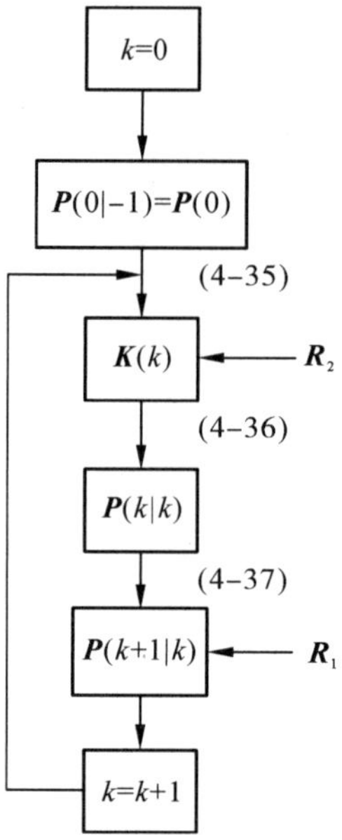

图 4-3　滤波增益 K(k) 计算

为采用 K. F 估计参数,将未知参数视作未知状态,令

$$\begin{cases} x_1(k)=a_1(k) \\ \quad\vdots \\ x_n(k)=a_n(k) \\ x_{n+1}(k)=b_{n+1}(k) \\ \quad\vdots \\ x_{2n}(k)=b_{2n}(k) \end{cases} \tag{4-39}$$

且令

$$\begin{cases} x_1(k+1)=x_1(k)+w_1(k) \\ \quad\vdots \\ x_n(k+1)=x_n(k)+w_n(k) \\ x_{n+1}(k+1)=x_{n+1}(k)+w_{n+1}(k) \\ \quad\vdots \\ x_{2n}(k+1)=x_{2n}(k)+w_{2n}(k) \end{cases} \tag{4-40}$$

其中,$\{w(k)\}$为参数估计的噪声,假设为零均值高斯分布的白噪声。

令 $\boldsymbol{x}^{\mathrm{T}}(k)=[a_1(k)\ \cdots\ a_n(k)\ b_1(k)\ \cdots\ b_n(k)]$,

则式(4-40) 可写成

$$\boldsymbol{x}(k+1)=\boldsymbol{x}(k)+\boldsymbol{w}(k) \tag{4-41}$$

其中,$\boldsymbol{w}(k)=[w_1(k)\ \cdots\ w_n(k)\ w_{n+1}(k)\ \cdots\ w_{2n}(k)]^{\mathrm{T}}$。

又令 $\boldsymbol{c}(k)=[-y(k-1)\ \cdots\ -y(k-n)\ u(k+1)\ \cdots\ u(k-n)]$,

则式(4-38) 可写成

$$\boldsymbol{y}(k)=\boldsymbol{c}(k)\boldsymbol{x}(k)+\boldsymbol{v}(k) \tag{4-42}$$

对于系统 $\begin{cases}\boldsymbol{x}(k+1)=\boldsymbol{x}(k)+\boldsymbol{w}(k)\\ \boldsymbol{y}(k)=\boldsymbol{c}(k)\boldsymbol{x}(k)+\boldsymbol{v}(k)\end{cases}$

可直接利用 K. F 公式，这里 $\boldsymbol{A}(k)=\boldsymbol{I},\boldsymbol{G}(k)=\boldsymbol{I}$，于是

$$\hat{\boldsymbol{x}}(k\mid k)=\hat{\boldsymbol{x}}(k-1\mid k-1)+\boldsymbol{K}(k)[\boldsymbol{y}(k)-\boldsymbol{c}(k)\hat{\boldsymbol{x}}(k-1\mid k-1)] \tag{4-43}$$

$$\boldsymbol{K}(k)=\boldsymbol{P}(k\mid k-1)\boldsymbol{c}^{\mathrm{T}}(k)[\boldsymbol{c}(k)\boldsymbol{P}(k\mid k-1)\boldsymbol{c}^{\mathrm{T}}(k)+\boldsymbol{R}_2(k)]^{-1} \tag{4-44}$$

$$\boldsymbol{P}(k\mid k)=[\boldsymbol{I}-\boldsymbol{K}(k)\boldsymbol{c}(k)]\boldsymbol{P}(k\mid k-1) \tag{4-45}$$

$$\boldsymbol{P}(k+1\mid k)=\boldsymbol{P}(k\mid k)+\boldsymbol{R}_1(k) \tag{4-46}$$

这里 $\boldsymbol{R}_1(k)=E[\boldsymbol{w}(k)\boldsymbol{w}^{\mathrm{T}}(k)]$，$\boldsymbol{R}_2(k)=E[\boldsymbol{v}^2(k)]$，$\boldsymbol{x}(0\mid-1)=\boldsymbol{x}(0)$，$\boldsymbol{P}(0\mid-1)=\boldsymbol{P}(0)$ 都只能根据有关先验知识，在计算前设定。

4.2.4　扩展卡尔曼滤波参数辨识算法

由于实际控制工程中存在大量非线性系统，需要解决非线性系统的状态估计问题。另外对于线性系统而言，状态与参数联合估计时，将出现非线性滤波问题。因此研究用于非线性系统的滤波算法具有很重要的实际意义。扩展卡尔曼滤波，即扩展的 K. F.（E. K. F.）方法是用于非线性系统中最简单的一种滤波算法[8]。

(1) 非线性模型线性化

假设离散非线性系统为

$$\begin{cases}x(k+1)=f[x(k),k]+g[x(k),k]w(k)\\ y(k)=h[x(k),k]+v(k)\end{cases} \tag{4-47}$$

其中，$x(k)\in\mathbf{R}^n$，$y(k)\in\mathbf{R}^m$，$x(0)\sim N[x(0),P(0)]$；$w(k)$、$v(k)$ 和 $x(0)$ 统计独立，且 $E[w(k)]=0$，$E[v(k)]=0$，$E[w(k)\boldsymbol{w}^{\mathrm{T}}(l)]=R_1(k)\delta_{\mathrm{kl}}$，$E[v(k)\boldsymbol{v}^{\mathrm{T}}(l)]=R_2(k)\delta_{\mathrm{kl}}$；$f[x(k),k]$、$g[x(k),k]$ 和 $h[x(k),k]$ 为非线性函数，它们均存在 n 阶导数，因此可在条件均值 $\hat{x}(k\mid k)$ 和 $\hat{x}(k\mid k-1)$ 附近展开泰勒级数，即

$$f[x(k),k]=f[\hat{x}(k\mid k),k]+A(k)[x(k)-\hat{x}(k\mid k)]+\cdots$$

$$g[x(k),k]=g[\hat{x}(k\mid k),k]+\cdots$$

$$h[x(k),k]=h[\hat{x}(k\mid k-1),k]+C(k)[x(k)-\hat{x}(k\mid k-1)]+\cdots$$

其中

$$A(k)=\left.\frac{\partial f[x,k]}{\partial x^{\mathrm{T}}}\right|_{x=\hat{x}(k\mid k)} \tag{4-48}$$

$$C(k)=\left.\frac{\partial h[x,k]}{\partial x^{\mathrm{T}}}\right|_{x=\hat{x}(k\mid k-1)} \tag{4-49}$$

令 $G(k)=g[\hat{x}(k\mid k),k]$，忽略泰勒级数中 $[x(k)-\hat{x}(k\mid k)]$ 与 $[x(k)-\hat{x}(k\mid k-1)]$ 的高次项，式(4-47) 可近似线性化为

$$\begin{cases}x(k+1)=A(k)x(k)+G(k)w(k)+u(k)\\ y(k)=C(k)x(k)+v(k)+z(k)\end{cases} \tag{4-50}$$

其中

$$\begin{cases} u(k) = f[\hat{x}(k \mid k), k] - A(k)\hat{x}(k \mid k) \\ z(k) = h[\hat{x}(k \mid k-1), k] - C(k)\hat{x}(k \mid k-1) \end{cases} \tag{4-51}$$

(2) 扩展 K. F. 计算公式[9]

对式(4-50)所描述系统,利用上一节给出的 K. F. 公式,可得到以下推广的 K. F. 计算公式

$$\hat{\boldsymbol{x}}(k \mid k) = \hat{\boldsymbol{x}}(k \mid k-1) + \boldsymbol{K}(k)\{y(k) - h[\hat{x}(k \mid k-1), k]\} \tag{4-52}$$

$$\hat{x}(k+1 \mid k) = f[\hat{x}(k \mid k), k] \tag{4-53}$$

$$\boldsymbol{K}(k) = P(k \mid k-1)\boldsymbol{c}^{\mathrm{T}}(k)[c(k)P(k \mid k-1)\boldsymbol{c}^{\mathrm{T}}(k) + \boldsymbol{R}_2(k)]^{-1} \tag{4-54}$$

$$P(k \mid k) = [\boldsymbol{I} - K(k)c(k)]P(k \mid k-1) \tag{4-55}$$

$$\boldsymbol{P}(k+1 \mid k) = A(k)P(k \mid k)\boldsymbol{A}^{\mathrm{T}}(k) + \boldsymbol{G}(k)R_1(k)\boldsymbol{G}^{\mathrm{T}}(k) \tag{4-56}$$

递推初值 $\hat{x}(0 \mid -1) = x(0)$,$P(0 \mid -1) = P(0)$。

(3) 系统状态与参数的联合估计

对于一般系统

$$\begin{cases} x_{\mathrm{I}}(k+1) = \boldsymbol{f}_{\mathrm{I}}[x_{\mathrm{I}}(k), u(k)] + \boldsymbol{w}(k) & x \in \mathbf{R}^n, u \in \mathbf{R}^r \\ y(k) = \boldsymbol{h}_{\mathrm{I}}[x_{\mathrm{I}}(k)] + \boldsymbol{v}(k) & y \in \mathbf{R}^m \end{cases} \tag{4-57}$$

其中,$\boldsymbol{f}_{\mathrm{I}} = [f_1 \cdots f_n]^{\mathrm{T}}$,$\boldsymbol{h}_{\mathrm{I}} = [h_1 \cdots h_n]^{\mathrm{T}}$ 为非线性函数,分别含未知参数 $\boldsymbol{a}$、$\boldsymbol{b}$,设 $\boldsymbol{a}$、$\boldsymbol{b}$ 为常数向量。为明确起见,上式可表达为:

$$\begin{cases} x_{\mathrm{I}}(k+1) = \boldsymbol{f}_{\mathrm{I}}[x_{\mathrm{I}}(k), u(k), a] + \boldsymbol{w}(k) \\ y(k) = \boldsymbol{h}_{\mathrm{I}}[x_{\mathrm{I}}(k), b] + \boldsymbol{v}(k) \end{cases} \tag{4-58}$$

将参数扩展为新状态。

令 $\begin{cases} a(k+1) = a(k) \\ b(k+1) = b(k) \end{cases}$

于是增广系统为

$$\begin{bmatrix} x_{\mathrm{I}}(k+1) \\ a(k+1) \\ b(k+1) \end{bmatrix} = \begin{bmatrix} \boldsymbol{f}_{\mathrm{I}}[x_{\mathrm{I}}(k), u(k), a(k)] \\ a(k) \\ b(k) \end{bmatrix} + \begin{bmatrix} \boldsymbol{I} \\ 0 \\ 0 \end{bmatrix} \boldsymbol{w}(k) \tag{4-59}$$

$$y(k) = \boldsymbol{h}_{\mathrm{I}}[x_{\mathrm{I}}(k), b(k)] + \boldsymbol{v}(k) \tag{4-60}$$

令 $x(k) = [x_{\mathrm{I}}(k)\ \ a(k)\ \ b(k)]^{\mathrm{T}}$,

$f[x(k), k] = [\boldsymbol{f}_{\mathrm{I}}[x_{\mathrm{I}}(k), u(k), a(k)]\ \ b(k)]^{\mathrm{T}}$,

$g[x(k), k] = [\boldsymbol{I}\ \ 0\ \ 0]^{\mathrm{T}}$,

$h[x(k), k] = \boldsymbol{h}_{\mathrm{I}}[x_{\mathrm{I}}(k), b(k)]$,

则有

$$\begin{cases} x(k+1) = f[x(k), k] + g[x(k), k]\boldsymbol{w}(k) \\ y(k) = h[x(k), k] + \boldsymbol{v}(k) \end{cases} \tag{4-61}$$

将推广的 K. F. 的计算公式应用于此,对应有

$$f[x(k), k] = [\boldsymbol{f}_{\mathrm{I}}[x_{\mathrm{I}}(k), u(k), a(k)]\ \ b(k)]^{\mathrm{T}}$$

有权矩阵 $\boldsymbol{K}(k)=[K_{x_\mathrm{I}}(k)\ \ K_\mathrm{a}(k)\ \ K_\mathrm{b}(k)]^\mathrm{T}$

因此，对应于参数向量 $\boldsymbol{a}$、$\boldsymbol{b}$，有估计公式

$$\begin{cases}\hat{a}(k\mid k)=\hat{a}(k\mid k-1)+K_\mathrm{a}\{y(k)-h_\mathrm{I}[\hat{x}_\mathrm{I}(k\mid k-1),\hat{b}(k\mid k-1)]\}\\ \hat{b}(k\mid k)=\hat{b}(k\mid k-1)+K_\mathrm{b}\{y(k)-h_\mathrm{I}[\hat{x}_\mathrm{I}(k\mid k-1),\hat{b}(k\mid k-1)]\}\end{cases} \tag{4-62}$$

注意式中 $\boldsymbol{P}(k\mid k)$、$\boldsymbol{P}(k\mid k-1)$、$\boldsymbol{P}(k+1)$均已扩展为

$$\boldsymbol{P}=\begin{bmatrix}P_{xx} & P_{x\mathrm{a}} & P_{x\mathrm{b}}\\ P_{\mathrm{a}x} & P_{\mathrm{aa}} & P_{\mathrm{ab}}\\ P_{\mathrm{b}x} & P_{\mathrm{ba}} & P_{\mathrm{bb}}\end{bmatrix} \tag{4-63}$$

4.3 水面无人艇操纵运动响应方程的辨识

为了获取水面无人艇操纵运动响应方程的辨识所需要的数据，需要进行操纵试验。无人艇在航行过程中可能会遇到各种各样的操舵情况，一般不可能一一进行实艇试验，只能规定一些非常典型的操纵情况加以试验，由此得到能够表征无人艇操纵性能的若干参数来进行分析和比较。

4.3.1 水面无人艇的操纵运动

1）回转运动

旋回性是指定速直航的船舶操某一大的舵角后进入定常旋回的运动性能。旋回性与船舶避让、靠离泊、灵活调头等操纵密切相关。因此，长期以来受到专业人员的普遍关注。定速直航（一般为全速）的船舶操一定舵角后，其重心所描绘的轨迹叫作旋回圈。一般说旋回性是以旋回圈的参数来表征的[10]。

（1）旋回圈的特征要素

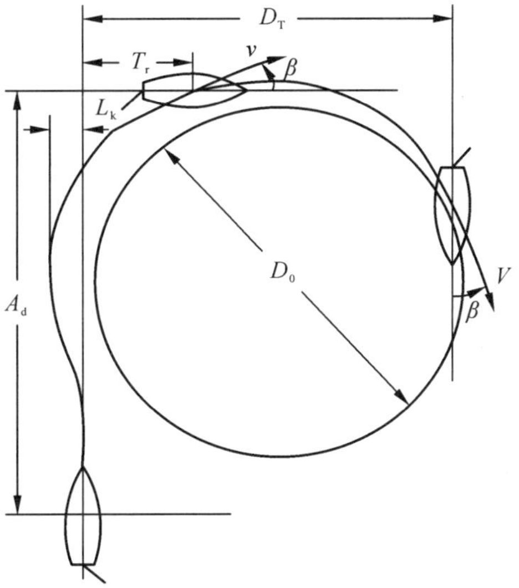

图 4-4 船舶旋回圈示意图

当船舶以速度 u_0 直线航行时，令舵迅速转至某一舵角(假设打右舵)，操舵后即开始在水平面内做曲线运动，其重心轨迹如图 4-4 所示。开始操舵时，船舶重心的瞬时位置为回转运动的起始点，称为执行操舵点。由于船舶惯性较大，船舶首向角 ψ 需改变一定数值之后，其重心轨迹才进入曲率半径为常数的定圆。首向角再改变一定数值后，转首角速度才变为常值，此时船舶达到了定常回转[11]。旋回圈的主要特征参数如下：

① 进距(Advance)

进距也称纵距，是指从操舵开始船舶重心 G 点所在的位置到船首转向 90° 时船舶纵中剖面的距离 A_d。一般船舶纵距约为 3 ～ 4 倍船长，其数值越大，表示船舶对操舵反应越迟钝，即应舵越慢。

② 横距(Transfer)

横距是指从操舵开始转首 90° 时，船舶重心 G 距原航线的距离 T_r，该值越小，则回转性越好。

③ 反横距(Lick)

反横距是指从船舶初始直航线至运动轨迹向旋回圈相反方向横移的最大距离 L_k，满舵时约为 $1.0B \sim 1.5B$(B 为船宽)。

④ 战术直径(tactical diameter)

战术直径是指从船舶原来航线至船首转向 180° 时，船纵中剖面所在位置之间的距离 D_T，其值越小，则回转性越好。对一般船舶，它大约为 3 ～ 6 倍的船长，回转性较差者可达7 ～ 8 倍船长。

⑤ 定常回转直径(final diameter)

定常回转直径是指定常回转阶段，船舶重心圆形轨迹的直径 D_0，一般 $D_0 = 0.9D_T$，实际设计时通常采用相对回转直径 $\frac{D_0}{L}$ 来表示。回转性好的船舶，$\frac{D_0}{L} \approx 3.0$；回转性差的船舶，$\frac{D_0}{L} \approx 10.0$。大多数船 $\frac{D_0}{L}$ 在 5 ～ 7 的范围内。为便于参考，各类船舶相对回转直径见表 4-2。

表 4-2　各类船舶相对回转直径统计表

船舶种类	最大舵角时定常回转 $\frac{D_0}{L}$
大型货船	5 ～ 6.5
中小型货船	4 ～ 5
邮轮	2.5 ～ 7.5
大型远洋客船	7.5 ～ 8.0
中小型海上客船	4 ～ 5
大型客货船	5 ～ 7
中小型客货船	4 ～ 5
拖轮	1.5 ～ 3
远洋舰	3 ～ 5
驱逐舰	5 ～ 10
潜艇	3 ～ 5

(2) 回转试验的意义及程序

针对回转运动进行实船或船模的自航试验至今仍然是最普遍的一种典型操纵性试验。大舵角回转相当于在实际航行中紧急规避时的操纵，这无疑是一种极重要的操纵情况。回转试验的目的是评价回转的快捷程度和所需要的水域大小。

回转试验大致可按下列程序进行[12]：

① 首先在预定的航线上保持船舶直航和匀速前进；

② 在开始回转前约一个船长的航程范围内，测量船舶的初始航速 V_0、初始航向 ψ_0（通常取 $\psi_0 = 0$）、初始舵角 δ_0（船舶形状左右不对称或因推进器单向旋转均能造成 $\delta_0 \neq 0$，称为初始压舵角）以及初始的主机转速 n_0 等参数；

③ 从发令转舵时（即时间 $t = 0$）起，以尽可能大的转舵速度把舵转至规定的舵角 δ_c，并把定舵轮（即使舵角变化或与规定值有小的差别，也不要修正舵角）；

④ 随着船舶开始转向，根据条件测量并记录船舶的轨迹、船速、横倾角及螺旋桨转速等数据；

⑤ 在整个试验过程中，对于涡轮机船，应保持进气阀位置不变，对于内燃机船，应保持主机燃油操纵手柄位置不变。至船首转向达 540° 时，可结束一次试验。

完整的旋回试验，应在左、右舷最大舵角范围内，选择几个舵角分别进行试验，必要时也可选择几个航速进行试验。从测得的回转轨迹上可以直接量出表示回转性能的下列参数：进距 A_d、横距 T_r、战术直径 D_T、定常回转直径 D_0。从航速和角速度测量中可得到回转降速 $\dfrac{V}{V_0}$ 以及定常回转角速度 r_0 等参数。从横倾角的测量中可以得到定常回转横倾角 φ_0 和最大动力横倾角 φ_d 等参数。

2)Z 形运动

Z 形试验最早是 Kempf 提出的一种判定船舶操纵性能的方法，又称标准操纵性试验。1957 年日本学者野本又发展了对 Z 形试验结果进行理论分析的新方法——K、T 指数分析方法[13]。Z 形试验的目的是利用 Z 形试验所测定的数据，求取船舶的操纵性指数 K、T，从而全面评判船舶的旋回性、追随性和航向稳定性等性能。

(1)Z 形试验步骤

以 10°/10°（分子表示舵角，分母表示进行反向操舵时的航向角）Z 形操纵试验为例，其试验方法如下：

① 保持船舶直线定常航速，发令之前记录初始船速、航向角、推进器转速等；

② 发令，迅速转右舵到指定的舵角（10°），并维持该舵角；

③ 船舶开始右转，当船舶航向变化量与所操舵角相等时，迅速将舵转为左舵到指定的舵角（10°），并维持该舵角；

④ 当船舶航向改变量与所操左舵角相等时，迅速将舵转为右舵到指定的舵角（10°），并维持该舵角；

⑤ 如此反复进行，操舵达 5 次时，可结束一次试验。

除上述 10°/10°Z 形操纵试验之外，根据需要，还可进行 20°/20°、5°/5°Z 形操纵试验。

试验过程中舵角和首向角的变化如图 4-5 所示。同时还可以记录螺旋桨转速和航速的变化。

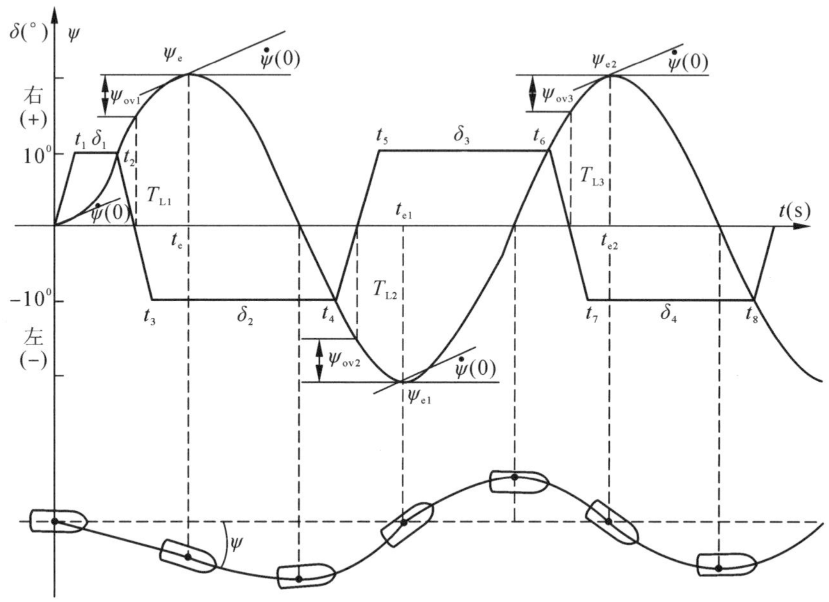

图 4-5　Z 形试验示意图

(2) 试验结果分析

Z 形操纵试验的最简单的分析，是直接从记录曲线上比较有关的操纵特征量，通常选择超越角和转首滞后。

① 超越角

超越角是指操反舵的瞬时首向角和首向角间的差值，如图 4-5 所示，用 ψ_{ov} 表示。超越角 ψ_{ov}，尤其是第一超越角 ψ_{ov1} 在船舶实际避碰机动中有重要的意义。这个角度越小，船舶越容易转向。

② 转首滞后

转首滞后表示回复到正舵时刻(也有人定义从操反舵瞬时)到最大转首角瞬时的时间间隔，用 T_L 表示。它意味着在零舵角之后出现零角速度的时间滞后，通常取：

$$T_L = \frac{1}{2}(T_{L2} + T_{L3}) \tag{4-64}$$

T_L 的无因次量 $T'_L = \dfrac{T_L V_0}{L}$，可以作为跟从性的一个量度。$T'_L$ 小，跟从性好；T'_L 大，跟从性差。

4.3.2　参数辨识及模型验证

基于以上模型参数辨识的介绍，此处给出利用最小二乘方法辨识一阶非线性 KT 方程的过程[14]，以便读者能直观理解模型参数辨识相关过程。

一阶非线性 KT 方程表示为

$$T\ddot{\psi}+\dot{\psi}+\alpha\dot{\psi}^{3}=K(\delta+\delta_{r}) \tag{4-65}$$

其中,ψ 为首向角(°);δ 为操舵角(°);δ_r 为未操舵时维持直航所需的压舵角(°)。

式(4-65)中共有四个未知参数。当同时辨识的参数较多时,存在所谓的参数相消效应。即:即使所辨识的各参数同时偏离其各自的真值,只要它们彼此保持和参数真值的比值相同的比值,则它们同样可以使误差函数为极小而给出和试验结果很好的拟合的效果;即使拟合得很好,也有可能得到的是一组远偏离其真值的参数。为避免该效应,应该先进行试验设计,分布辨识各参数,使一次同时辨识的参数尽可能少。为此采用分布辨识的方法,先由定常回转试验结果求定常回转特性参数 K、α 和 δ_r,再由 Z 型试验结果求时间常数 T[15]。

① 定常回转特性参数 K、α 和 δ_r 的辨识

定常回转试验即旋回试验,因此有

$$\begin{cases}\delta=\text{const}\\ \dot{\delta}=0\\ \dot{\psi}=\text{const}\\ \ddot{\psi}=0\end{cases} \tag{4-66}$$

式(4-65)可写成

$$\dot{\psi}+\alpha\dot{\psi}^{3}=K(\delta+\delta_{r}) \tag{4-67}$$

这样,没有做任何简化假设而待求未知参数减少为三个。

将式(4-67)改写为

$$\delta=-\delta_{r}+\frac{1}{K}\dot{\psi}+\frac{\alpha}{K}\dot{\psi}^{3} \tag{4-68}$$

令 $A_0=-\delta_r$,$A_1=\dfrac{1}{K}$,$A_3=\dfrac{\alpha}{K}$,

则式(4-68)成为

$$\delta=A_{0}+A_{1}\dot{\psi}+A_{2}\dot{\psi}^{3} \tag{4-69}$$

这样可根据一套旋回试验数据$(\delta_i,\dot{\psi}_i)(i=1,2,\cdots,n)$,通过曲线拟合的方法求出式中的三个未知参数。

② 一阶时间常数 T 的辨识

将式(4-65)离散化,用差分代替微分,将原微分方程写成差分方程形式。求差分时可以采用向前差分或者中心差分。从数学上讲,中心差分一般比向前差分格式有更高的精度。

各阶向前差分格式为

$$\dot{\psi}(k)=\frac{\psi(k+1)-\psi(k)}{h}$$

$$\dot{\delta}(k)=\frac{\delta(k+1)-\delta(k)}{h}$$

$$\ddot{\psi}=\frac{\psi(k+2)-2\psi(k+1)+\psi(k)}{h^{2}}$$

各阶中心差分格式为

$$\dot{\psi}(k)=\frac{\psi(k+1)-\psi(k-1)}{2h}$$

$$\dot{\delta}(k)=\frac{\delta(k+1)-\delta(k-1)}{2h}$$

$$\ddot{\psi}=\frac{\psi(k+1)-2\psi(k)+\psi(k-1)}{h^2}$$

其中，$\psi(k)$为k时刻首向角的采样值；$\delta(k)$为k时刻舵角采样值；h为采样间隔。

将式(4-65)改写为

$$T\ddot{\psi}=K(\delta+\delta_r)-\dot{\psi}-\alpha\dot{\psi}^3 \tag{4-70}$$

K、α和δ_r取前面曲线拟合的辨识值，作为已知数。

采用中心差分对上式进行离散，离散化后的结果为

$$T\frac{y(k+1)-y(k)}{h^2}=K[\delta(k)+\delta_r]-\frac{y(k+1)+y(k)}{2h}-\alpha\frac{[y(k+1)+y(k)]^3}{8h^2} \tag{4-71}$$

式中$y(k+1)=\psi(k+1)-\psi(k)$。然后利用递推最小二乘方法即可求出时间参数T的值。

参考文献

[1] 丁锋. 系统辨识(1):辨识导引[J]. 南京信息工程大学学报(自然科学版), 2011,3(1):1-22.

[2] 王春园. 模型船的数学模型辨识[D]. 大连:大连海事大学, 2012.

[3] PAUL M K. A note on computation of Geodetic coordinates from geocentric (Cartesian) coordinates [J]. Bulletin Géodésique (1946-1975), 1973, 108(1): 135-139.

[4] 野本谦作. 船舶操纵性和控制及其在船舶设计中的应用[M]. 无锡:中国船舶科学研究中心,1982.

[5] BARFOOT T D. State estimation for robotics[M]. Cambridge: Cambridge University Press, 2017.

[6] 马骋. POD推进器的水动力性能研究[D]. 哈尔滨:哈尔滨工程大学,2006.

[7] 柳晨光, 初秀民, 吴青, 等. USV发展现状及展望[J]. 中国造船, 2014(4):194-205.

[8] 邹早建, 吴秀恒. 船舶操纵性非线性KT方程参数的辨识[J]. 武汉理工大学学报(交通科学与工程版),1985(3):14-25.

[9] FOSSEN T I. Handbook of marine craft hydrodynamics and motion control[M]. Hoboken: John Wiley & Sons, 2011.

[10] 张显库. 船舶运动简捷鲁棒控制[M]. 北京: 科学出版社, 2012.

[11] 梁宵,李巍. 船舶操纵性与耐波性[M]. 大连:大连海事大学出版社,2012.

[12] ZHU J. Conversion of Earth-centered Earth-fixed coordinates to geodetic coordinates[J]. IEEE Transactions on Aerospace and Electronic Systems, 1994, 30(3): 957-961.

[13] 庞中华, 崔红. 系统辨识与自适应控制MATLAB仿真[M]. 2版. 北京: 北京航空航天大学出版社, 2013.

[14] 杨吉. 基于吊舱推进的无人艇自适应运动控制研究[D]. 武汉:武汉理工大学, 2018.

[15] 贾欣乐, 杨盐生. 船舶运动数学模型——机理建模与辨识建模[M]. 大连: 大连海事大学出版社, 1999.

第 5 章　水面无人艇的运动控制理论与方法

5.1　引言

在自动化领域，被控制的装置、物理系统或过程称为控制对象。所谓自动控制就是在没有人直接操作的情况下，通过控制器使控制对象自动地按照给定的规律运行，使被控变量能按照给定的规律变化。对控制对象产生控制作用的装置称为控制器。

控制系统中控制对象以外的元部件统称为控制元件[1]。由控制元件和控制对象组成的控制系统的典型功能框图如图 5-1 所示。

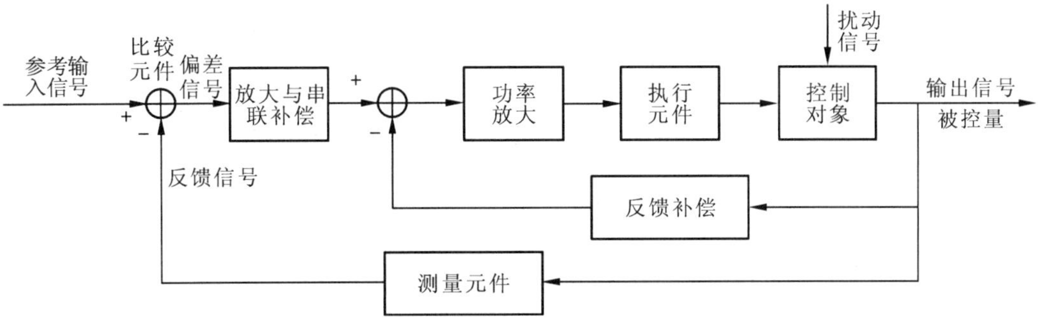

图 5-1　控制系统的典型功能框图

下面介绍几个关于变量的术语。

① 输入信号是由外部加到系统中的变量。它不受系统中其他变量的影响和控制。

② 输出信号是由系统或元件产生的变量。被控变量是其中最值得关注的输出信号。由某一个输入信号产生的输出信号又被称为该输入信号的响应。

③ 控制变量是控制器输出的信号。它作用在控制对象上，影响和改变被控变量。

④ 反馈信号是被控变量经由传感器等元件变换并返回到输入端的信号。

⑤ 给定值又称为指令输入信号，它与被控变量是同一物理单位，用来表示被控变量的设定值。

⑥ 参考输入信号是代表指令输入信号与反馈信号进行比较的基准信号。

⑦ 偏差信号是参考输入信号与反馈信号之差。

⑧ 扰动信号是加于系统上的不希望的外来信号，它对被控变量产生不利影响。

5.2　传统控制的理论与方法

5.2.1　PID 控制与改进 PID 控制

5.2.1.1　PID 控制原理

在模拟控制系统中，控制器最常用的控制规律是 PID 控制。模拟 PID 控制是对控制系统输出和输入的偏差进行不断调节的一种控制方法，由比例单元(P)、积分单元(I) 和微分单元(D) 通过线性组合构成控制量，对被控对象进行控制[2]。一个基本的PID控制的结构如图 5-2 所示。

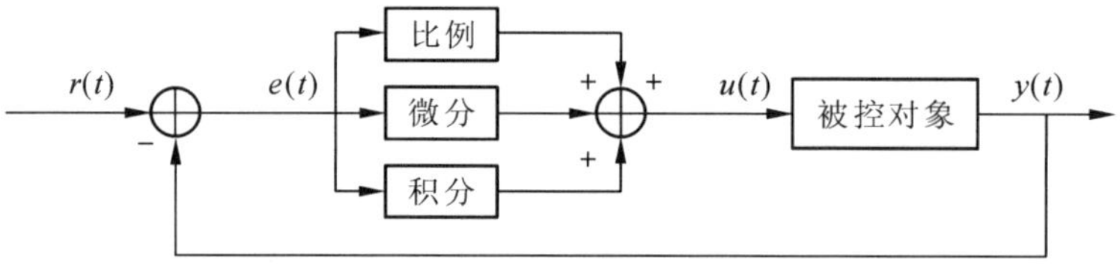

图 5-2　PID 控制系统结构图

PID 控制器是一种线性控制器，它根据给定值 $r(t)$ 与实际输出值 $y(t)$ 构成控制偏差：

$$e(t)=r(t)-y(t) \tag{5-1}$$

PID 的控制规律为：

$$u(t)=K_P\left[e(t)+\frac{1}{T_I}\int_0^t e(t)\mathrm{d}t+T_D\frac{\mathrm{d}e(t)}{\mathrm{d}t}\right]=K_Pe(t)+K_I\int_0^t e(t)\mathrm{d}t+K_D\frac{\mathrm{d}e(t)}{\mathrm{d}t} \tag{5-2}$$

其中，K_P 为比例系数；T_I 为积分时间常数；T_D 为微分时间常数；K_I 为积分系数；K_D 为微分系数。

PID 控制器各校正环节的作用如下[3]：

(1) 比例环节

按比例反应控制系统的偏差信号 $e(t)$，系统一旦产生偏差，控制器的比例调节立即产生作用以减少偏差。比例作用大时可加快调节速度，减少误差，但是比例调节过大，会使系统的稳定性下降。单一的 PID 控制器具有结构简单、响应快速的优点，但是对有自平衡性的系统会存在静态误差。当面对时滞系统时会产生振荡，动态特性也不是很好，所以对于复杂的控制环境，单一的纯比例调节往往是不能满足控制性能要求的。

(2) 积分环节

积分环节主要用于消除系统的稳态误差即静差。当系统出现误差时，控制器的积分作用就会存在，直至误差消失，积分调节停止，此时积分调节环节输出一个常数值。积分作用的强弱与积分时间常数 T_I 有关，T_I 越大，积分作用越弱，反之，积分作用增强。工业过程控制领域不单独使用积分控制，而是常与另外两种调节作用结合使用，组成 PI 调节或 PID 调节。

(3) 微分环节

如果说比例环节面对的是“现在”，积分环节处理的是“过去”，那么微分环节就可以看作是针对“未来”的一种调节。微分调节具有预见性，在偏差信号变得太大之前，引入有效的早期修正信号，产生超前的控制效应，加快系统的响应时间，改善系统的动态特性。但是，微分作用对噪声干扰有放大作用，故而当微分调节作用过强时，会降低系统的抗干扰能力。同样微分作用也不能单独使用，因为它是基于系统变化率的一种调节，当系统给定值没有变化时，控制器的微分作用没有输出，不能产生任何控制效果，微分环节常与另外两种调节结合使用，组成PD或PID控制器。

5.2.1.2 数字PID控制

计算机控制是一种采样控制，它只能根据采样时刻的偏差值计算控制量。因此，连续PID控制算法不能直接使用，需要采用离散化方法。在计算机PID控制中，使用的是数字PID控制器[4-8]。常用的数字PID控制有位置式PID控制和增量式PID控制。

(1) 位置式PID控制

按模拟PID控制算法，以一系列的采样时刻 kT 代表连续时间 t，以矩形法数值积分近似代替积分，以一阶后向差分近似代替微分，即

$$\begin{cases} t \approx kT \quad (k=0,1,2,\cdots) \\ \int_0^t e(t)\mathrm{d}t \approx T\sum_{j=0}^{k} e(jT) = T\sum_{j=0}^{k} e(j) \\ \dfrac{\mathrm{d}e(t)}{\mathrm{d}t} \approx \dfrac{e(kT)-e[(k-1)T]}{T} = \dfrac{e(k)-e(k-1)}{T} \end{cases} \tag{5-3}$$

可得离散PID表达式

$$\begin{aligned} u(k) &= K_P\left\{e(k)+\frac{T}{T_I}\sum_{j=0}^{k} e(j)+\frac{T_D}{T}[e(k)-e(k-1)]\right\} \\ &= K_P e(k)+K_I\sum_{j=0}^{k} e(j)T+K_D\frac{e(k)-e(k-1)}{T} \end{aligned} \tag{5-4}$$

其中，$K_I=\dfrac{K_P}{T_I}$；$K_D=K_P T_D$；T 为采样周期；k 为采样序号，$k=1,2,\cdots$；$e(k-1)$、$e(k)$ 分别为第 $(k-1)$ 时刻和第 k 时刻所得的偏差信号。

位置式PID控制系统如图5-3所示。

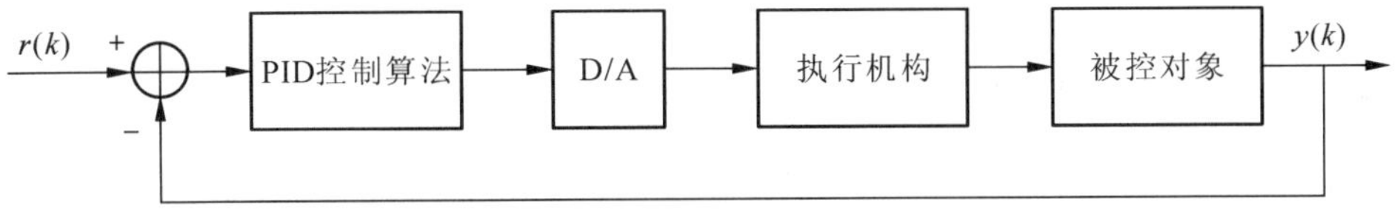

图5-3 位置式PID控制系统

上述PID控制算法的缺点是，由于采用全量输出，所以每次输出均与过去的状态有关，计算时要对 $e(k)$ 量进行累加，计算机输出控制量 $u(k)$ 对应的是执行机构的实际位置偏差，如果位置传感器出现故障，$u(k)$ 可能会出现大幅度变化。$u(k)$ 的大幅度变化会引起执行机构位置的大幅度变化，这种情况在生产中是不允许的，在某些重要场合还可能造成重大事故。为避免这种情况的发生，可采用增量式PID控制算法。

(2) 增量式PID控制

当执行机构需要的是控制量的增量（例如驱动步进电机）时，应采用增量式 PID 控制[9-11]。根据递推原理可得

$$u(k-1)=K_{\mathrm{P}}\left\{e(k-1)+K_{\mathrm{I}}\sum_{j=0}^{k-1}e(j)+K_{\mathrm{D}}[e(k-1)-e(k-2)]\right\} \tag{5-5}$$

增量式 PID 控制算法：

$$\begin{cases}\Delta u(k)=u(k)-u(k-1)\\ \Delta u(k)=K_{\mathrm{P}}[e(k)-e(k-1)]+K_{\mathrm{I}}e(k)+K_{\mathrm{D}}[e(k)-2e(k-1)+e(k-2)]\end{cases} \tag{5-6}$$

由于控制算法中不需要累加，控制增量 $\Delta u(k)$ 仅与最近 k 次的采样有关，所以误动作时影响小，而且较容易通过加权处理获得比较好的控制效果。

5.2.1.3　基于前馈补偿的 PID 控制

在高精度伺服控制中，前馈控制可用来提高系统的跟踪性能。经典控制理论中的前馈控制是基于复合控制思想，当闭环系统为连续系统时，使前馈环节与闭环系统的传递函数之积为 1，从而实现输出完全复现输入[12]，其结构如图 5-4 所示。

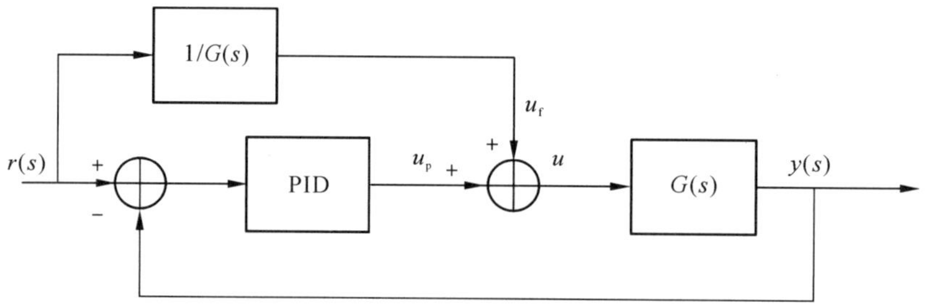

图 5-4　PID 前馈控制结构

设计前馈补偿控制器为

$$u_{\mathrm{f}}(s)=r(s)\frac{1}{G(s)} \tag{5-7}$$

总控制输出为 PID 控制输出加前馈控制输出

$$u(t)=u_{\mathrm{p}}(t)+u_{\mathrm{f}}(t) \tag{5-8}$$

写成离散形式为

$$u(k)=u_{\mathrm{p}}(k)+u_{\mathrm{f}}(k) \tag{5-9}$$

5.2.2　Lyapunonv 稳定性原理

对一个控制系统来说，在各种性能中首先应满足的是其稳定性。所谓系统的稳定性，是指系统在平衡状态下受到扰动后系统自由运动的性质。稳定性问题是系统自身的一种动态属性，与外部输入无关。它表示系统能妥善地保持预定工作状态，耐受各种不利因素影响的性质。

在经典的控制理论中，针对 SISO 系统一般采用根轨迹、奈奎斯特稳定判据来判断系统的稳定性。在研究非线性系统的稳定性时，最有用也是最一般的方法是 Lyapunonv 稳定性理论[13-14]。

(1) 基本概念

设有一动态系统，可以用如下状态方程描述：

$$\dot{x}(t)=f(x(t),t) \tag{5-10}$$

其中，$x(t)$为n维状态向量；$f(x(t),t)$是n维函数向量，每一分量f都是状态$x(t)$和时间t的函数。

① 平衡状态

如果在式(5-10)中存在x_e，使得对所有的t都满足：

$$\dot{x}(t)=f(x_e,t)=0 \tag{5-11}$$

则称x_e为系统的平衡状态。对于非线性系统，可以有一个或多个平衡状态，这些平衡状态都是满足式(5-11)的解。对系统的任意一个平衡状态，都可以通过坐标变换移到坐标原点。而研究系统的稳定性，就是研究系统在平衡态的稳定性问题。因此，可以将研究系统所有平衡态的稳定性简化为研究系统在原点处的稳定性。而对于非线性系统，有多个平衡态，就必须分别研究各个平衡态的稳定性。

② 稳定性

如果对于任一给定实数$\varepsilon>0$，都存在另一个与ε取值有关的实数$\delta(\varepsilon,t_0)$，使得下列不等式成立时，即

$$\| x_0-x_e \| \leqslant \delta \tag{5-12}$$

就一定有

$$\| x_0-x_e \| \leqslant \varepsilon, t\geqslant t_0 \tag{5-13}$$

则称系统式(5-10)的平衡状态x_e在Lyapunov意义下是稳定的。通常δ的取值与ε和t_0有关。如果δ与t_0无关，则称x_e为系统式(5-10)的一致稳定的平衡态。

③ 渐近稳定性

如果系统的平衡状态x_e在Lyapunov意义下是稳定的，而且从与平衡态x_e的距离小于等于δ的领域$s(\delta)$出发的任意一条状态转移轨线$x(t)$，当t趋近于无穷大时，都趋近于x_e，则称平衡态x_e是渐近稳定的。领域$s(\delta)$就是平衡态x_e的渐近稳定域，从领域$s(\delta)$外出发的状态转移轨线$x(t)$将不随t的增大无限趋近于x_e，但是仍可为稳定的，即$x(t)$与x_e的距离小于某一ε值。

④ 大范围渐近稳定性

如果从平衡态x_e周围所有状态出发的状态转移轨线都满足渐近稳定性，即随t趋近于无穷大，$x(t)$都无限趋近于x_e，则x_e就称为是大范围渐近稳定的。

⑤ 不稳定性

如果对于某个给定的实数$\delta>0$，不管实数δ取多么小，在x_e的领域$s(\delta)$内总存在着至少一个初始状态x_0，使得从这一状态出发的状态转移轨线$x(t)$与x_e的距离超过给定的ε，那么平衡态x_e就称为不稳定的。

⑥ 标量函数$V(x)$的正定性

设$V(x)$为以状态向量$\boldsymbol{x}$的各分量作为其自变量的标量函数，它的定义域为S。如果只有当$x=0$时，$V(x)=0$；而$x\neq 0$时，$V(x)>0$，则称$V(x)$为正定函数。特别地，当$V(x)$是状态x的二次型函数$V(x)=\boldsymbol{x}^{\mathrm{T}}\boldsymbol{P}\boldsymbol{x}$($P$为对称矩阵)时，$V(x)$的正定性就取决于矩阵$\boldsymbol{P}$的正定

性。

(2)Lyapunonv 稳定性定理

Lyapunov 稳定性理论主要阐述了两种判断稳定性的方法，第一种方法的基本思路是先求解系统的微分方程，然后根据解的性质来判断系统的稳定性。这种思想与经典理论一致，也称间接法。第二种方法的基本思路是不必通过求解系统微分方程，而是构造一个 Lyapunov 函数，根据这个函数性质来判断稳定性，也称直接法。由于直接法不局限于线性定常系统，对任何复杂系统，尤其是非线性系统更为适用。

①Lyapunov 函数

设 $V(x)$ 为系统任意标量函数，其中 x 为系统状态变量，如果 $V(x)$ 具有性质：a. $\dot{V}(x)=\dfrac{\mathrm{d}V(x)}{\mathrm{d}x}$ 是连续的(反映能量变化趋势)；b. $V(x)$ 是正定的(反映能量大小)；那么，$V(x)$ 就称为 Lyapunov 函数。

②Lyapunov 直接法

设系统可表示为 $\dot{x}(t)=f(x(t))$，其中 $x(t)\in \mathbf{R}^n$，$f(x(t))$ 为 $n\times 1$ 的函数向量，并且对于所有的 t 满足 $f(0)=0$。如果存在一个分段光滑的标量函数 $V(x(t))$ 满足：

a. $V(x(t))$ 正定，$\dot{V}(x(t))$ 半负定，则原点处平衡状态是稳定的；

b. $V(x(t))$ 正定，$\dot{V}(x(t))$ 负定，则原点处平衡状态是渐进稳定的；

c. $V(x(t))$ 正定，$\dot{V}(x(t))$ 半负定，且当 $\|x(t)\|\rightarrow\infty$ 时，$V(x(t))\rightarrow\infty$，则原点处平衡状态是大范围稳定的；

d. $V(x(t))$ 正定，$\dot{V}(x(t))$ 负定，且当 $\|x(t)\|\rightarrow\infty$ 时，$V(x(t))\rightarrow\infty$，则原点处平衡状态是大范围渐进稳定的；

e. $V(x(t))$ 正定，$\dot{V}(x(t))$ 正定，则原点处平衡状态是不稳定的。

5.2.3　滑模(变结构)控制

滑模控制(Sliding Mode Control，SMC)也叫变结构控制[15]。这种控制策略与其他控制的不同之处在于控制的不连续性，即一种使系统“结构”随时间变化的开关特性。在动态过程中，该控制特性可以使系统根据当前的状态(如偏差及其各阶导数等)有目的地不断变化，迫使系统按照预定“滑动模态”的状态轨迹运动。由于滑动模态可以进行设计且与对象参数及扰动无关，这就使得滑模控制具有快速响应、对应参数变化及扰动不灵敏、无需系统在线辨识、物理实现简单等优点。

(1) 滑动模态的定义及数学描述

考虑一般情况下的非线性系统：

$$\dot{x}=f(x,u,t) \tag{5-14}$$

其中，$\boldsymbol{x}\in\mathbf{R}^n$，$\boldsymbol{u}\in\mathbf{R}^m$ 分别是系统的状态向量和控制向量。在式(5-14)中，有一个切换面 $s(x,t)=s(x_1,x_2,\cdots,x_n,t)=0$。

控制量 $u=u(x,t)$ 按下列逻辑在切换面 $s(x,t)=0$ 上进行切换：

$$u_i(x,t)=\begin{cases}u_i^+(x,t),s_i(x,t)>0\\u_i^-(x,t),s_i(x,t)<0\end{cases},i=1,\cdots,m \tag{5-15}$$

其中，$u_i(x,t)$，$s_i(x,t)$分别是$u(x,t)$，$s(x,t)$的第i个分量；$u_i^+(x,t)$，$u_i^-(x,t)$及$s_i(x,t)$是光滑的连续函数。$s(x,t)$称为切换函数，一般情况下其维数等于控制向量维数。

若式(5-14)为单输入非线性系统，即：

$$\dot{x}=f(x,u,t) \tag{5-16}$$

其中，$\boldsymbol{x}\in\mathbf{R}^n$，$\boldsymbol{u}\in\mathbf{R}$分别是系统的状态向量和控制输入，则它将状态空间分成上、下两部分：$s>0$及$s<0$。在切换面上的运动点有三种情况，如图 5-5 所示。

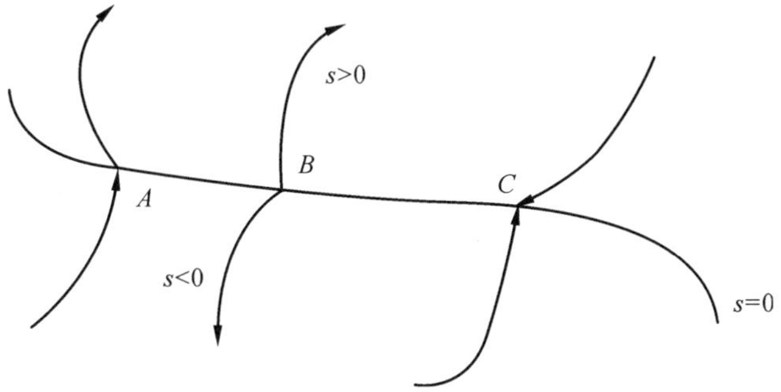

图 5-5　切换面上三种点的特点示意图

这三种点分别是：

通常点：系统运动点运动到切换面$s=0$附近时，并不停留在切换面上，而是穿越此点而过，如图 5-5 中的点A。

起始点：系统运动点到达切换面$s=0$附近时，从切换面的两边离开该点，如图 5-5 中的点B。

终止点：系统运动点到达切换面$s=0$附近时，从切换面的两边趋于该点，并停留在切换面上，如图 5-5 中的点C。

在滑模变结构中，通常点与起始点无多大意义，而终止点却有特殊的含义。因为如果在切换面上某一区域内所有的运动点都是终止的，则一旦运动点趋近于该区域，就会被“吸引”到该区域内运动。此时，称在切换面$s=0$上所有的运动点都是终止点的区域为“滑动模态”区，或简称为“滑模”区。系统在滑模区中的运动就叫作“滑模运动”。

按照滑动模态区上运动点都必须是终止点这一要求，当运动点到达切换面$s=0$附近时，必有

$$\lim_{x\to 0^+}\dot{s}\leqslant 0 \text{ 及 } \lim_{x\to 0^-}\dot{s}\geqslant 0 \tag{5-17}$$

或者

$$\lim_{x\to 0^+}\dot{s}\leqslant 0\leqslant\lim_{x\to 0^-}\dot{s} \tag{5-18}$$

式(5-18)也可以写成

$$\lim_{x\to 0}\dot{s}s\leqslant 0 \tag{5-19}$$

式(5-19)对非线性系统式(5-16)提出了一个形如

$$V(x_1, x_2, \cdots, x_n, t) = [s(x_1, x_2, \cdots, x_n, t)]^2 \tag{5-20}$$

的 Lyapunov 函数的必要条件。由于在切换面领域内函数式(5-20) 是正定的，而按照式(5-19)，s^2 的导数是半负定的，也就是说在 $s=0$ 附近 V 是一个非增函数，因此如果满足条件式(5-19)，则式(5-20) 是系统的一个条件 Lyapunov 函数。系统本身也就稳定于条件 $s=0$。

(2) 滑模(变结构) 控制的定义

滑模(变结构) 控制的基本问题如下：

考虑非线性系统式(5-14)，需要切换函数 $s(x,t)$，$s \in \mathbf{R}^m$，求解控制函数

$$u_i(x,t) = \begin{cases} u_i^+(x,t), s_i(x,t) > 0 \\ u_i^-(x,t), s_i(x,t) < 0 \end{cases} \tag{5-21}$$

其中，$u^+(x) \neq u^-(x)$，使得

① 滑动模态存在，即式(5-21) 成立；

② 满足可达性条件，在切换面 $s=0$ 以外的运动点都将于有限的时间内到达切换面；

③ 保证滑模运动的稳定性；

④ 达到控制系统的动态品质要求。

上面的前三点是滑模(变结构) 控制的三个基本问题，只有满足了这几个条件的控制才叫滑模(变结构) 控制。

(3) 滑动模态的存在和到达条件

滑动模态的存在条件和到达条件的成立是滑模(变结构) 控制应用的前提。对于单输入非线性系统式(5-14)，若系统的初始状态 $x(0)$ 不在 $s=0$ 附近，而在状态空间的任意位置，那么此时要求系统的运动必须趋向于切换面 $s=0$，即必须满足可达性条件，否则系统无法启动滑模运动。由于滑模(变结构) 控制的控制策略多种多样，因此对于系统可达性条件的实现形式也不尽相同。滑动模态存在的数学表达式为

$$\lim_{x \to 0^+} \dot{s} \leqslant 0 \text{ 及 } \lim_{x \to 0^-} \dot{s} \geqslant 0 \tag{5-22}$$

式(5-22) 意味着在切换面领域内，运动轨线将于有限时间内到达切换面，所以到达条件也称为局部到达条件。到达条件的等价形式为

$$\dot{s}s < 0 \tag{5-23}$$

其中，切换函数 $s(x)$ 应满足以下条件：

① 可微；

② 经过原点，即 $s(0)=0$。

由于状态 x 可以取任意值，即 x 可以离开切换面任意远，故到达条件式(5-23) 也称为全局到达条件。为了保证在有限时间内到达，避免渐进趋近，对式(5-23) 修正为

$$\dot{s}s < -\eta |s| \tag{5-24}$$

其中，η 为严格正常数，它决定了系统状态趋近滑动模态的速度。从式(5-24) 可以看出，当系统初始状态不在切换曲线上时，轨迹将会在小于 $\dfrac{s(0)}{\eta}$ 的有限时间内到达切换曲线。

通常将式(5-23) 表达为 Lyapunov 型的到达条件

$$\dot{V}(x) < 0, V(x) = \frac{1}{2}s^2 \tag{5-25}$$

其中，$V(x)$ 为定义的 Lyapunov 函数。

(4) 等效控制及滑动模态的运动方程

滑模(变结构) 控制的重要问题之一是要确定滑动模态的运动方程。这种确定方法既要便于离线分析，又要符合控制系统的实际运动情况。由于滑动运动方程的右端函数是不连续的，甚至在切换流形上无定义，因此使得这种系统的分析不能用经典的微分方程理论来进行。当系统发生滑模运动时，其间断点在时间上构成测度不为零的点集，系统状态被限制在切换流形上运动。在此情况下，不能采用衔接原理求解，滑动模态的运动方程需要用新的方法求得，通常采用等效控制方法来确定。

考虑单输入非线性系统式(5-16)，从理论上讲，系统的状态轨线一旦到达切换流形，就会沿其运动，即此时系统轨线就保持在切换流形上，称这种滑动模态为理想滑动模态。但实际系统中由于惯性、执行机构的切换滞后等非线性因素的存在，系统轨线不可能保持在切换流形上运动，而是在切换流形的附近来回抖动，这种滑动模态称为实际滑动模态。因此理想滑动模态与实际滑动模态总是存在着一定的偏差，如图 5-6 和 5-7 所示。在理论情况下，当系统进入滑动模态运动后，由于系统的状态轨线保持在其上面，故满足 $s = 0$，从而有 $\dot{s} = 0$。

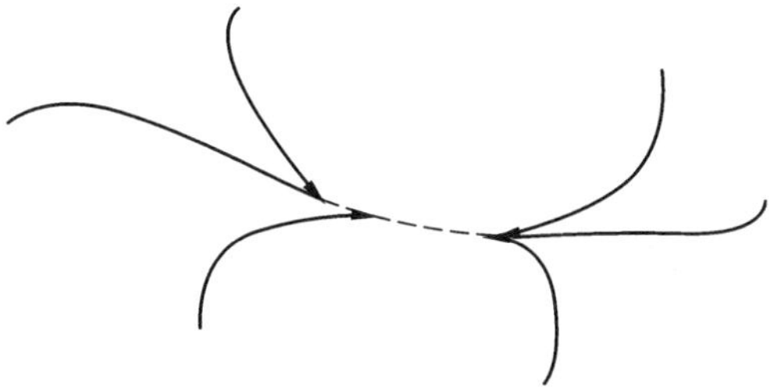

图5-6　理想滑动模态图

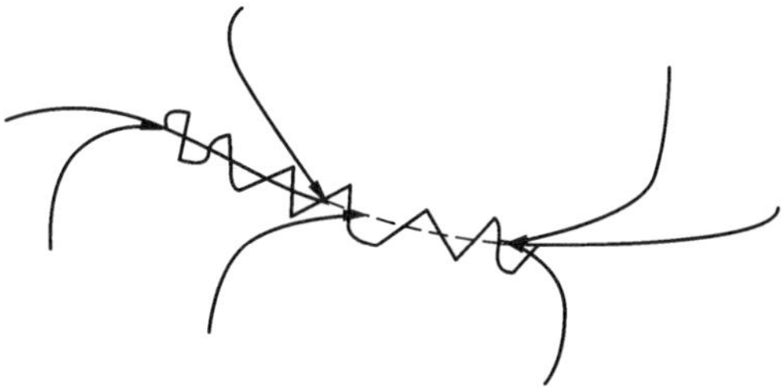

图5-7　实际滑动模态图

对于单输入非线性系统式(5-16)，如果达到理想的滑动模态控制，则 $\dot{s} = 0$，即

$$\dot{s} = \frac{\partial s}{\partial x}f(x,u,t) + \frac{\partial s}{\partial t} = 0 \tag{5-26}$$

如果从式(5-26) 可以确定或解出 u，则此解 u 被视为非线性系统式(5-26) 在切换流形 $s = 0$ 上所施加的平均控制作用量。由式(5-26) 求出的控制量 u 称为等效控制，用 u_{eq} 表示。等效控制往往是针对确定性系统在无外加干扰情况下进行设计的。

例如，针对线性系统

$$\dot{x} = Ax + bu \qquad x \in \mathbf{R}^n, u \in \mathbf{R} \tag{5-27}$$

取切换函数

$$s(x) = cx = \sum_{i=1}^{n} c_i x_i = \sum_{i=1}^{n-1} c_i x_i + x_n \tag{5-28}$$

其中，$x_i = x^{i-1}$ $(i = 1,2,\cdots,n)$ 为系统状态及其各阶导数，选取常数 c_i $(i = 1,2,\cdots,n-1)$，使得多项式 $p^{n-1} + c_{n-1}p^{n-2} + \cdots + c_2 p + c_1$ 为 Hurwitz 稳定，p 为 Laplace 算子。

设系统进入滑动模态后的等效控制为 u_{eq}，由式(5-27) 得

$$\dot{s}(x) = c\dot{x} = c(Ax + bu_{eq}) = 0 \tag{5-29}$$

若矩阵$[cb]$满秩，则可解出等效控制

$$u_{eq}=-[cb]^{-1}cAx \tag{5-30}$$

针对带有不确定性和外加干扰的系统，一般采用的控制律为等效控制加切换控制，即

$$u=u_{eq}+u_{vss} \tag{5-31}$$

其中，切换控制 u_{vss} 为克服不确定性和外加干扰的鲁棒控制。所设计的控制律 u 需要满足到达条件。

有了等效控制后，可写出滑动模态的运动方程。将等效控制 u_{eq} 代入系统的状态方程式(5-16)，可得

$$\begin{cases}\dot{x}=f(x,u_{eq},t) \quad x\in\mathbf{R}^n,u\in\mathbf{R}\\ s(x)=0\end{cases} \tag{5-32}$$

例如，将式(5-30)代入式(5-27)可得

$$\begin{cases}\dot{x}=(\boldsymbol{I}-b[cb]^{-1}c)Ax\\ s(x)=cx=0\end{cases} \tag{5-33}$$

其中，$\boldsymbol{I}$ 为单位矩阵。

滑动模态运动是系统沿切换面 $s(x)=0$ 上的运动，到达理想终点时，满足到达滑动模态切换面时，$s=0$ 及 $\dot{s}=0$，同时切换开关必须是理想开关，这是一种理想的极限情况。实际上，系统运动点沿切换面上下穿行。所以式(5-33)是滑模变结构控制系统在滑动模态附近的平均运动方程，这种平均运动方程描述了系统在滑动模态下的主要动态特性。通常希望这个动态特性既具有渐近稳定性，又具有优良的动态品质。从式(5-33)中可以看出，滑动模态运动的渐近稳定性和动态品质取决于切换函数 s 及其参数的选择。

(5) 滑模(变结构)控制的趋近律

滑模控制系统的运动包括趋近运动和滑模运动两个过程。系统从任意初始状态趋向切换面，直到到达切换面的运动称为趋近运动，即趋近运动 $s\to0$ 的过程。根据滑模变结构原理，滑模可达性条件仅保证由状态空间任意位置运动点在有限时间内到达切换面的要求，而对于趋近运动的具体轨迹未作任何限制，采用趋近律的方法可以改善趋近运动的动态品质。下面是几种常见的趋近律。

① 等速趋近律

$$\dot{s}=-\varepsilon\cdot\operatorname{sgn}(s) \quad \varepsilon>0 \tag{5-34}$$

其中，常数 ε 表示系统的运动点趋近切换面 $s=0$ 的速率。ε 如果小，则趋近速度慢，调节过程长；反之，如果 ε 较大，则到达切换面时系统具有较大速度，这样将引起较大的抖振。这种最简单的趋近律虽然容易求得控制 $u^{\pm}(x)$，且 $u^{\pm}(x)$本身也简单，但运动的品质不够好。

② 指数趋近律

$$\dot{s}=-\varepsilon\cdot\operatorname{sgn}(s)-ks \quad \varepsilon>0,k>0 \tag{5-35}$$

其中，$\dot{s}=-ks$ 是指数趋近项，其解为 $s=s(0)\mathrm{e}^{-kt}$。当 k 充分大时的趋近比按等速趋近的要快。增大 k，减小 ε 可以加速趋近过程，减小抖振。指数趋近律能大大改善趋近 $s=0$ 的正常运动：趋近过程变快，而引起的抖动可以大大削弱。

③ 幂次趋近律

$$\dot{s}=-k|s|^{a}\cdot \mathrm{sgn}|s|-ks \qquad 0<a<1,k>0 \tag{5-36}$$

④ 一般趋近律

$$\dot{s}=-\varepsilon\cdot \mathrm{sgn}(s)-f(s) \qquad \varepsilon>0 \tag{5-37}$$

其中，$f(0)=0$，当 $s\neq 0$ 时，$sf(s)>0$。

5.2.4 Backstepping 控制原理

Backstepping 被称为反步法、反推法或反演法，它与 Lyapunov 型自适应律结合使用，即综合考虑控制律和自适应律，使整个闭环系统满足期望的动静态性能[16]。

Backstepping 的设计思想是将复杂的系统分解成不超过系统阶数的子系统，然后通过 Backstepping(反向递推) 为每个子系统设计部分 Lyapunov 函数和中间虚拟控制量，直至完成整个控制器的设计。Backstepping 设计方法既适用于线性系统也适用于非线性系统，对带有参数严格反馈形式的非线性系统尤为有效。

考虑下列三阶 SISO 非线性系统：

$$\begin{cases}\dot{x}_1=x_2+f_1(x_1)\\ \dot{x}_2=x_3+f_2(x_1,x_2)\\ \dot{x}_3=u+f_3(x_1,x_2,x_3)\end{cases} \tag{5-38}$$

其中，$x=(x_1,x_2,x_3)\in \mathbf{R}^3$，$u\in \mathbf{R}$ 分别是系统的状态和控制输入，系统的非线性部分光滑函数 $f_i(x_1,x_2,\cdots,x_i)$，$i=1,2,3$ 具有下三角结构形式。

Backstepping 设计方法的基本思想在于将每个子系统 $\dot{x}_i=x_{i+1}+f_i(x_1,x_2,\cdots,x_i)$ 中的 x_{i+1} 视为虚拟控制输入，并引进误差变量 $z_{i+1}=x_{i+1}-\rho_i(x_1,x_2,\cdots,x_i)$，其中 $\rho_i(x_1,x_2,\cdots,x_i)$ 是待定的镇定函数，期望通过控制使得误差变量具有某种渐进特性，从而实现整个系统的渐进稳定。由于变量替换是一种微分同胚变换，所以只需镇定误差变量 z_i 组成的系统，进而反推得出原系统也是稳定的。

Step 1　令 $z_1=x_1$，x_2 看作是系统

$$\dot{z}_1=x_2+f_1(x_1) \tag{5-39}$$

的虚拟控制。现在，控制目的就是使虚拟反馈控制 $x_2=\rho_1(x_1)$ 去镇定 z_1。构造 Lyapunov 函数 $V_1(z_1)=\dfrac{1}{2}z_1^2$，则有 $\dot{V}_1(z_1)=z_1\dot{z}_1=z_1(x_2+f_1(x_1))$。取 $\rho_1(x_1)=-k_1z_1-f_1(x_1)$，$k_1>0$ 为可设计常数，并引入误差变量 $z_2=x_2-\rho_1(x_1)$，则有

$$\dot{z}_1=-k_1z_1+z_2 \tag{5-40}$$

$$\dot{V}_1(z_1)=-k_1z_1^2+z_1z_2 \tag{5-41}$$

故若 $z_2\rightarrow 0$，则 $\dot{V}_1(z_1)=-k_1z_1^2\leqslant 0$，即 z_1 子系统式(5-39) 被镇定，下面镇定 z_2。

Step 2　对应一个二阶系统：

$$\begin{cases}\dot{z}_1=-k_1z_1+z_2\\ \dot{z}_2=f_2(x_1,x_2)+x_3-\dfrac{\partial\rho_1}{\partial x_1}(f_1(x_1)+x_2)\end{cases} \tag{5-42}$$

x_3 是其虚拟控制，这一步主要是镇定 z_2。构造 Lyapunov 函数 $V_2(z_1,z_2)=\dfrac{1}{2}z_1^2+$

$\frac{1}{2}z_2^2$，则

$$\dot{V}_2(z_1,z_2) = -k_1 z_1^2 - z_2\left[z_1 + f_2 + x_3 - \frac{\partial \rho_1}{\partial x_1}(f_1(x_1) + x_2)\right] \tag{5-43}$$

取 $\rho_2(x_1,x_2) = -z_1 - k_2 z_2 - f_2 + \frac{\partial \rho_1}{\partial x_1}(f_1(x_1) + x_2)$，$k_2 > 0$ 为设计常数，并引入误差变量 $z_3 = x_3 - \rho_2(x_1,x_2)$，则有

$$\dot{z}_2 = -k_2 z_2 + z_3 - z_1 \tag{5-44}$$

$$\dot{V}_2 = -\sum_{j=1}^{2} k_j z_j^2 + z_2 z_3 \tag{5-45}$$

故若 $z_3 \to 0$，则 $\dot{V}_2(z_1,z_2) = -k_1 z_1^2 - k_2 z_2^2 \leqslant 0$，即 z_1、z_2 子系统式(5-42) 被镇定。下面镇定 z_3。

Step 3　对应一个三阶系统

$$\begin{cases} \dot{z}_1 = -k_1 z_1 + z_2 \\ \dot{z}_2 = -k_2 z_2 + z_3 - z_1 \\ \dot{z}_3 = f_3 + u - \sum\limits_{j=1}^{2} \frac{\partial \rho_2}{\partial x_j}(f_j + x_{j+1}) \end{cases} \tag{5-46}$$

其中，$k_1, k_2 \geqslant 0$ 为设计常数，此时原系统真正的控制 u 出现了。构造 $V_3 = \sum\limits_{j=1}^{3} \frac{1}{2} z_j^2$，则有

$$\begin{aligned} \dot{V}_3 &= -\sum_{j=1}^{2} k_j z_j^2 + z_2 z_3 + z_3 \dot{z}_3 \\ &= -\sum_{j=1}^{2} k_j z_j^2 + z_3\left[z_2 + f_3 + u - \sum_{j=1}^{2} \frac{\partial \rho_2}{\partial x_j}(f_j + g_j x_{j+1})\right] \end{aligned} \tag{5-47}$$

令 $z_2 + f_3 + u - \sum\limits_{j=1}^{2} \frac{\partial \rho_2}{\partial x_j}(f_j + g_j x_{j+1}) = -k_3 z_3$，其中 $k_3 > 0$ 为设计常数。由式(5-47) 求得控制输入：

$$u = -\left[k_3 z_3 + f_3 + z_2 - \sum_{j=1}^{2} \frac{\partial \rho_2}{\partial x_j}(f_j + g_j x_{j+1})\right] \tag{5-48}$$

代入(5-47) 得 $\dot{V}_3 = -\sum\limits_{j=1}^{2} k_j z_j^2 \leqslant 0$，即系统式(5-46) 被镇定，所以 $z_3 \to 0$，进而 $z_i \to 0$，$i = 1,2$，反推之后可得 $x_i \to 0$，$i = 1,2,3$。即可得系统式(5-38) 在控制式(5-48) 作用下被镇定。

5.2.5　自抗扰控制

自抗扰控制技术(Active Disturbance Rejection Controller，ADRC) 对被控对象和被控对象所处外界环境的数学模型没有很严格的要求，对模型的精确度也要求不高，同时它又能实时估计系统在运行过程中受到的各种外扰和内扰的总和，并通过特殊的非线性反馈结构及时补偿系统内部和外部误差之和，是典型的要求不高且控制效果优良的先进控制技术[17,18]。

ADRC控制器主要由微分跟踪器(TD)、扩张状态观测器(Extended State observer, ESO)、非线性反馈控制律(NLSEE)三部分组成，以二阶受控对象为例，其基本结构如图5-8所示。

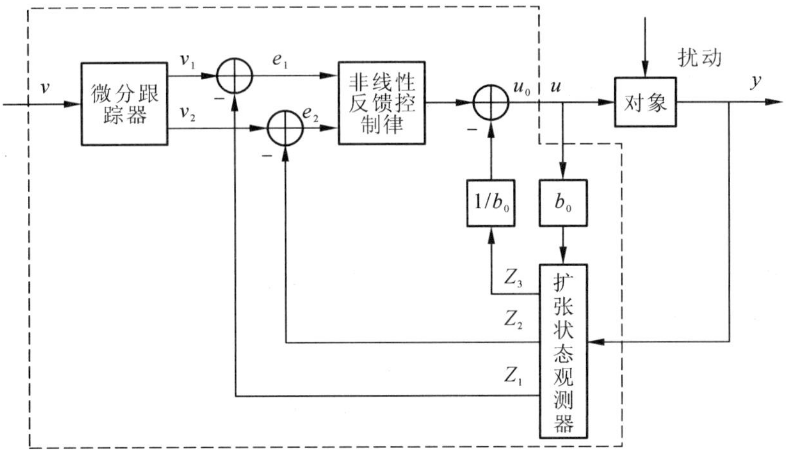

图5-8　自抗扰控制器结构框图

(1) 微分跟踪器

ADRC控制器用微分跟踪器来安排过渡过程，得到光滑的输入信号，并提取微分信号。通常微分跟踪器的离散形式为：

$$\begin{cases} v_1(k+1)=v_1(k)+hv_2(k) \\ v_2(k+1)=v_2(k)+hfst(v_1(k)-v_0, v_2(k), r, h_0) \end{cases} \tag{5-49}$$

其中，h为采样步长；fst为：

$$fst=\begin{cases} -ra, & |a|\leqslant d \\ -r\mathrm{sgn}(a), & |a|>d \end{cases} \tag{5-50}$$

其中

$$d=rh, d_0=dh, y=v_1-v+hv_2,$$

$$a_0=\sqrt{2d+8r|y|},$$

$$a=\begin{cases} v_2+\dfrac{y}{h}, & |y|>d_0 \\ v_2+\dfrac{\mathrm{sgn}(y)(a_2-d)}{2} & |y|\leqslant d_0 \end{cases} \tag{5-51}$$

v_1跟踪$v(t)$，v_2收敛于v_1的导数。这里r和h_0为可调参数，r越大，v_1跟踪$v(t)$的速度越快；该微分跟踪器对信号$v(t)$还具有滤波功能，h_0越大，滤波效果越好。

(2) 扩张状态观测器

扩张状态观测器是自抗扰控制理论的核心。它将来自系统内部和外部的各种扰动都归结为系统的总扰动，然后对系统状态和总扰动进行实时估计，并对扰动给予相应补偿，把含有未知扰动的非线性、不确定对象转化为“积分串联型”线性对象，从而实现系统的动态反馈线性化，使得非线性、不确定系统近似线性化和确定性化。以二阶系统为例，介绍扩张状态观测器的一般理论：

设非线性系统

$$\begin{cases} \dot{x}_1 = x_2 \\ \dot{x}_2 = f(x_1, x_2) + bu \\ y = x_1 \end{cases} \tag{5-52}$$

当 $f(x_1, x_2)$ 已知时，系统观测器可设计为：

$$\begin{cases} e_1 = z_1 - y \\ \dot{z}_1 = z_2 - \beta_1 e_1 \\ \dot{z}_2 = f(z_1, z_2) - \beta_2 e_1 + bu \end{cases} \tag{5-53}$$

但是，在很多情况下 $f(x_1, x_2)$ 未知，把作用于开环系统的加速度 $f(x_1(t), x_2(t))$ 的实时作用量扩充成新的状态变量 x_3，记作

$$x_3(t) = f(x_1(t), x_2(t)) \tag{5-54}$$

并记 $\dot{x}_3(t) = w(t)$，那么系统式(5-52) 可扩张成新的线性控制系统：

$$\begin{cases} \dot{x}_1 = x_2 \\ \dot{x}_2 = x_3 + bu \\ \dot{x}_3 = w(t) \\ y = x_1 \end{cases} \tag{5-55}$$

对这个被扩张的系统建立状态观测器

$$\begin{cases} e_1 = z_1 - y \\ \dot{z}_1 = z_2 - \beta_1 e_1 \\ \dot{z}_2 = z_3 - \beta_2 fal(e_1, a_1, \delta) + bu \\ \dot{z}_3 = -\beta_3 fal(e_1, a_2, \delta) \end{cases} \tag{5-56}$$

其中，$fal(e, a, \delta) = \begin{cases} |e|^a \mathrm{sgn}(\varepsilon), & |e| > \delta, \delta > 0。\\ \dfrac{e}{\delta^{1-a}}, & |e| \leqslant \delta \end{cases}$

只要适当选择参数 $\beta_1, \beta_2, \beta_3$，这个系统就能很好地估计系统式(5-52) 的状态变量 $x_1(t), x_2(t)$ 及被扩张的状态的实时作用量 $x_3(t) = f(x_1(t), x_2(t))$。如果函数 $f(x_1, x_2)$ 中含有时间变量 t 和未知扰动作用 $d(t)$，那么同样可以估计出被扩张的状态变量——作用于系统的加速度的实时作用量 $f(x_1(t), x_2(t), t, d(t))$。把扩张的系统的状态观测器式(5-56) 称为系统式(5-52) 的扩张状态观测器。

有了这个被扩张的状态 $x_3(t)$ 的估计值 $z_3(t)$，只要参数 b 已知，控制量可以取为

$$u = u_0 - \frac{z_3(t)}{b} \tag{5-57}$$

就能使对象变成

$$\begin{cases} \dot{x}_1 = x_2 \\ \dot{x}_2 = f(x_1, x_2) + b\left(u_0 - \dfrac{z_3(t)}{bu}\right) \\ y = x_1 \end{cases} \Rightarrow \begin{cases} \dot{x}_1 = x_2 \\ \dot{x}_2 = bu_0 \\ y = x_1 \end{cases} \tag{5-58}$$

这样将系统进行了实时动态线性化，系统成为一个“线性积分串联型”对象。

扩张状态观测器是基于系统已知输入输出，通过状态误差重构出系统状态和系统扰动的实时作用并予以补偿。ESO 的补偿量并不区分内扰和外扰，直接补偿它们的综合作用即对系统的总扰动，实质上起到的是一种抗扰作用。

(3) 非线性反馈控制律

在非线性控制中，反馈线性化是一种有效的方法，能以增益反比的方式来抑制扰动，但反馈线性化需要知道控制对象的精确数学模型，大大限制了它的使用范围。非线性反馈的一般理论如下。

对于一阶误差系统：

$$\dot{\varepsilon} = w + u \tag{5-59}$$

若对上式实施误差的线性反馈 $u = -k^{\varepsilon}, k > 0$，则

$$\begin{cases} \dot{\varepsilon} = -k^{\varepsilon} + w \\ \dfrac{1}{2}\dfrac{\mathrm{d}\varepsilon^2}{\mathrm{d}t} + k\varepsilon^2 = \varepsilon w \end{cases} \tag{5-60}$$

如果存在一常数 $w_0 > 0$，满足

$$\begin{cases} |w| < w_0 \\ \dfrac{1}{2}\dfrac{\mathrm{d}\varepsilon^2}{\mathrm{d}t} < -k|\varepsilon|\left(|\varepsilon| - \dfrac{w_0}{k}\right) \end{cases} \tag{5-61}$$

则当 $|\varepsilon| > \dfrac{w_0}{k}$ 时，有 $\dfrac{\mathrm{d}\varepsilon^2}{\mathrm{d}t} < 0$，即系统稳态误差小于 $\dfrac{w_0}{k}$，在线性反馈之下稳态误差与反馈增益 k 成反比。

若取非线性反馈

$$\begin{cases} u = -k|\varepsilon|^{a}\mathrm{sgn}(\varepsilon), a > 0 \\ \dot{\varepsilon} = -k|\varepsilon|^{a}\mathrm{sgn}(\varepsilon) + w \\ \dfrac{1}{2}\dfrac{\mathrm{d}\varepsilon^2}{\mathrm{d}t} < -k|\varepsilon|\left(|\varepsilon|^{a} - \dfrac{w_0}{k}\right) \end{cases} \tag{5-62}$$

当 $|\varepsilon|^{a} > \dfrac{w_0}{k}$ 时，有 $\dfrac{\mathrm{d}\varepsilon^2}{\mathrm{d}t} < 0$。即系统稳态误差小于 $\left(\dfrac{w_0}{k}\right)^{a}$，$a$ 减小就以数量级的方式减小稳态误差，非线性反馈策略优于线性反馈策略。

微分跟踪器、扩张状态观测器和非线性状态误差反馈三部分组合成自抗扰控制器。微分跟踪器能快速无超调地跟踪输入信号并给出比较好的微分信号，避免了由于设定值突变而造成的控制量的剧烈变化，以及输出量的超调；扩张状态观测器不仅能估计各个状态变量，还能估计到扰动并给予相应补偿；来自 TD 的输出与扩张状态观测器输出取误差就得到系统状态变量误差。这些状态变量误差经过非线性状态误差反馈控制律运算后，再加上扩张状态观测器对未知扰动估计的补偿量，最终作为被控对象的控制量。

5.2.6　自适应控制

在反馈控制和最优控制中，都假定被控对象或过程的数学模型是已知的，并且具有线性

定常的特性。实际上在许多工程中，被控对象或过程的数学模型事先都是难以确定的，即使在某一条件下被确定了的数学模型，在工况和条件改变后，其动态参数乃至于模型的结构仍经常发生变化。为此，需要设计一种特殊的控制系统，它能够自动地补偿在模型阶次、参数和输入信号方面非预知的变化，这就是自适应控制的任务[19-20]。

自适应控制系统需要不断地测量系统的状态、性能或参数，从而“认识”或“掌握”系统当前的运行指标并与期望的指标相比较，进而做出决策以改变控制器的结构、参数或根据自适应律来改变控制作用，以保证系统运行在某种意义下的最优或次最优状态。

因此，自适应控制系统应该有如下功能：

(1) 在线进行系统结构和参数的辨识或系统性能指标的度量，以便得到系统当前状态的改变情况；

(2) 按一定的规律确定当前的控制策略；

(3) 在线修改控制器的参数或可调系统的输入信号。

由这些功能组成的理论性自适应控制系统如图 5-9 所示。它由性能指标(IP) 的测量、性能指标的比较与决策、自适应机构以及可调系统组成。

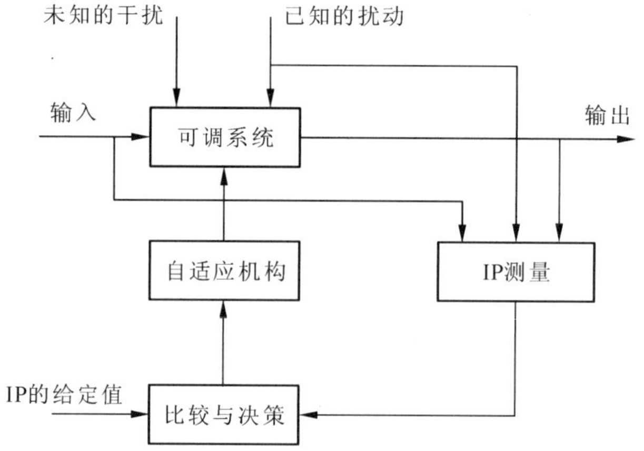

图 5-9　自适应控制系统原理图

自适应控制有两类，一类是模型参考自适应控制系统；另一类是自校正控制系统，这类自适应系统的一个主要特点是在线辨识对象数学模型的参数，进而修改控制器的参数。

(1) 模型参考自适应控制系统

模型参考自适应控制系统的典型结构如图 5-10 所示。在这个系统中，采用了一个称为参考模型的辅助系统。加到可调系统的参考输入 r 同时也加到这个参考模型输入端，参考模型的输出或状态可以用规定的或期望的性能指标设计。为了比较规定的性能指标和可调系统实测的性能指标，可用减法器将参考模型和可调系统的输出或状态直接相减，得到广义误差信号 e。自适应机构按一定的准则利用广义误差信号来修改可调系统的调节器参数，或产生一个辅助输入信号，使广义误差趋于极小或下降为零，调节过程结束。

这类自适应控制系统设计方法的理论基础为局部参数优化方法、Lyapunov 稳定性理论和波波夫(Popov) 超稳定性理论。

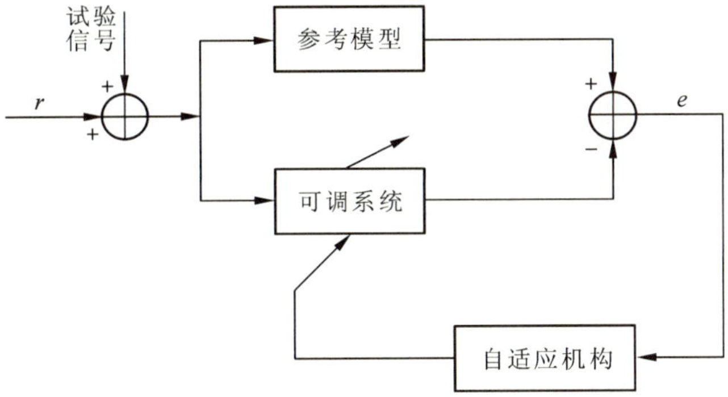

图 5-10　模型参考自适应控制系统的结构

(2) 自校正控制系统

自校正控制系统的典型结构如图 5-11 所示。这类系统的特点是必须对过程或被控对象进行在线辨识(递推参数估计),然后用过程参数 $\theta(t)$ 估计值和事先规定的性能指标,在线地综合处理调节器的控制参数 $\theta_c(t)$,并根据此控制参数产生的控制作用对被控对象进行控制。经过多次地辨识和综合调节参数,使系统的性能指标渐近地趋于最优。

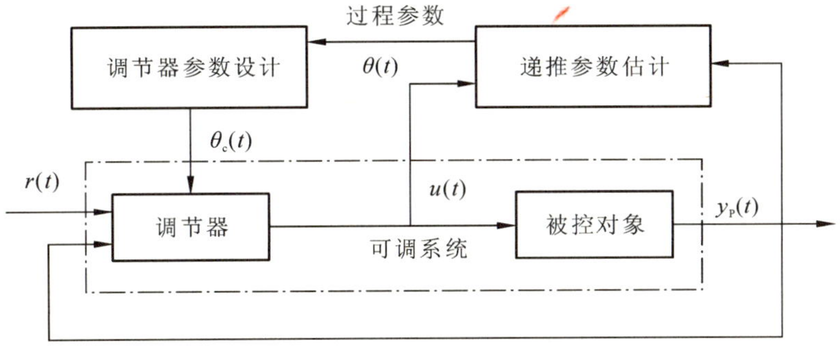

图 5-11　自校正控制系统的典型结构

此类自适应控制系统设计方法的理论基础为系统辨识和随机最优控制理论。

5.2.7　内模控制

内模控制方法由学者 Garcia 和 Morari 在分析和研究 Smith 预估控制算法的基础上于 1982 年提出并命名,这是一种利用被控过程的数学模型进行相关控制器设计的控制算法,也被诸多学者看作是 Smith 预估控制算法的一种延伸和改进[21-24]。理论分析和工程实践应用证明内模控制具有控制结构较简单、对系统模型误差具有较强的鲁棒性、待调节参数较少和参数的调节方向较明确等特点。内模控制方法与系统参数辨识方法、深度学习、模糊逻辑理论和自适应控制等技术手段和方法相互结合,使得内模控制在理论研究和工程实践中得到较多运用和改进。内模控制在工业领域中主要活跃在锅炉脱硫系统控制、火力发电装置的蒸汽压力控制、电机控制和气体流速控制等工业过程控制方面。近些年,还有不少学者将内模控制方法应用于 UAV 的自适应飞行控制中。

虽然经典的 PID 控制方法能够较好地解决目前工程实践应用当中较大部分设备和工业

过程的控制问题，但是控制器内部参数固定不变这一缺点导致其在面对被控系统内部参数动态变化和外界环境干扰较明显等较复杂的情况时，较难给出令人满意的结果。因此，用于设计和实现 PID 控制方法的各种优化设计方法和参数整定方法得到了学者们的广泛研究和探索。因为内模控制在工程应用中可等效为 PID 控制，所以内模控制方法也被看作是一种含有被控系统的数学模型的 PID 控制设计方法。利用内模控制方法实现的 PID 控制器中仅有一个参数需要通过现场调参来进一步确定，且这个参数的调节方向较为明确。

(1) 内模控制的性质

内模控制的结构如图 5-12 所示，图中 $Q(s)$ 是内模控制中待设计的传递函数(内模控制器)；$G_P(s)$ 是实际的被控过程；$\widetilde{G}_P(s)$ 是被控过程的数学模型；$R(s)$ 是参考输入；$U(s)$ 是控制输出；$Y(s)$ 是系统输出；$D(s)$ 是外部干扰。图 5-12 中的结构可进一步等效为图 5-13 所示的经典负反馈控制结构，图 5-13 中的控制器 $C(s)$ 如式(5-63) 所示。

$$C(s) = \frac{Q(s)}{1 - Q(s)\widetilde{G}_P(s)} \tag{5-63}$$

由此可知图 5-13 中的闭环系统响应为

$$Y(s) = \frac{Q(s)G_P(s)}{1 + Q(s)[G_P(s) - \widetilde{G}_P(s)]}R(s) + \frac{1 - Q(s)\widetilde{G}_P(s)}{1 + Q(s)[G_P(s) - \widetilde{G}_P(s)]}D(s) \tag{5-64}$$

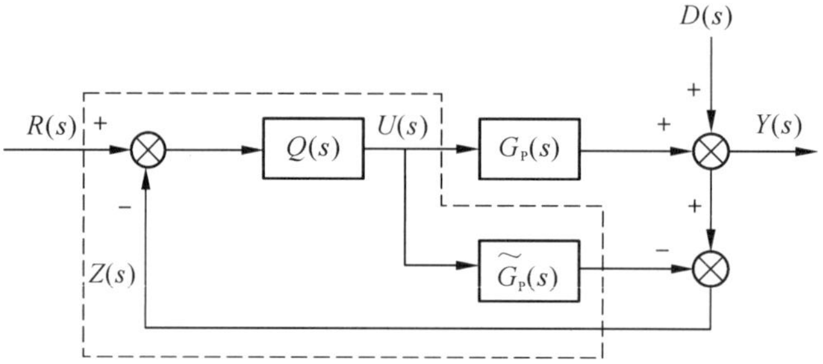

图 5-12 内模控制结构

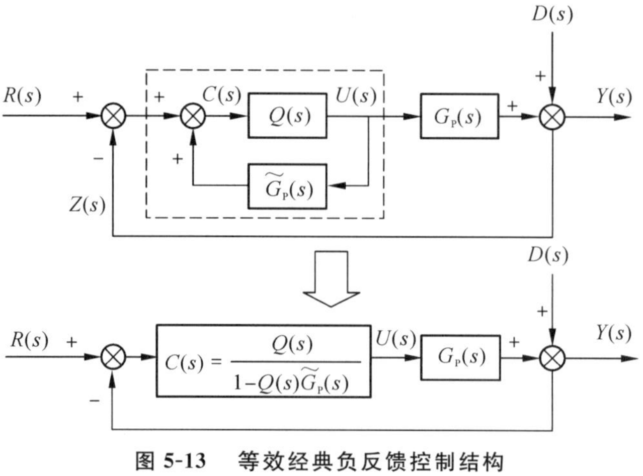

图 5-13 等效经典负反馈控制结构

其反馈信号为

$$Z(s) = [G_P(s) - \widetilde{G}_P(s)]U(s) + D(s) \tag{5-65}$$

内模控制的主要性质有：

① 对偶稳定性

当被控过程的数学模型 $\widetilde{G}_{P}(s)=G_{P}(s)$ 时，由式(5-64)可知此时系统输出 $Y(s)$ 仅与内模控制结构中的前向通道传递函数 $Q(s)\widetilde{G}_{P}(s)$ 有关，且闭环系统的稳定性由传递函数 $Q(s)$ 和被控过程 $G_{P}(s)$ 的开环稳定性决定，也即内模控制结构内部稳定的充分必要条件为：被控过程 $G_{P}(s)$ 和传递函数 $Q(s)$ 均是稳定的。上述的稳定性条件比自动控制中常使用的劳斯判据和根轨迹法等经典的稳定性条件更加简便且清晰。

② 理想控制器特性

当被控过程 $G_{P}(s)$ 稳定，且 $\widetilde{G}_{P}(s)=G_{P}(s)$ 时，若被控过程的数学模型“可逆”，也即 $\dfrac{1}{\widetilde{G}_{P}(s)}$ 存在并可实现时，令式(5-64)中的 $Q(s)=\dfrac{1}{\widetilde{G}_{P}(s)}$ 后可得式(5-66)。

$$Y(s)=\begin{cases}0 & R(s)=0,D(s)\neq 0\\ R(s) & R(s)\neq 0,D(s)=0\end{cases}\tag{5-66}$$

式(5-66)表明在任何外部干扰 $D(s)$ 的影响下，系统输出 $Y(s)$ 都可以等于参考输入 $R(s)$。

内模控制的理想控制器特性是基于 $Q(s)=\dfrac{1}{\widetilde{G}_{P}(s)}$ 存在且可实现这一条件，但是实际工程应用中的 $Q(s)=\dfrac{1}{\widetilde{G}_{P}(s)}$ 较难实现。因此，当被控过程 $G_{P}(s)$ 是非最小相位系统时，需要先将被控过程的数学模型 $\widetilde{G}_{P}(s)$ 进行因式分解，然后再利用因式分解得到的最小相位部分来进一步设计内模控制中的传递函数 $Q(s)$ 和选用相应的滤波器。

③ 零稳态偏差特性

若内模控制结构闭环稳定，即使被控过程的数学模型 $\widetilde{G}_{P}(s)$ 与被控过程 $G_{P}(s)$ 失配，也即出现 $\widetilde{G}_{P}(s)\neq G_{P}(s)$ 时，由终值定理可知通过设计的传递函数 $Q(s)$ 能够实现系统对阶跃输入、斜坡输入和外部扰动均不存在稳态偏差。

(2) 内模控制的设计方法

在理论研究和工程实践中常采用两步法来设计内模控制结构中待设计的传递函数 $Q(s)$。第一步是设计一个稳定且具有理想控制器特性的传递函数，且在这一步设计中先暂时不考虑内模控制结构的鲁棒性和其他约束；第二步是在第一步的基础上通过引入低通滤波器来获得期望的动态品质和鲁棒性。

步骤 1：被控过程数学模型 $\widetilde{G}_{P}(s)$ 的因式分解如式(5-67)所示。

$$\widetilde{G}_{P}(s)=\widetilde{G}_{P+}(s)\cdot\widetilde{G}_{P-}(s)\tag{5-67}$$

其中，$\widetilde{G}_{P+}(s)$ 是被控过程的数学模型 $\widetilde{G}_{P}(s)$ 中的非最小相位部分，其中含有被控过程的数学模型 $\widetilde{G}_{P}(s)$ 中的所有时滞项和右半平面的零点；$\widetilde{G}_{P-}(s)$ 是被控过程的数学模型 $\widetilde{G}_{P}(s)$ 中稳定的最小相位部分。

步骤 2：在 $\widetilde{G}_{P-}(s)$ 的逆的基础上通过串联低通滤波器 $F(s)$ 来确保内模控制结构的稳定性和鲁棒性，则待设计的传递函数 $Q(s)$ 可表示为

$$Q(s)=\widetilde{G}_{\mathrm{Pinv}}(s)F(s)\tag{5-68}$$

式中的 $\widetilde{G}_{\mathrm{Pinv}}(s)$ 表示 $\widetilde{G}_{\mathrm{P-}}(s)$ 的逆。

内模控制中常用的低通滤波器 $F(s)$ 有式(5-69) 所示的 Ⅰ 型滤波器和式(5-70) 所示的 Ⅱ 型滤波器两种，采用式(5-69) 所示的滤波器，可以实现对阶跃输入信号的无静差跟踪；采用式(5-70) 所示的滤波器，可以实现对斜坡输入信号的无静差跟踪。

$$F(s)=\frac{1}{(\beta s+1)^{n}} \tag{5-69}$$

$$F(s)=\frac{n\beta s+1}{(\beta s+1)^{n}} \tag{5-70}$$

式(5-69) 和式(5-70) 中的 n 应该足够大，以保证式(5-68) 中的 $Q(s)$ 有理；增益参数 β 的大小决定系统的响应速度，增益参数 β 越小，则系统对参考输入的跟踪能力越强，因此系统的输出响应越快；增益参数 β 越大，则系统输出响应越平缓，鲁棒性越强，对 $\widetilde{G}_{\mathrm{P}}(s)\neq G_{\mathrm{P}}(s)$ 的灵敏性越低。

5.3 智能控制理论方法

传统控制是经典控制和现代控制理论的统称，它们的主要特征是基于模型的控制。由于被控对象越来越复杂，其复杂性表现为高度的非线性，高噪声干扰、动态突变性以及分散的传感元件，分层和分散的决策机构，多时间尺度，复杂的信息机构等，这些复杂性都难以用精确的数学模型(微分方程或差分方程) 来描述。除了上述复杂性往往还存在着某些不确定性，不确定性也难以用数学模型加以描述。然而，对这样复杂系统的控制性能的要求也越来越高，这样一来，基于精确模型的传统控制就难以解决上述复杂对象的控制问题。为解决这个问题，把人工智能引入控制系统，才有可能得到新的认识和新的控制上的突破。

按系统构成原理，智能控制主要分为专家系统控制、模糊控制和人工神经网络控制等。

5.3.1 专家系统控制

专家系统控制(简称专家控制) 是把专家系统技术应用于过程控制系统的结果。专家系统模拟操作者、工程师的经验和知识，与控制器的算法结合，实现对过程的有效控制[25]。专家系统的基本组成结构框图如图 5-14 所示。

专家系统的两个重要组成要素是知识库和推理机。

知识库存放着作为专家经验的判断性知识，例如表示建议、推断、命令、策略的产生式规则等，用于某种结论的推理、问题的求解，以及对于推理、求解知识的各种控制知识。知识中还包含另一类叙述性知识，也称作数据，用于说明问题的状态、有关的事实和概念、当前的条件以及常识等。

推理机实际上是一个运用知识库中提供的两类知识，基于某种通用的问题求解模型，进行自动推理、求解问题的计算机软件系统。它包括一个解释程序，用于解决如何使用判断性知识推导新的知识，还包括一个调度程序，用于决定判断性知识的使用次序。推理机的具体构造取决于问题领域的特点，及专家系统中知识表示和组织的方法。

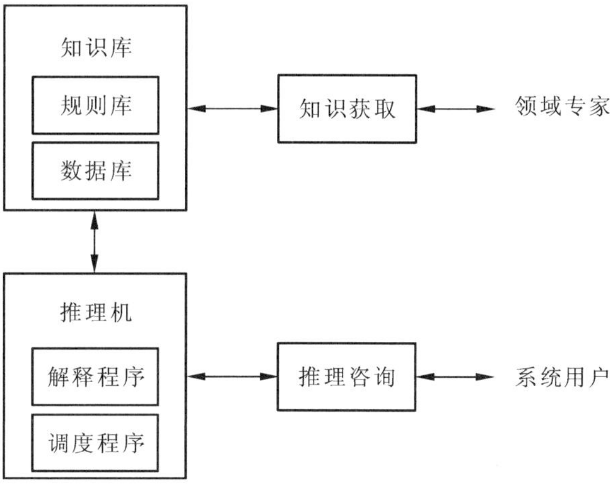

图 5-14　专家系统的基本组成

建立一个专家系统的一般步骤如下：

(1) 设计初始知识库。知识库的设计是建立专家系统最重要和最艰巨的任务。初始知识库的设计包括：

① 问题知识化，即辨别所研究问题的实质，如要解决的问题是什么，它是如何定义的，可否把它分解为子问题或子任务，它包含哪些典型数据等。

② 知识概念化，即概括知识表示所需要的关键概念及其关系，如数据类型、已知条件(状态）和目标(状态)、提出的假设以及控制策略等。

③ 概念形式化，确定用来组织知识的数据结构形式，应用人工智能中各种知识表示方法把概念化过程有关的关键概念、子问题及信息流特性等变换为比较正式的表达，它包括假设空间、过程模型和数据特性等。

④ 形式规则化，即编制规则、把形式化了的知识变换为由编程语言表示的可供计算机执行的语句和程序。

⑤ 规则合法化，即确认规则化了的知识的合理性，检验规则的有效性。

(2) 原形机的开发与试验。在选定知识表达方式之后，即可着手建立整个系统所需要的实验子集，它包括整个模型的典型知识，而且只涉及与试验有关的足够简单的任务和推理过程。

(3) 知识库的改进与归纳。反复对知识库及推理规则进行改进试验，归纳出更完善的结果。经过相当长时间(例如数月至两三年）的努力，使系统在一定范围达到专家的水平。

这种设计与建立步骤，如图 5-15 所示。

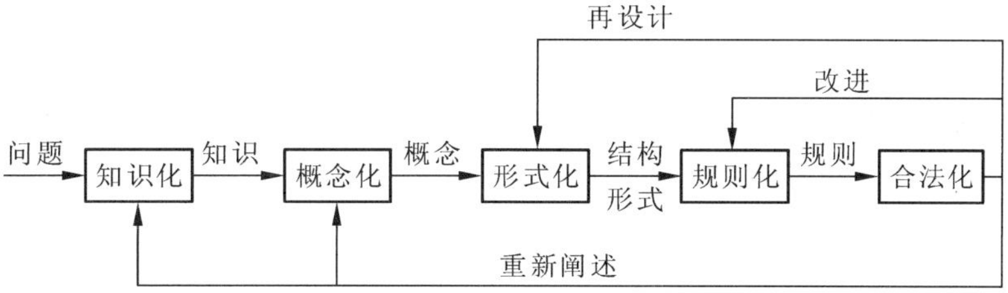

图 5-15　建立专家系统的步骤

专家系统控制可以分为直接专家系统控制和间接专家系统控制两种。

在直接专家系统控制中，专家系统位于内环或执行级中，以及外环或监控级中。专家系统直接给出控制信号，影响控制过程。专家系统根据测量到的信息及知识库中的规则，导出每一采样时刻的控制信号，驱动过程，实现控制作用。

在间接专家系统控制中，专家系统位于外环或监控级中，专家系统通过层间界面指导内环或执行级工作。专家系统只是通过对控制器的结构或参数进行调整，间接地影响被控过程。

5.3.2　模糊控制

模糊控制来源于模糊数学，它是建立在经验和知识上的一种控制策略。一个有经验的操作人员可以凭借丰富的实践经验和相关知识，采取恰当的策略来控制实际中较为复杂的过程。如果对这些操作人员的实践经验和相关知识进行总结，然后用文字语言进行描述和表达，就可以得到一种定性的、模糊的控制规律。若是用模糊数学将其量化为模糊变量，这就是模糊控制算法[26]。模糊控制系统的基本结构如图 5-16 所示。

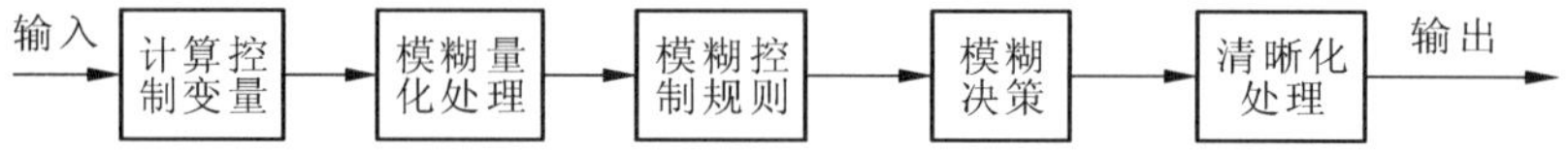

图 5-16　模糊控制系统的基本结构

模糊控制方法首先需要将专家或操作人员的经验或知识总结并描述成模糊规则，然后对传感器接收的数据进行模糊化处理，再将模糊化后的数据信息作为输入，通过模糊规则完成模糊推理，最后将推理得到的输出变量清晰化，作为输出加载到执行器上。

根据模糊控制器的输入输出变量的数目不同，可以把模糊控制器分为单输入单输出、双输入单输出、多输入单输出以及多维输入多输出等多种模糊控制器。目前最常用的是双输入单输出模糊控制器，一般将误差以及误差变化率作为输入进行控制，这有点类似于 PD 控制，可以较好地反映被控对象的动态特性，控制效果较好，被广泛应用到控制领域。

模糊控制器的基本结构包括以下四部分：

(1) 模糊化接口

对于模糊控制器而言，其输入必须是模糊变量。模糊化接口的作用则是将实际工程中真实的确定值的输入经过模糊化成为一个模糊变量。模糊化的具体过程如下：

① 首先对传感器采集到的确定的输入量去噪、滤波，使得模糊控制器的输入更加真实有效；

② 为满足模糊控制器的论域要求，要对真实有效的输入量进行一定的尺度变换；

③ 对已经处于论域范围的输入量进行模糊化处理，主要有单点模糊化和隶属函数模糊化两种方法，隶属函数模糊化又有三角形、钟形、梯形等形式，使得原先定量的输入量变成定性的模糊量，然后用相对应的模糊集合来表示。

(2) 知识库

知识库是由数据库和规则库构成的，包含了具体工程应用领域中的相关知识和控制目标。

① 数据库

如果论域为连续域，那么数据库存放的是它的隶属函数；如果论域为离散域，那么数据库存放的是变量在每个离散点上相对应的隶属度。在进行模糊推理的过程中，数据库的作用是向推理机提供相关数据。

② 规则库

规则库用来存放模糊控制规则。模糊控制规则主要来源是相关领域的专家和操作者的长期经验或知识，其内容就是对被控对象如何进行控制的一个知识性的总结。规则库存放这些经验和知识，可以在推理时为推理机提供恰当的控制规则。模糊变量的模糊子集划分的详细程度会影响规则的条数，如果模糊子集划分越详细，那么规则条数也越多，但是规则库的准确程度不一定越高。模糊控制器控制性能的优劣与模糊规则建立是否合理，即是否准确地总结了相关领域的专家和操作人员的长期经验或有关知识，有着直接的关系。

(3) 模糊推理

在模糊控制器中，已知输入模糊量，通过模糊控制规则求得模糊控制量的过程叫作模糊推理。在模糊控制中，为减少推理时间，多采用运算较为简单的推理方法。最基本的推理方法有 Zadeh 法，它分为正向推理和逆向推理两类。正向推理多用在模糊控制中，逆向推理多用于专家系统中。

(4) 解模糊接口

通过模糊控制规则求得的推理结果是一个模糊量，所以不能直接输出并作为控制量，还需要对它进行清晰化，求出一个精确的控制量，才能作为输出量。这个清晰化的过程称为解模糊。解模糊常用的方法有这三种，最大隶属度法、取中位数法以及加权平均法。这个可以对模糊矢量进行清晰化的部分被称为解模糊接口，它包含以下两部分内容：

① 将模糊推理结果清晰化，求出在输出论域范围内的一个精确值；

② 将上一步求出的精确值通过尺度变换的方法换算成实际论域的控制量。

5.3.3　人工神经网络控制

人工神经网络(Neural Network)简称神经网络，是模拟人脑思维方式的数学模型。神经网络是在现代生物学研究人脑组织成果的基础上提出的，用来模拟人类大脑神经网络的结构和行为，它从微观结构和功能上对人脑进行抽象和简化，是模拟人类智能的一条重要途径，反映了人脑功能的若干基本特征，如并行信息处理、学习、联想、模式分类、记忆等[27,28]。

(1) 神经元的基本模型

神经元是多输入单输出的信息处理单元，如图 5-17 所示。考虑从 n 个神经元接收输入信号的神经元，设输入信号分别为 $x_1, x_2, \cdots, x_n$，膜电位的变化为 u，兴奋的阈值为 θ，输出信号记为 y。w_i 表示神经元间的连接权重。对于兴奋性神经元输入 $w_i > 0$，对于抑制性神经元输入 $w_i < 0$。当 $w_i = 0$ 时，可以理解为没有和第 i 个神经元的结合。

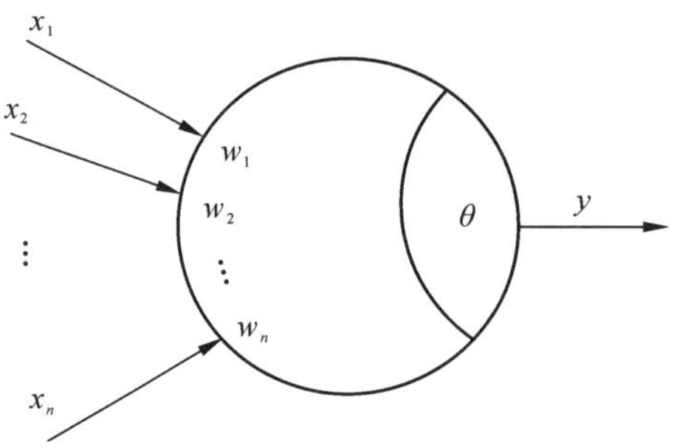

图 5-17　神经元形式化结构模型

下面是一种人们最早提出也是现在经常使用的 M-P 模型。

设有 n 个神经元互连，以第 i 个神经元作为对象，它从其他所有神经元 $j(j=1,2,\cdots,n;j\neq i)$ 输出信息，从第 j 个神经元到第 i 个神经元的连接权重记为 w_{ij}，于是 M-P 模型的数学表达式为：

$$y_i=U\left(\sum_{j=0}^{n}w_{ij}x_j-\theta_i\right) \tag{5-71}$$

其中，θ_i 为阈值；$U(\cdot)$为神经元输出特性，这里为阶跃函数；y_i 为第 i 个神经元的输出，当输出为 1 时表示神经元 i 兴奋；输出为 0 时，表示神经元 i 处于静止状态。

(2) 神经网络工作原理

神经网络与传统的基于模型的控制方式、模糊控制相比不善于显式表达知识，但它具有很强的逼近非线性函数的能力，即非线性映射能力。控制系统的目的在于通过确定适当的控制量输入，使得系统获得期望的输出特性。如图 5-18(a) 所示给出了一般反馈控制系统的原理框图，其中图 5-18(b) 中采用神经网络代替图 5-18(a) 中的控制器，下面分析一下神经网络的工作原理。

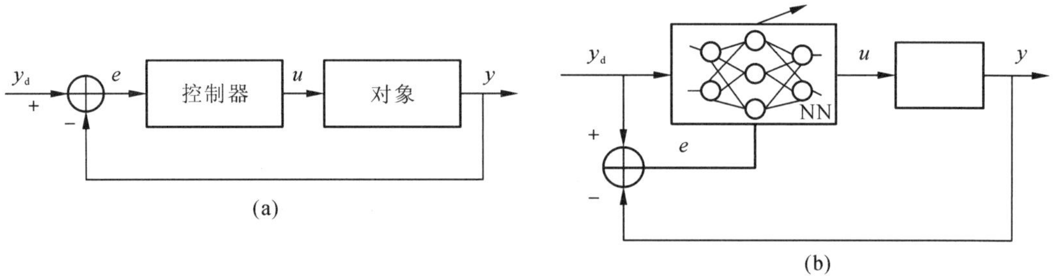

图 5-18　反馈控制与神经网络控制

(a) 反馈控制；(b) 神经网络控制

设被控对象的输入和系统输出之间满足如下非线性函数关系

$$y=g(u) \tag{5-72}$$

控制的目的是确定最佳的控制输入 u，使系统的实际输出 y 等于期望值 y_d。在该系统中，可把神经网络的功能看作输入输出的某种映射，或函数变换，并设它的函数关系为

$$u=f(y_d) \tag{5-73}$$

为了满足系统输出等于期望的输出 y_d，将式(5-73) 代入式(5-72)，可得

$$y = g[f(y_d)] \tag{5-74}$$

显然，当 $f(x) = g^{-1}(x)$ 时，满足 $y = y_d$ 的要求。

由于要采用神经网络控制的被控对象一般是复杂的且具有不确定性，因此非线性函数 $g(x)$ 是难以建立的，可以利用神经网络具有逼近非线性的能力来模拟 $g^{-1}(x)$，尽管 $g(x)$ 的形式未知，但通过系统实际输出 y 与期望输出 y_d 之间的误差来调整神经网络中的连接权重，即让神经网络学习，直至误差

$$e = y_d - y \to 0 \tag{5-75}$$

此过程，就是神经网络模拟 $g^{-1}(x)$ 的过程，它实际上是对被控对象的一种求逆过程，由神经网络的学习算法实现这一求逆过程，就是神经网络实现直接控制的基本思想。

神经元模型中，常用的非线性函数 $g(x)$ 有：阈值函数和双阈值函数（表示理想继电器特性）、S 型函数（表示单调递增函数）、双曲正切函数（表示放大器的饱和特性）及高斯函数（表示高斯特性）。

5.4　水面无人艇的运动参数控制

5.4.1　航向控制

船舶的航向控制有两种情况：航向保持和航向改变。

1）航向保持

船舶在不同工作状态下对控制器的要求是不同的。船舶在航行时，大部分的时间是处于航向保持状态。对航向保持的基本要求是使船舶保持给定航向航行，否则将增加航行距离、浪费时间和燃料。但是也不能认为对规定航向的偏离越小越好，因为航向偏差允许值过小将导致舵机频繁动作，从而增加航行阻力，降低航行速度，同样浪费燃料，还降低了舵机的使用寿命。因此在选取性能指标时，应该综合考虑精度要求和操舵频度及幅度两方面要求。对船舶航行运动进行分析可发现，当存在外界干扰时，船舶偏离给定航向的运动可以分解为高频部分和低频部分。引起高频运动的主要是海浪，引起低频运动的主要有风、流等。高频运动分量的幅值小、频率高，对船舶的偏航影响不大，可不必通过操舵来补偿，也避免了舵机的频繁动作。而低频运动分量幅值大，频率低，对船舶的偏航有明显影响，应该予以纠正[29]。

在航向保持的情况下，船舶的航向改变量较小，控制舵角较小，此时的船舶操纵运动数学模型可近似采用线性的 Nomoto 方程来描述。

2）航向改变

当船舶航行到转向点，或在做避碰、机动等动作时，需要做快速、剧烈的航向改变，航向控制器应该保证船舶及时、准确地跟踪新航向。

航向改变情况如图 5-19 所示，可将其分为三个阶段[30]。

（1）启动阶段：该阶段内，船舶开始旋回。为了加快航向改变进程，本阶段所操舵角应该略高于下一阶段内所操舵角。

（2）稳定旋回阶段：在该阶段内，船舶以一定的旋回角速度向给定的新航向变化。该阶段内船舶的操舵可有三种选择：

① 保持固定的合适的操舵角，这种情况较为简单；

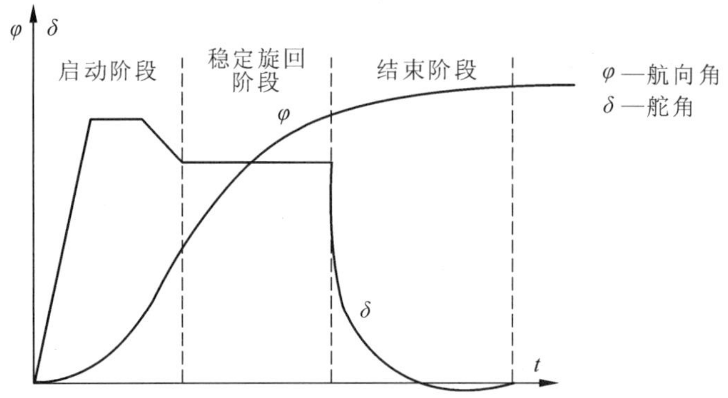

图 5-19　航向改变

② 保证船舶按希望的回转半径旋回，这适用于航迹控制和船舶密集的场合；

③ 保证船舶按希望的旋回角速度运动，可减少船舶旋回速降及横倾角。

(3) 结束阶段：在该阶段内，操舵应保证船舶的航向角超调较小。

在航向改变的情况下，由于舵角较大，描述船舶运动的线性 Nomoto 方程将不再适用，必须采用非线性操纵方程来描述船舶运动。

在船舶航向控制中，控制器最常用的控制规律是 PID 控制。PID 控制是对控制系统输出和输入的偏差进行不断调节的一种控制方法，由比例单元、积分单元和微分单元通过线性组合构成控制量，对被控对象进行控制。一个基本的 PID 航向控制原理图 5-20 所示。

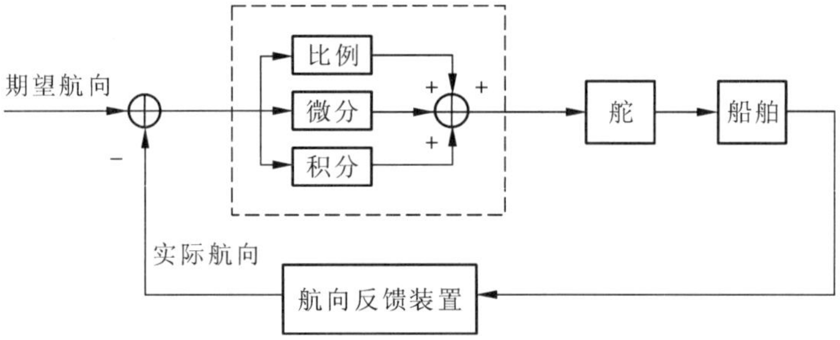

图 5-20　PID 航向控制原理

如果采用其他控制算法，只需要将虚线框内的 PID 单元换成其他控制律即可。

5.4.2　航迹控制

航迹控制通常分为航迹规划与轨迹跟踪两部分。狭义的航迹控制问题主要处理航迹跟踪问题。航迹跟踪问题如图 5-21 所示可分解为三个问题[31]。

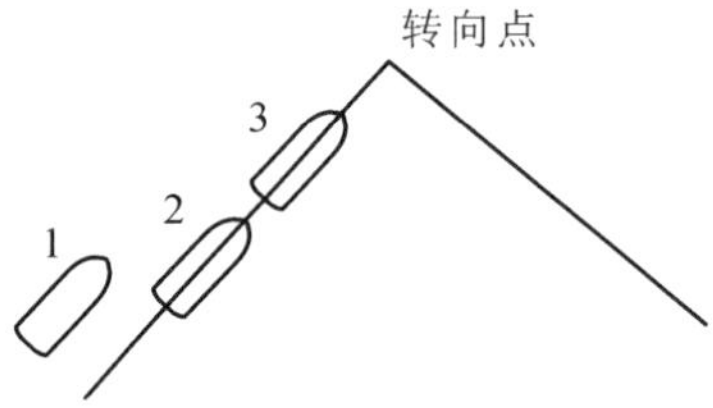

图 5-21　航迹跟踪的三个阶段

(1) 初始进入时一般偏差较大，要求快速返回航迹；

(2) 直线段航行时的高精度航迹保持；

(3) 航迹转向点附近转向问题。

这三个问题的要求是不同的：问题(1) 要求首先确定所在航迹段，快速返回航迹，并跟踪航向；问题(2) 要求精确保持航迹消除偏差；问题(3) 要求快速跟踪新航向，并使得航迹偏差尽可能小。

根据航迹控制基本原理，船舶航迹控制方案可分为两种，间接控制(即分离控制) 和直接控制(即综合控制)[32,39]。

(1) 航迹直接控制

航迹直接控制的基本原理如图 5-22 所示。将船位反馈装置 GPS 检测到的实际船位信息与设定航迹进行比较，计算出此刻船舶偏离计划航迹的偏差，然后根据所计算出的航迹偏差，作为航迹控制器的输入，航迹控制器可根据该偏差值计算出舵角指令，从而对船舶航迹实现控制。

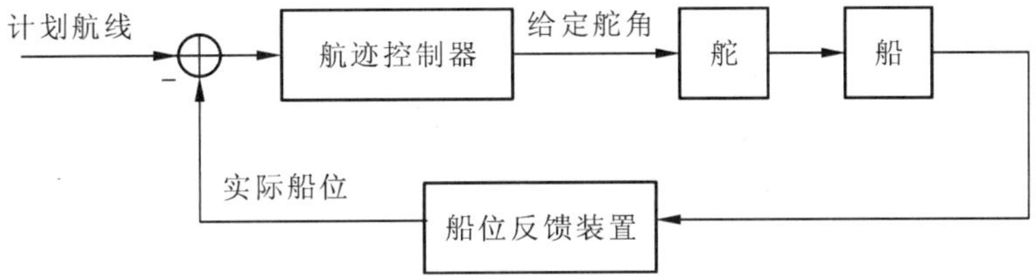

图 5-22　航迹直接控制基本原理

直接法是直接将舵角与航迹偏差相关联，通过直接对舵角进行控制来消除航迹偏差，进而将船舶控制在指定航迹带。该方法能对位置、方向、速度这些实际上耦合的变量进行综合考虑，控制性能优良，能很好地协调性能与能量之间的关系，多用于海底电缆高精度控制的场合。从图 5-22 中易知，直接法只有一个控制环，被控量只有舵角值，控制量表面上看只有船舶位置，但实际上，需要同时控制航向、航迹等，相当于把控制对象看作单输入多输出的系统，因此控制要求高，且调试难度大。

(2) 航迹间接控制

航迹间接控制就是将航迹控制分解成航迹制导环和航向控制环，把航迹控制问题转化成了航向控制问题。航迹制导环采用制导算法，通过船位偏差来计算出期望航向值；航向控制环则采用控制算法通过航向偏差计算出相应舵角，完成航迹控制。

航迹间接控制系统原理框图如图 5-23 所示，间接控制系统由三个闭环组成，即制导环(也称为航迹控制环)、航向控制环和舵角控制环。制导环将船位反馈装置 GPS 采集到的船位信息与计划航线比较，计算出船位偏差信息，制导算法利用船位偏差进行计算，求出命令航向作为航向控制环的期望值，用以减小航迹偏差；航向控制环将航向反馈装置接收的航向数据与期望值比较，求出操舵命令给船舶操舵装置，用以消除航向偏差；舵角控制环驱动舵机使舵角检测值与舵令一致，从而实现船舶航迹控制。如果将该系统的航迹制导环拆除，还剩下航向控制环，系统降为航向自动舵，方便设计人员调试系统，也方便船舶操纵人员随时改变自动控制目标。

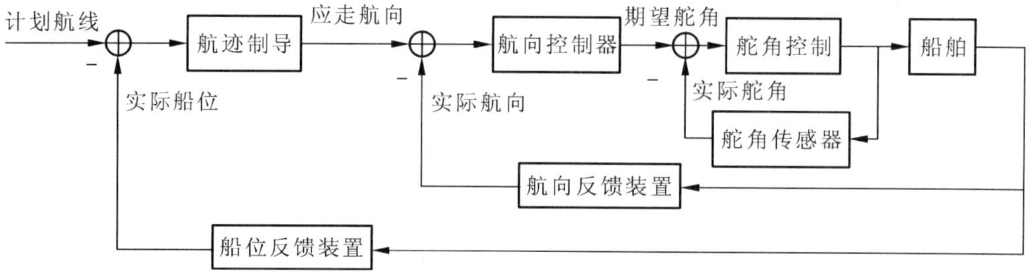

图 5-23　航迹间接控制基本原理

这种将制导环与航向控制环分离的控制方案的优点可归纳如下：

① 分离控制方案与船员操纵船舶的实际过程十分类似，船员驾驶与操纵经验同样适用于控制器，可以有效提高控制器的智能程度；

② 将控制器分为制导环和航向控制环后，控制系统维数降级，算法设计更加容易快捷；

③ 与直接法相比较而言，分离控制方案将方向控制和位置控制分离，降低了对船位信息的更新频率和测量精度的要求；

④ 如果出于某种不确定因素，定位设备出现故障，位置控制环失效，但航向控制环仍然有效，系统的可靠性得到提升；

⑤ 航向控制与航迹控制的切换过程不存在控制问题，方便对控制算法的修改和验证。

5.4.3　航速控制

在使用电力推进的船舶中，电机通过能量转换将电能转化为机械能，以转速的形式通过减速齿轮箱传给螺旋桨，进而转化成推进动力推动船舶前进。

船舶航速的变化，归根到底是船舶推进电机的转速变化。假定船舶原来行驶在某预定航速上，由于某种外界因素的作用，要求改变航速，产生航速偏差 v_e，这时需改变推进电机的转速，从而改变螺旋桨的转速，使船舶航速不断变化。在船舶达到指定航速时，由于惯性作用，航速必然还将继续变化，这时又形成反向偏差，需继续调节推进电机转速，改变螺旋桨转速，达到抑制船舶航速差值扩大的目的[33-34]。航速控制的基本原理如图 5-24 所示。

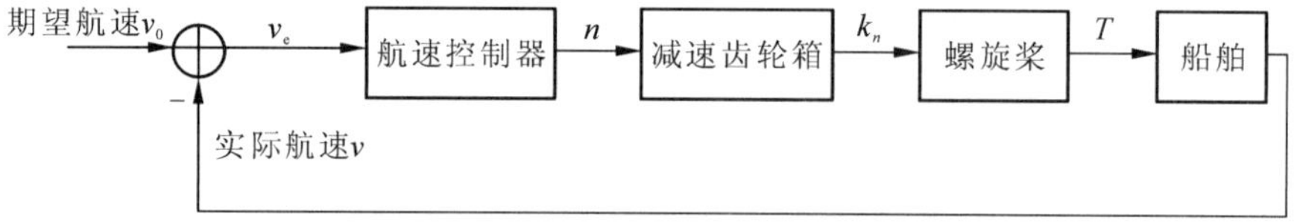

图 5-24　船舶航速控制基本原理

5.4.4　首向控制

Nomoto 模型为基于内模控制的无人艇首向控制系统中的被控过程数学模型 $\tilde{G}_P(s)$。因为由旋回实验和连续 Z 型实验数据得到的无人艇的操纵性指数 K 和 T 均大于 0，所以无人艇具有航向稳定性，因此可得式(5-76) 和式(5-77)[35-36]。

$$\widetilde{G}_{\mathrm{P}}(s) = \frac{1}{G_{\psi\delta_r}(s)} = \frac{s(Ts+1)}{K} \tag{5-76}$$

$$F(s) = \frac{3\beta s + 1}{(\beta s + 1)^3} \tag{5-77}$$

于是可得传递函数 $Q(s)$

$$Q(s) = \frac{s(Ts+1)}{K}\frac{3\beta s + 1}{(\beta s + 1)^3} \tag{5-78}$$

因此，基于内模控制的无人艇首向控制器 $C(s)$ 为：

$$C(s) = \frac{Q(s)}{1 - Q(s)\widetilde{G}_{\mathrm{P}}(s)} = \frac{3\beta T s^2 + (3\beta + T)s + 1}{\beta^3 K s^2 + 3\beta^2 K s} \tag{5-79}$$

基于内模控制的无人艇首向控制系统的闭环传递函数如式(5-80)所示。

$$\Phi(s) = \frac{Y(s)}{R(s)} = \frac{3\beta s + 1}{(\beta s + 1)^3} \tag{5-80}$$

因为内模控制的增益参数 $\beta > 0$，所以式(5-80)中的极点位于 s 左半平面，由线性系统稳定的充分必要条件可知基于内模控制的无人艇首向控制系统是稳定的。

为了抑制由式(5-80)中的零点导致的无人艇首向控制的“超调”，使用一个式(5-81)所示的惯性环节 $P(s)$ 作为前置滤波器。

$$P(s) = \frac{1}{3\beta s + 1} \tag{5-81}$$

为了方便在实际工程应用中实现式(5-79)，将式(5-79)进一步改写为式(5-82)所示的不完全微分 PID 控制结构

$$C_{\mathrm{PID}}(s) = K_{\mathrm{p}} + \frac{K_i}{s} + \frac{K_{\mathrm{d}} s}{1 + \gamma s} = \frac{(K_{\mathrm{d}} + K_{\mathrm{p}}\gamma)s^2 + (K_{\mathrm{p}} + K_i\gamma)s + K_i}{s(1 + \gamma s)} \tag{5-82}$$

$$K_{\mathrm{p}} = \frac{\frac{8}{3}\beta + T}{3\beta^2 K} \tag{5-83}$$

$$K_i = \frac{1}{3\beta^2 K} \tag{5-84}$$

$$K_{\mathrm{d}} = \frac{\frac{8}{3}\beta T - \frac{8}{9}\beta^2}{3\beta^2 K} \tag{5-85}$$

$$\gamma = \frac{\beta}{3} \tag{5-86}$$

由式(5-82)可知，在对基于内模控制的无人艇首向控制器进行在线调节控制器参数时，需要调节影响系统响应速度和鲁棒性的增益参数 β 和控制器内部的无人艇操纵性指数 K 和 T，而无人艇操纵性指数 K 和 T 将由前面所述的参数在线估计得到。因此，基于内模控制的无人艇首向控制器在实际工程应用中还需通过现场调试来进一步确定增益参数 β。

为了确保无人艇在大角度转向时具有较快的响应速度的同时，在小幅度转向或进行路径跟踪时具有较好的鲁棒性，可通过设定首向角偏差阈值来使用两个不同的增益参数 β，故基于内模控制的无人艇首向控制器可进一步转变为基于变增益内模控制的无人艇首向控

制器。

以设定的首向角偏差阈值为基准，当实际的首向角偏差大于设定的首向角偏差阈值时，使用较小的β值来提升无人艇首向控制系统的响应速度；当首向角偏差小于或等于所设定的首向角偏差阈值时，使用较大的β值来提升首向控制系统的鲁棒性。

因为基于变增益内模控制的无人艇首向控制器中含有在线估计得到的无人艇操纵性指数，所以能够在实际工程应用中通过在线更新无人艇操纵性指数的估计值来实现无人艇首向控制器对无人艇操纵性变化的自适应。

5.5 iNav 系水面无人艇控制系统的设计

无人艇运动控制研究中主要采用了分级递阶控制的原理，将运动控制分为组织层、协调层和执行层。

5.5.1 分级递阶控制原理

递阶智能控制(Hierarchically Intelligent Control，HIC)简称递阶控制，是在对早期的学习控制系统的研究基础上，从工程控制论的角度对人工智能与自适应控制、自组织控制和自学习控制的关系总结之后逐步形成的，是智能控制最早的理论之一[37]。

目前已有多种分级递阶控制理论提出，包括基于知识描述、数学解析的混合两层智能控制理论，“精度随智能提高而降低”的分级递阶智能控制理论以及四层(任务规划、行为决策、行为规划和操作控制)递阶控制理论等。这几种理论在递阶结构上是有联系的。由 Saridis 等人[38] 提出的分级递阶智能控制方法作为一种认知和控制系统的统一方法论，最具代表性，其控制智能是根据分级管理系统中的“精度随智能提高而降低”的原理而分级分配的。这种递阶智能控制系统分为三层，分别是组织级、协调级和执行级，如图 5-25 所示。

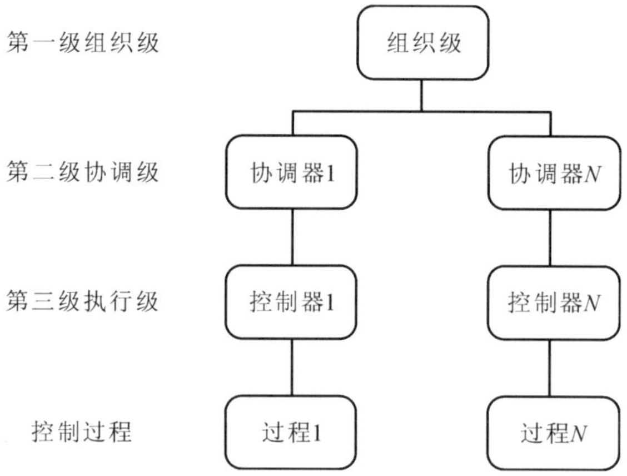

图 5-25　分级递阶简化示意图

第一级是组织级，代表控制系统的主导思想，由人工智能起控制作用。组织级根据存储在长期存储单元内的本原数据集合，能够组织绝对动作、一般任务和规则的序列。换句话说，作为推理机的规则发生器，组织级处理高层信息，用于进行机器推理、规划、决策、学习（反馈）和记忆操作。

第二级是协调级，是组织级和执行级之间的接口，由人工智能和运筹学起控制作用。协调级通过产生一个适当的子任务序列来执行组织级下达的指令，处理实时信息，这涉及短期存储器（如缓冲器）内决策与学习之间的协调。协调级由一定数量的具有固定结构的协调器组成，每个协调器由微型计算机来实现，执行特定的功能，各协调器之间的通信由分配器来完成，而分配器的结构是可变的，由组织级具体控制。

第三级是执行级，是智能控制系统的最低层级，要求具有很高的精度，因此智能相对上两层较低，按照控制理论对相关过程执行适当的控制功能。执行级由许多与协调器相联系的执行装置组成。执行级的主要目标是尽可能准确地执行由上层的协调器下达的具体任务。

5.5.2　无人艇控制系统分层递阶结构设计

按照分层递阶智能控制系统的设计原理，无人艇控制系统分为三个层次，第一层为组织层，对应于无人艇的各功能子系统；第二层为协调层，对应于无人艇的基本组成单元；第三层为执行层，对应于底层的伺服控制器，负责直接控制传感器和执行器的操作。每一层都预留了人机接口，用来接收和处理来自操作人员的任务指令。

对无人艇的航行子系统、通信子系统、导航定位子系统、能源管理子系统和环境信息采集子系统进行分层设计。每个子系统根据层次原理，将任务分解成一系列的子任务，下达给位于协调层的各基本组成单元，各基本组成单元根据子任务指令，将其分解成一系列的行为序列，变成执行器可以识别的控制指令，这些指令序列最终到达执行层，由执行层的控制器直接控制传感器和执行器的操作，最终实现任务。全部子系统连成树状结构，形成了多层递阶模型，如图 5-26 所示。任务指令沿着层次结构逐层下达，状态反馈和传感器信息逐层上传。自顶至下，每一层的智能程度逐步下降，任务指令涉及的范围逐步缩小，控制精度逐步提高。底层执行器将执行结果直接反馈给协调层，协调层向组织层提供离线反馈信息，供组织层进行决策调整时分析使用。同一层次之间，特别是在命令树的同一子树内存在大量的通信。

无人艇作为一个完整的系统，通过人机接口接受来自操作人员的任务命令，该命令可以是一个描述任务的简单句子，或者是特定含义的短语。在这里，任务命令经过初步解析后通过分类器下达给各子系统模块，由各子系统模块负责对任务进行下一步的分解处理。无人艇整体上协调各子系统执行操作完成任务。按照任务需要对任务规划的时间水平进行设计，整体任务的规划周期定为 1 min，每隔 5s 根据下层反馈的执行信息对用户指令重新进行规划。

子系统作为控制系统的第一层，对应于分层递阶系统中的组织层。每个子系统模块负责对接收到的具体任务进行分解和规划，生成一系列的子任务，这些子任务将完整地描述任务的具体执行和实现过程。规划涉及的时间水平和空间范围最大，智能化程度最高，但是对行动的控制精度最低。各子系统在进行任务分解过程中，子系统内部的各组成单元保持所需的基本通信，相互协调共同实现某些特定的功能，例如自动航行和避碰。任务规划周期为 5s，每隔 500ms 会根据下一层的执行情况反馈信息对当前规划进行检查，或者进行重新规划。

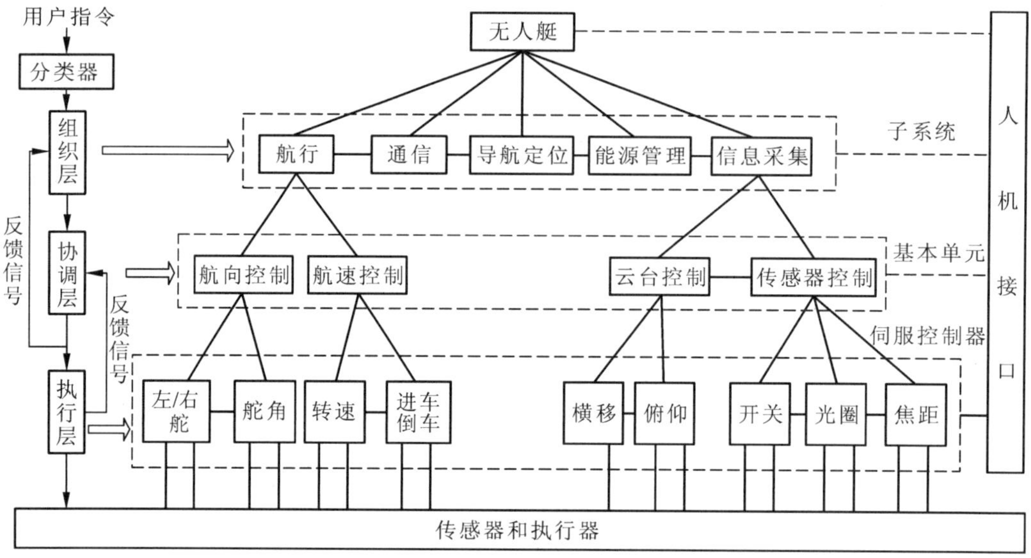

图 5-26　无人艇控制系统体系结构设计框图

控制系统的第二层为组成无人艇的基本单元，该层对应于分层递阶系统中的协调层。该层由一定数量的具有固定结构的协调控制器组成，每一个协调控制器与底层的伺服控制器直接相连。该层主要是在协调控制器内针对一组物理执行器利用控制算法对上一层下达的子任务的指令进行分解，将子任务指令转化为一组子任务序列，处理实时信息，使得多个伺服控制器之间能够高效协调地执行子任务。在这一层，子任务就变成了一系列伺服控制器可以识别的控制行为，例如对航向和航速的控制指令。在这一层，接受来自底层控制器关于执行情况的实时反馈，并将该情况反馈给上层。子任务规划周期为 500ms，每 50ms 进行一次检查或进行新的规划。控制精度相对上一层有所提高。

所有的伺服控制器共同组成了无人艇控制系统的最底层，对应于分层递阶系统中的执行层。在协调层针对一组控制器生成的控制命令在该层直接分解成针对特定控制器的控制信号，控制信号直接作用于传感器或执行机构，尽可能准确地执行上层协调控制器安排的具体任务，多个执行器相互协作共同采取行动，实现了无人艇的动作。该层直接与传感器和执行器相连接，具体的执行情况反馈给上一层的协调控制器，用来进行规划调整。在该层，规划周期为 50ms，每 5ms 输出一次控制信号。

5.5.3　无人艇自动航行系统分层递阶结构设计

按照分层递阶结构设计原理，对无人艇的自动航行系统进行具体设计。通过对自动航行功能进行层次分解，提出了如图 5-27 所示的基于模块化的具有三层结构的无人艇自动航行控制系统。三个层次分别是航行规划层、任务协调层和操作执行层。此外还预留了人机接口，设置了专用的系统监控模块。实时的碍航物及危险目标、无人艇航行状态和位置信息由无人艇上搭载的导航定位模块提供，环境信息采集模块支持对环境的感知和处理。

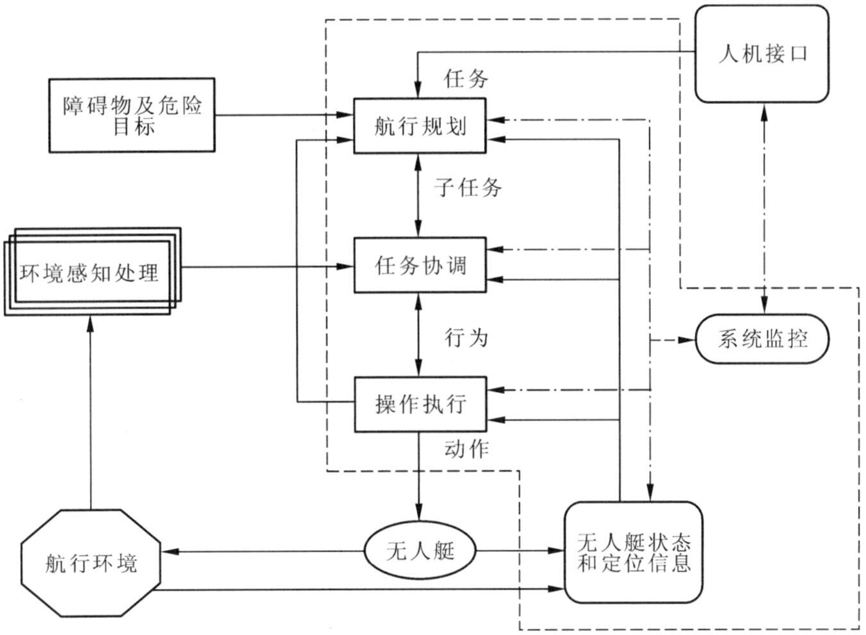

图 5-27　无人艇自动航行系统层次结构设计图

图 5-27 所示的自动航行系统的三个层次均按照实时控制结构来划分，分别负责完成不同层次的任务，从上到下任务范围依次缩小。其中，航行规划层接受来自用户的航行指令，将其分解成一系列的子任务，完成从任务到子任务的映射。任务协调层负责将子任务分解成一组行为序列，实现子任务到行为的映射。操作执行层负责将具体的行为序列变成实际的执行器操作，实际控制航向和航速的改变。

系统各层次在任务规划周期、海图范围、所关注的环境信息、控制算法以及对完成航行任务所担负的责任等多方面均有所区分。在该系统中，监控模块作为一个独立的模块，与各层均保持联系，负责收集和监督系统的运行信息，在出现紧急情况时调节系统的运行参数，避免发生航行事故。无人艇的航行状态信息和位置信息以及航行环境的感知处理结果实时地提供给各层，供各层进行控制决策使用。

(1) 航行规划层

航行规划层是自动航行系统的最高层，具有最高的智能，相当于分层递阶结构中的组织层。该层负责接收用户下达的任务指令，即航行指令。利用电子海图中的数据库，综合分析周围的航行环境状况以及自身的状态信息，规划生成不同的航行计划，这些航行计划是以相连的航路点形式存在的，每一个航行计划都是一系列的子任务，针对不同的航行计划计算所需的时间和安全性等指标，交给任务监控模块进行成本效益分析，通过价值评判选择出一条最优的航行计划。然后任务监控模块根据环境感知结果和无人艇的导航及定位信息确定当前要执行的子任务，下达给任务协调层进行执行，并对任务在下层的执行情况进行监督控制。该层的规划周期为 5s，每 500ms 根据子任务执行情况进行重新规划。海图范围涉及整个任务执行的区域。

(2) 任务协调层

任务协调层针对航行规划层生成的子任务，分解成一系列的行为序列，每一个行为又可进一步分解成可以直接用来操纵无人艇的控制指令，包括对航向和航速的控制，具体就是对发动机输出功率和齿轮箱转速，以及舵机的控制指令。通过改变发动机输出功率和齿轮箱转速，控制航速的改变，转动舵机改变舵角实现航向的改变。在该层，规划时间水平为 500ms，每隔 50ms 对规划的行为序列进行重新规划，海图范围仅限于执行子任务所涉及的区域。来自任务协调层的任务执行情况的反馈信息会反馈给航行规划层，用来调整任务规划。

(3) 操作执行层

操作执行层是该系统的最底层，负责将来自航行规划层的行为控制指令转化成对发动机、齿轮箱以及舵机的直接控制。由传统控制器和控制算法组成，包括航速控制器和航向控制器以及应急操作设备等伺服设备。在这一层，航行规划层的输入最终变成了具体的动作，施加到无人艇上，实现无人艇的自动航行。在这一层，规划时间水平为 50ms，每隔 5ms 输出一次。海图范围仅限于当前操作执行的区域，控制无人艇按照上一个规划周期内的规划航迹运动，无人艇的状态信息和执行信息会通过串口通信实时地反馈给任务协调层和航行规划层。

综上所述，随着系统层次的降低，规划周期和海图范围均按照一定比例降低，同时控制精度相应地提高。在逐步降低智能程度的同时提高了控制精度，每一层的任务和负载都保持在一个合理的范围内，避免系统冗余，不用担心某一层的负载超载。同时针对周围航行环境和无人艇状态的改变，系统可以进行重新规划，实时生成新的规划，避免航行事故发生。至此，无人艇的自动航行功能基本实现。

5.5.4 通用控制节点设计

对无人艇的递阶控制系统采用通用控制节点进行构建。在不同的层次采用通用节点，便于排除故障，诊断程序，提高了软件开发效率，同时也提高了系统的可靠性和稳定性。在满足通用性的基础上，特殊功能的控制节点可以在通用控制节点基础上通过更改或增加部分内容实现。由于无人艇是实时控制系统，因此通用控制节点也应该是实时控制的，简称为 RCS 节点。

RCS 节点在无人艇的控制系统体系结构中表示一个基本的组成单位，在节点内部对传感器信息进行感知处理，建立和更新世界模型，生成预测，对任务规划进行仿真，执行最终确定的规划。RCS 节点具备特定的功能、接口、信息结构和处理算法，以确保智能行为的生成。

如图 5-28 所示，RCS 节点由四个功能进程组成[40]，分别是感知处理、世界建模、价值评判和行为生成，其中世界建模内包括一个知识数据库。这四个进程在节点内部相互联系，共同组成了控制节点。

(1) 感知处理

感知处理作为一个进程，其主要功能包括：对传感器信号和来自下级的反馈信息进行检测和测量，对信号中包含的实体和事件进行判别和分类，最终提取出关于外部世界的有用信息，帮助世界模型更新关于外部世界的内部模型，为后续的信息处理做准备。感知处理相当

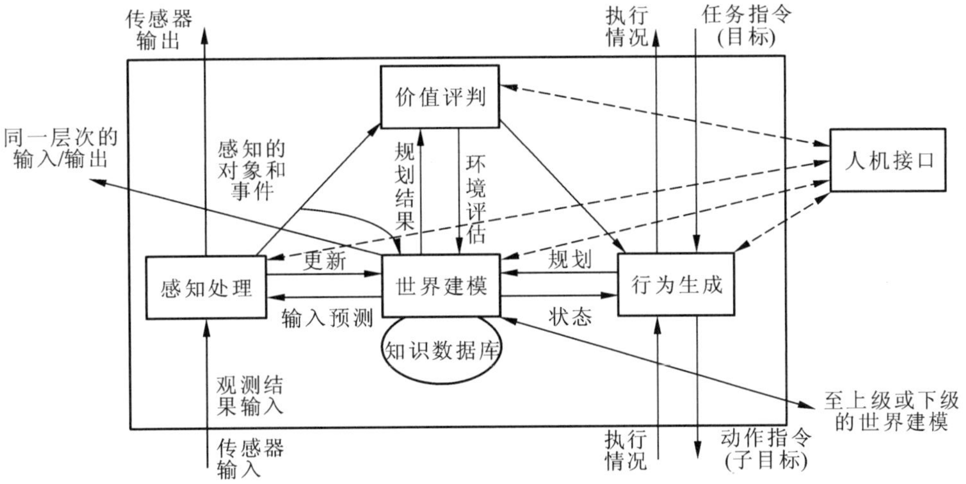

图 5-28　RCS 节点内部结构

于人利用各种感觉器官对外部环境进行感知。感知处理在对观测数据的特征和属性进行计算的同时，会与来自世界模型的预测值进行比对。观测数据和预测数据之间的相关性用来帮助检测事件，识别实体和状态。二者之间的差异用来更新世界模型，当世界模型和外部世界符合时就会得到最终的感知结果。

(2) 世界建模

世界建模就是构建和维护对应外部真实世界的内部世界模型的进程。而世界模型就是对外部真实世界的一个内部描述。世界建模的过程就相当于在人脑中构建对外部世界的识别和理解。世界建模作为一个进程，它拥有一个知识数据库，包含对当前外部世界状态最好的评估，可以作为预测传感器反馈和规划未来行动的基础。预测得到的信号可以被感知处理进程使用，用来配置滤波器、遮蔽、窗口显示和相互关系模板、模型匹配和递归估计。在世界估计状态和规划行动的基础上对未来可能采取的计划进行仿真。仿真结果通过价值评判系统进行评估，选择可供执行的最好的计划。

世界模型中的知识数据库是动态的，具有多种解决方案，并可均匀分布在整个系统结点中。作为世界建模的重要组成部分，知识数据库不仅包含相关的数据结构，还包括与世界建模进程一起构成智能系统世界模型的静态和动态信息。与传统的实时控制系统不同，为了提高控制节点的学习能力和决策能力，在对 RCS 控制节点进行设计的过程中，针对节点内部知识数据库存储的内容进行了扩展，内部存储的数据分为三类：长期存储的知识、短期存储的知识以及实时存储的知识。短期存储知识和长期存储知识保留了对环境的记忆和推理，使得下一阶段的任务可以参考。知识数据库相当于人脑中的记忆部分，不再是单纯的缓存，在日后需要时仍旧可以使用。同样的道理，依靠这些新增加的知识提高了节点的学习和推理决策的能力。

(3) 价值评判

价值评判进程，用来计算规划结果的成本和效益，确定规划的重要性，评估规划结果的可靠性，同时对规划结果进行奖励或惩罚，进一步促进了节点的学习能力。价值评判对预测和规划的状态进行评估，确保行为生成可以选择目标并设定优先级。它对经过识别的对象和事件分配价值，同时计算出观测结果、评估结果、预测结果的属性及状态的可信系数。价值评判的优劣对行为生成有着重要的影响。该进程相当于人脑进行决策时的思考比较过程。

(4) 行为生成

行为生成是为了实现行为目标而对行动进行规划和控制的设计进程。行为目标是系统的一种期望状态，表明希望该行为实现或者维持的状态。行为生成使用任务知识、技能和能力，并结合世界模型中的知识来规划和控制适当的行为以求实现目标。行为生成接受的任务指令包括任务目标和优先权，内部架构包括一个规划器和一系列的执行器。任务指令输入到行为生成进程中，规划器模块将每个任务分解成为一系列供下一级行为生成进程执行的相互协调的任务，执行器负责执行。行为生成通过使用先验任务知识，借助价值评判功能和世界建模进程提供的实时信息对方案进行设计和选择，可以找出对智能体执行任务所需的最优的工具和资源分配方案，制定最好的行动序列表(从一个预先设定的启动状态到最终目标状态的最有效的计划)。行为生成通过前馈和反馈误差补偿控制行动。

在 RCS 控制节点中，感知处理、世界建模和行为生成彼此之间相互联系，在传感器测量和发布任务指令之间构成了一个动态的反馈控制回路。同时行为生成、世界建模以及价值评判之间的内部联系使得可以对未来的行动进行协商规划和推理。感知处理、世界建模和价值评判之间的内部联系使得知识获取、状态评估和学习成为可能。在感知处理进程内，来自传感器和低等级节点的观测结果输入和由世界建模生成的预测结果进行比较。世界建模进程使用观测结果和预测结果之间的误差来更新知识数据库。这样可以执行类似卡尔曼滤波的递归建立进程。在行为生成进程内，来自上级的任务目标和存储在知识数据库内的世界状态进行比较。行为生成进程通常包括规划和执行两个功能。节点内部的知识数据库内的信息可以与位于同一层次的节点进行交换，这是为了确保同步以及信息共享。同时，在同一个节点内的任意两个进程之间都可以通过人机接口进行通信。

RCS 节点向上与发布任务命令的高等级的节点相连，向其提供传感器信息，并且汇报任务的执行情况。同样地，向下与一个或者多个低等级的节点相连，向这些节点下达命令，同时接收传感器信息和它们的任务执行情况。同一层次之间的节点都可以进行信息交互。

通用的 RCS 节点集合可以用来构建分布式的分层递阶控制系统。每一个节点都对应一个功能单元。节点的位置决定了它的属性，可以是执行器，也可以是子系统，也可以是无人艇整体部分。每一个通用节点都可以作为一个智能的自治控制器存在和使用。

参考文献

[1] 田勇. 水面无人艇运动控制系统设计与实现[D]. 大连：大连海事大学，2016.

[2] 陶永华. 新型 PID 控制及其应用[M]. 北京：机械工业出版社，1998.

[3] ZIEGLER J G, NICHOLS N B. Optimum settings for automatic controllers. trans[J]. ASME, 1942 (64): 759-768.

[4] 薛定宇，赵春娜. 分数阶系统的分数阶 PID 控制器设计[J]. 控制理论与应用，2007，24(5):

771-776.

[5] 刘剑,陈建,邬连学. 一种数字 PID 控制算法分析[J]. 承德石油高等专科学校报，2007(3)：11-13,20.

[6] 高彬娜. 数字 PID 控制在运动控制系统中的应用[J]. 中国电子科学研究报，2006(6)：564-567.

[7] 历风满. 数字 PID 控制算法的研究[J]. 辽宁大学学报(自然科学版)，2005(4)：85-88.

[8] 刘建东，张栾英，谷俊杰. 数字 PID 控制系统的鲁棒性分析与设计[J]. 华北电力大学学报，2003(6)：30-33.

[9] 曹平军，曲林伟，王强，等. 某驱动步进电动机增量 PID 控制研究[J]. 舰船电子工程，2017，37(8)：162-164.

[10] 李世光，申梦茜，王文文,等. 一种 Mecanum 轮式移动平台增量 PID 控制系统设计[J]. 山东科技大学学报(自然科学版)，2016，35(1)：86-90,96.

[11] 罗天资，陈卫兵 ,邹豪杰，等. 直线电机模糊增量 PID 控制算法的研究[J]. 测控技术，2011，30(2)：56-59.

[12] 姜尚，田福庆，梁伟阁,等. 基于干扰观测器与模糊前馈补偿的随动系统 PID 控制策略[J]. 火炮发射与控制学报，2017，38(2)：29-34.

[13] PORTER B,KHAKI S A. Design of digital set-point tracking PID controllers for warships[C]//Proceedings of IEEE Colloquium on Control in the Marine Industry. London:[s. n.]，1988:1-3.

[14] BIBULI M，BRUZZONE G，CACCIA M，et al. Path-following algorithms and experiments for an unmanned surface vehicle[J]. Journal of Field Robotics，2009，26(8)：669-688.

[15] SOLTAN R A，ASHRAFIUON H，MUSKE K R. State-dependent trajectory planning and tracking control of unmanned surface vessels[C]//Proceedings of the American Control Conference. Chicago：[s. n.]，2009：3597-3602.

[16] AGUIAR A P，HESPANHA J P. Logic-based switching control for trajectory-tracking and path-following of underactuated autonomous vehicles with parametric modeling uncertainty [C]//Proceedings of the American Control Conference. Boston:[s. n.]，2004：3004-3010.

[17] 高志强. 自抗扰控制思想探究[J]. 控制理论与应用，2013，30(12)：1498-1510.

[18] 刘文江，隋青美，周风余. 基于自抗扰控制技术的船舶直线航迹控制器设计[J]. 山东大学学报(工学版)，2010，40(6)：48-53.

[19] 贾超. 基于神经网络的多模型自适应控制方法研究[D]. 北京:北京科技大学，2017.

[20] 许昌，吕剑虹，程明，等. 一种神经网络 PID 自适应控制及其应用研究[J]. 控制工程，2007(3)：284-286.

[21] MORARI M，ZAFIRIOU E. Robust process control[M]. Englewood：Prentice Hall，1991.

[22] 郑恩让，阮士涛，王黎. 基于失配模型的内模控制器的设计[J]. 控制工程，2016，23(4x)：532-537.

[23] BOUZID Y，SIGUERDIDJANE H，BESTAOUI Y. Nonlinear internal model control applied to VTOL multi-rotors UAV[J]. Mechatronics，2017，47：49-66.

[24] 赵志诚，文新宇. 内模控制及其应用[M]. 北京：电子工业出版社，2012.

[25] 唐晏，孙优贤. 多变量过程的专家系统控制[J]. 信息与控制，1997(4)：1-7.

[26] VELAGIC J，VVKIC Z，OMERDIC E. Adaptive fuzzy ship autopilot for track-keeping[J]. Control Engineering Practice，2003，11(4)：433-443.

[27] 邱东强，涂亚庆. 神经网络控制的现状与展望[J]. 自动化与仪器仪表，2001(5)：3-9.

[28] 陈根妃，符雪桐. 人工神经网络控制的 Sigmoidal 函数研究[J]. 系统仿真学报，1996(4)：26-30.

[29] 刘程. 船舶路径跟踪与减横摇综合控制研究[D]. 上海：上海交通大学，2015.

[30] 刘文江，隋青美，周风余，等. 基于自适应模糊滑模控制的船舶航向控制器设计[J]. 信息与控制，2012，41(2)：136-141.

[31] TRAN N H，CHOI H S，BAEK S H，et al. Tracking control of an unmanned surface vehicle[M]// AETA 2013：Recent Advances in Electrical Engineering and Related Sciences. Berlin：Springer-Verlag，2014：575-584.

[32] 李铁山，杨盐生，郑云峰. 不完全驱动船舶航迹控制输入输出线性化设计[J]. 系统工程与电子技术，2004，26(7)：945-948.

[33] 周佳加，郭少彬，贾鹤鸣，等. 基于自适应神经网络的 UUV 航速控制仿真研究[J]. 船舶工程，2013，35(6)：72-75.

[34] 周耀庭，谢成祥，李骏，等. 舰船航速模糊控制系统仿真研究[J]. 系统仿真报，1999(4)：68-71.

[35] LI C，ZHAO Y，WANG G，et al. Adaptive RBF neural network control for unmanned surface vessel course tracking[C]// 2016 Sixth International Conference on Information Science and Technology (ICIST). Piscataway：IEEE，2016：285-290.

[36] PENG Z，WANG D，WANG W，et al. Neural adaptive steering of an unmanned surface vehicle with measurement noises[J]. Neurocomputing，2016，186：228-234.

[37] 蔡自兴，余伶俐，肖晓明. 智能控制原理与应用[M]. 北京：清华大学出版社，2014.

[38] Saridis G N. Intelligent robotic control[J]. Automatic Control IEEE Transactions on，1983，28(5)：547-557.

[39] 燕聃聃. 基于吊舱推进的小型水面无人艇航迹控制研究[D]. 武汉：武汉理工大学，2017.

[40] 王亚周. 水面无人艇可靠控制系统设计与实现[D]. 武汉：武汉理工大学，2018.

第 6 章　水面无人艇目标识别与位姿测量

在无人艇的设计研究中包含自动控制技术、计算机技术、人工智能技术和全球卫星通信技术。无人艇作为一个复杂的软硬件结合系统，其自主运行需要感知预测模块、决策规划模块以及控制执行模块等多个部分协同配合工作[1,2]。其中环境感知与位姿测量是无人艇系统的基础和关键环节。

目前环境感知与位姿测量模块主要通过各类传感器实现。无人艇的环境感知是指从传感器探测的数据中计算周边环境的物体和属性，水面无人艇的目标识别是环境感知中最主要的部分[3]。无人艇的位姿测量是指通过惯性导航系统、GPS 系统获取本船的位置、速度及姿态信息等。

6.1　基于毫米波雷达的水面目标检测

6.1.1　水面目标信息采集系统构建

进行目标检测与跟踪的前提是准确地采集水面目标信息，这些信息既包括水面目标的相对距离和速度等状态信息，又包括用于拍摄水面场景的视频信息。基于毫米波雷达的目标原始数据采集系统，具备信息显示与信息存储等功能。

(1) 毫米波雷达

毫米波雷达[4] 是水面目标信息采集系统的主要组成部分，最多可同时探测 40 个目标，配备专用的控制器。毫米波雷达具有体积小、抗干扰能力强、探测稳定等特点。雷达实物图如图 6-1 所示，左侧为雷达控制器，右侧为毫米波雷达探头。

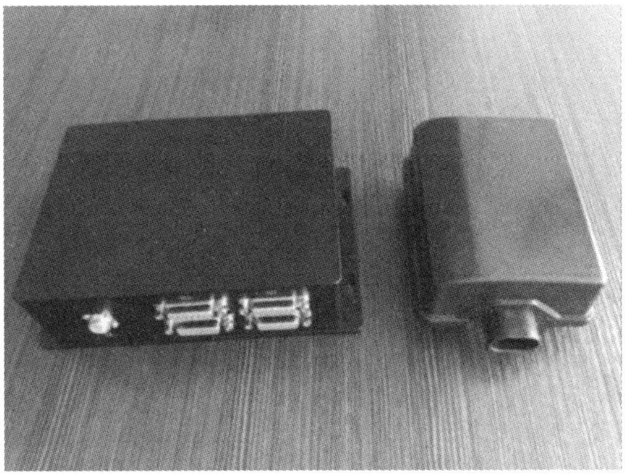

图 6-1　毫米波雷达控制器及探头

毫米波雷达的探测波分为短距离波和长距离波两种。其中长距离波探测范围为 200m/±10°；短距离波探测范围为 60m/±30°。长距离波探测主要捕捉远处目标，提高检测距离；短距离波探测主要扩展雷达视角，减少探测盲区。毫米波雷达探测范围如图 6-2 所示；毫米波雷达的主要技术指标如表 6-1 所示。

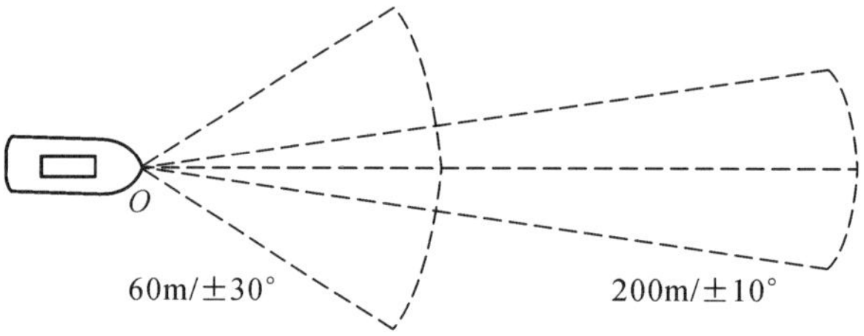

图 6-2　毫米波雷达探测范围示意图

表 6-1　毫米波雷达主要技术指标

名称	数值
工作频率	77GHz
有效探测距离	0 ～ 200m
测距精度	短距离 0.25m、长距离 0.5m
有效探测角度	短距离 ±30°、长距离 ±10°
测角分辨率	短距离 ±0.1°、长距离 ±0.2°
垂直视角	4.3°
测速范围	−25m/s ～ 73.5m/s
探测周期	80ms
同时探测目标数量	40 个
虚警概率	10^{-6}

（2）增稳云台

水面无人艇与路上车辆等载体运动不同，其航行时会受到风、浪、流的影响，导致载体起伏和晃动大，易造成目标丢失现象。为了解决此类问题，可将毫米波雷达安装于两轴陀螺仪增稳云台上，实现无人艇在横摇和纵倾两个方向的运动补偿。雷达探测面与无人艇首向保持垂直。增稳云台由陀螺仪、刚性固定支架、控制器及伺服电机等构成，其外观如图 6-3 所示。

（3）视觉传感器

视觉传感器用于记录无人艇航行过程中目标形状、外观等信息，方便对采集的雷达数据进行对比分析。摄像头实物如图 6-4 所示。

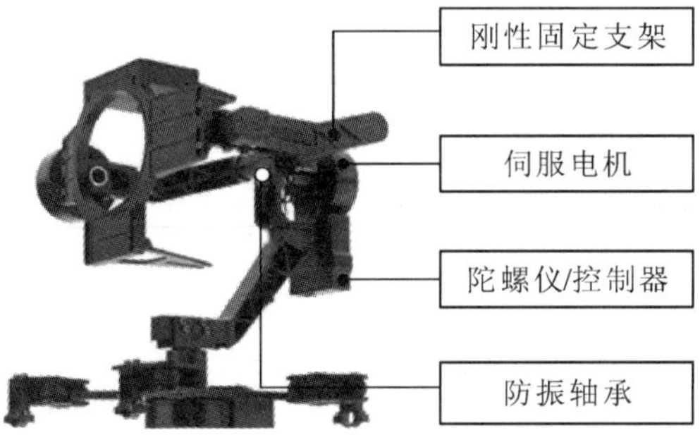

图6-3　陀螺仪增稳云台外观图

图6-4　摄像头

因此,毫米波雷达硬件平台实现了对水面目标信息的采集,系统框图如图 6-5 所示。图中毫米波雷达探测的数据经过雷达控制器处理后将CAN数据转换为USB串口数据,通过数据线上传到无人艇载计算机;摄像头的数据经过网口上传到无人艇载计算机。

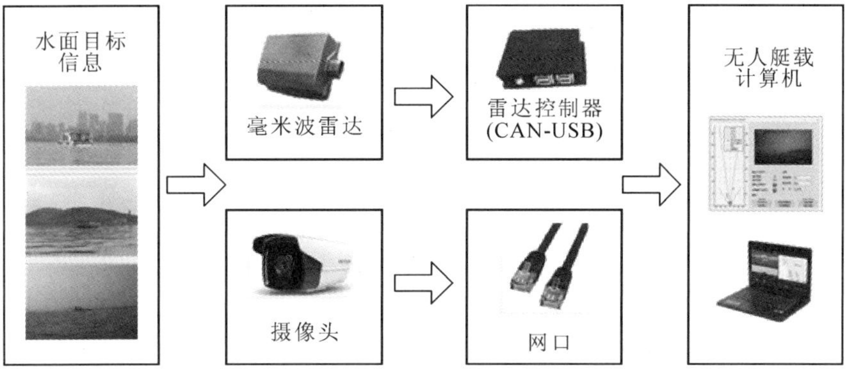

图 6-5　采集系统组成图

6.1.2　水面目标检测

经无人艇载水面目标采集系统采集的毫米波雷达原始数据需要进行解析,从中提取出有用信息。雷达探测的原始数据含有大量的杂波与虚假信号,为去除这些干扰,需要进行目标检测处理。首先根据雷达控制器内置的物体存在概率数据位进行目标初选,再去除雷达探测范围之外的无效目标,最后根据数据帧之间的连续性关系去除部分跳变过大的数据点,最终实现对目标的检测。目标检测原理如图 6-6 所示。

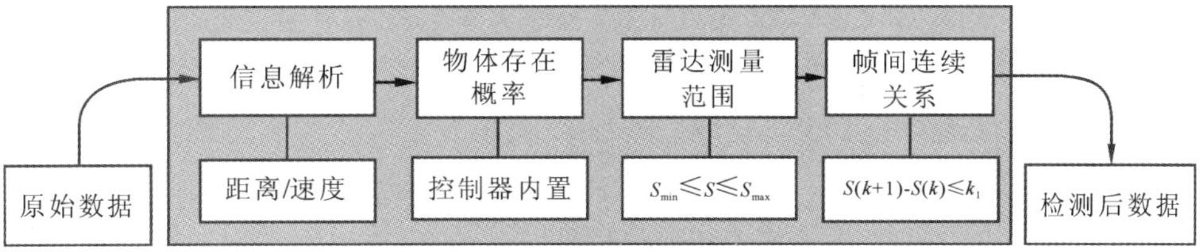

图 6-6　目标检测原理图

6.1.2.1　水面目标信息解析

(1) 毫米波雷达坐标系

进行雷达数据处理的首要问题是建立探测坐标系，常用的雷达探测坐标系主要有三种：直角坐标系、极坐标系和混合坐标系。一般情况下雷达探测的数据为极坐标下的数据，因毫米波雷达配备专用的控制器，经过雷达控制器解析后的雷达数据可直接转化为直角坐标系下的数据，船舶首向为 X 轴方向，垂直于该方向的为 Y 轴方向。毫米波雷达的前端为天线阵列，可发射多条电磁波，一个扫描周期内可以返回多个测量点。毫米波雷达探测示意如图 6-7 所示。

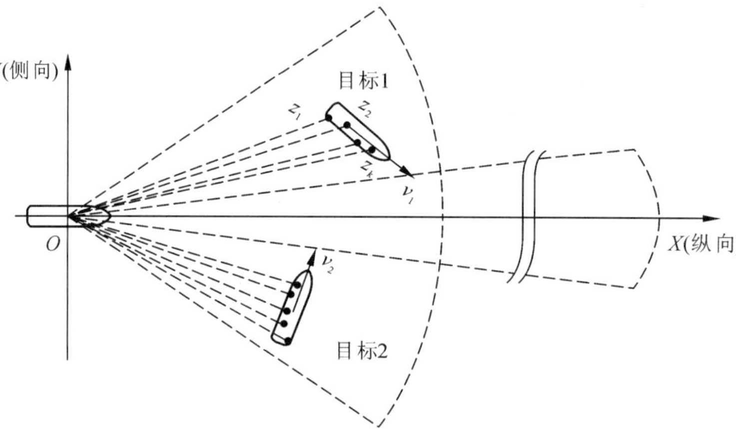

图 6-7　毫米波雷达探测示意图

(2) 数据帧格式

经过雷达控制器输出的数据采用专用的数据帧格式，根据通信协议可以解析出目标的距离与速度等基本信息。毫米波雷达控制器返回的数据帧由两种不同的帧构成，雷达在一次扫描后首先返回一条设备工作状态数据，然后返回 n 个目标实时数据。这两种数据基本格式相同，其基本组成如表 6-2 所示。

表 6-2　控制器输出帧格式

起始标志	帧类型	数据信息	校验码	结束标志
&	3byte	19byte	2byte	|

表 6-2 表示毫米波雷达控制器返回数据类型的基本格式，其组成包括起始标志、帧类型、数据信息、校验码和结束标志等几部分。该输出数据帧根据中间数据信息位的不同可以分为两种：一种是表示设备工作状态的数据，一种是表示目标实时数据的数据。

表 6-3 表示设备工作状态数据组成，主要包括工作模式、雷达探测角度、雷达探测范围、雷达工作状态以及控制器工作状态等信息。表 6-4 表示目标实时数据组成，主要包括目标的 ID 号、纵向距离、侧向距离、物体存在概率、纵向速度及侧向速度等信息。其中物体存在概率是一种控制器中内置的算法，根据轨迹符合性和目标在历史数据中出现的概率计算得到。借助该位信息可以初步去除无效目标和杂波。

表 6-3　设备工作状态数据组成及格式

4 ~ 5 byte	6 ~ 8 byte	9 ~ 11 byte	12 byte	13byte
工作模式	雷达探测角度	雷达探测范围	雷达工作状态	控制器工作状态

表 6-4　目标实时数据组成及格式

4 ~ 5 byte	6 ~ 8 byte	9 ~ 11 byte	16 byte	17 ~ 19byte	20 ~ 22byte
ID	纵向距离	侧向距离	物体存在概率	纵向速度	侧向速度

(3) 信息的解析公式

① 纵向距离:6 ~ 8 byte 字符串对应 16 进制数值乘以 0.1。

② 侧向距离:9 ~ 11 byte 字符串对应的 16 进制数值乘以 0.1 减去 52。

③ 纵向速度:17 ~ 19byte 字符串对应的 16 进制数值乘以 0.0625 减去 128。

④ 侧向速度:20 ~ 22byte 字符串对应的 16 进制数值乘以 0.25 减去 32。

6.1.2.2　水面无效目标去除

由于雷达回波信号含有大量的噪声以及杂波,因此需要去除这些干扰,以减少后续目标跟踪的计算量和目标跟踪的误差。首先,利用雷达控制器内置的物体存在概率对虚假目标进行初步滤除。其次,根据雷达测量范围限制来去除雷达探测范围之外的无效目标。长距离雷达参数:探测距离范围 200m,探测角度范围 20°;短距离雷达参数:探测距离范围 60m,探测角度 60°。因此有效的目标应满足以下条件:

① 纵向距离 x 在毫米波雷达的探测范围内,即 $x_{min} \leqslant x \leqslant x_{max}$;

② 侧向距离 y 在毫米波雷达的探测范围内,即 $y_{min} \leqslant y \leqslant y_{max}$;

③ 纵向速度 v_x 在毫米波雷达的探测范围内,即 $v_{xmin} \leqslant v_x \leqslant v_{xmax}$;

④ 侧向速度 v_y 在毫米波雷达的探测范围内,即 $v_{ymin} \leqslant v_y \leqslant v_{ymax}$。

毫米波雷达两次数据采集时间间隔为 80ms。可以认为在这一时间段内目标动态特性不会发生较大变化,即纵向距离 x、侧向距离 y、纵向速度 v_x、侧向速度 v_y 会保持在一定的范围内。根据两次采集之间的关系对数据进行处理,以滤除无效目标。有效目标满足公式(6-1)。

$$\begin{bmatrix} x(k+1) \\ y(k+1) \\ v_x(k+1) \\ v_y(k+1) \end{bmatrix} - \begin{bmatrix} x(k) \\ y(k) \\ v_x(k) \\ v_y(k) \end{bmatrix} \leqslant \begin{bmatrix} k_1 \\ k_2 \\ k_3 \\ k_4 \end{bmatrix} \tag{6-1}$$

考虑相对距离以及目标可能的相对速度,设定距离阈值为 k_1 和 k_2、速度阈值为 k_3 和 k_4。选取合适的阈值可以对无效目标进行滤除。

6.1.2.3　毫米波雷达目标检测效果

利用 iNva 系无人艇在湖北省武汉市东湖水域进行数据采集实验。毫米波雷达安装于无人艇船头甲板位置,尽量靠近无人艇中轴线,距离水面高度在 0.3 ~ 0.6m 之间。另外为避免雷达波束受到扭曲和衰减,安装时须确保雷达的探测面无金属遮挡物。同时安装时还应保证雷达的探测面与大地保持垂直。船舶振荡问题是影响雷达稳定探测的一个重要因素。为此本研究中添加陀螺仪增稳云台来消除或减轻水面波动引起的船舶振荡和雷达姿态变化。视觉摄像头安装于雷达上方,方便采集水面视频信息。整体传感器安装方式如图 6-8 所示。

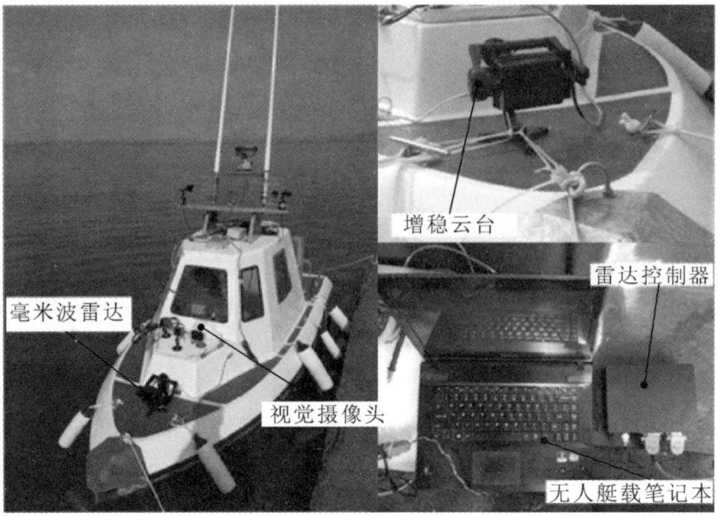

图 6-8　毫米波雷达安装示意图

为测试毫米波雷达对不同水面目标的检测效果，利用该无人艇平台进行了数据采集实验。实验时考虑到船舶航行安全，本船以 1 ～ 2m/s 的速度行驶，目标在本船前方 20 ～ 200m 的范围内。将水面目标分为静止目标和移动目标两种，分别进行目标检测实验。

（1）静止目标检测效果

静止目标主要包括水中礁石、航行标志物、水面作业平台以及近岸建筑物等。如图 6-9 所示为水面无人艇分别接近不同静止目标的探测效果图。

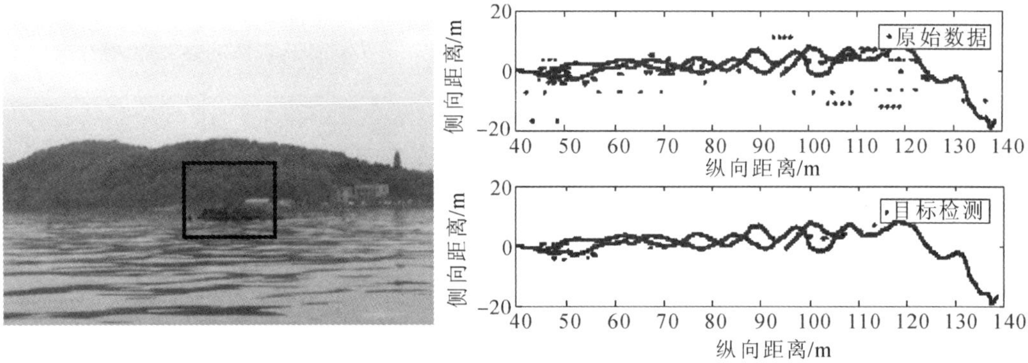

(a)

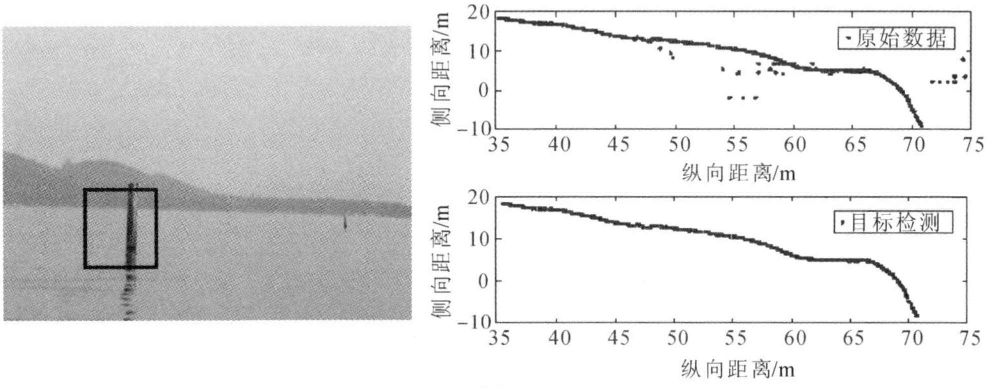

(b)

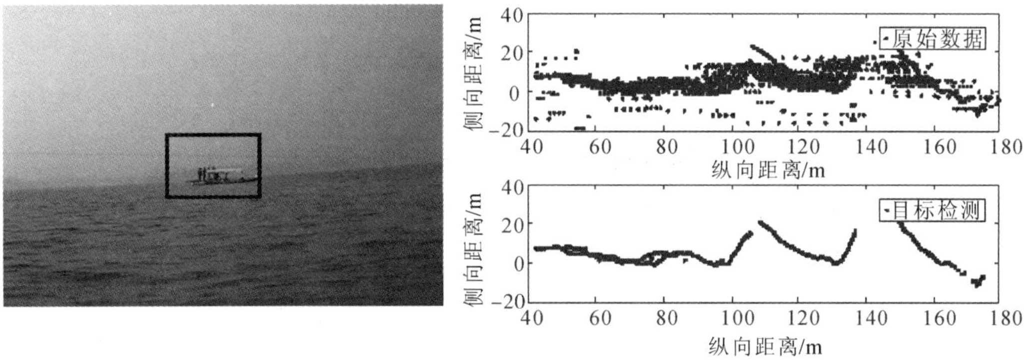

(c)

图 6-9　静止目标检测效果

(a) 水面礁石；(b) 水面航行标志物；(c) 水面作业平台

实船实验数据显示，毫米波雷达可以检测到静止的礁石、航行标志物及水面作业平台等目标。利用物体存在概率、雷达测量范围及数据帧间连续性关系可以有效地去除水面杂波等虚假目标，从而得到较为精确的目标状态信息。在实验中发现由于水面礁石和作业平台等目标形状较大，其雷达反射面较大，同一目标会出现多条轨迹，而航标等小型目标未出现该现象。

(2) 移动目标检测效果

移动目标主要包括水中航行的各类船舶。实验中分别测试了大型游轮、小型游船及高速艇的目标检测效果。实验效果如图 6-10 所示。

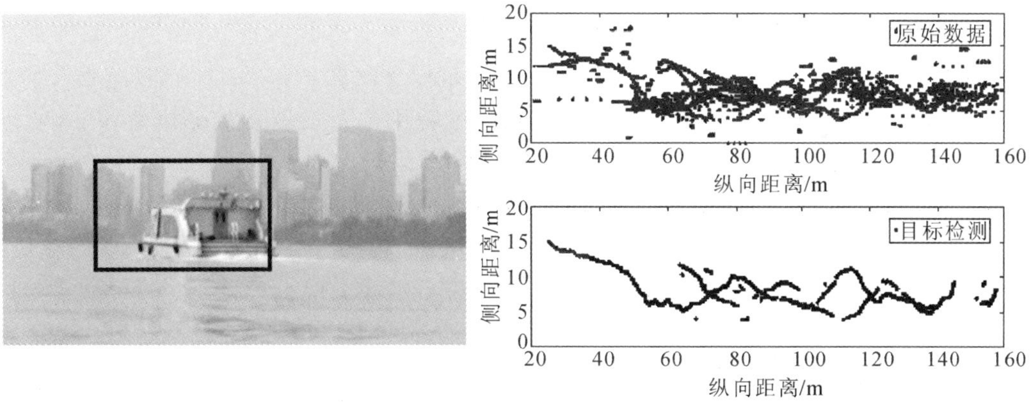

(a)

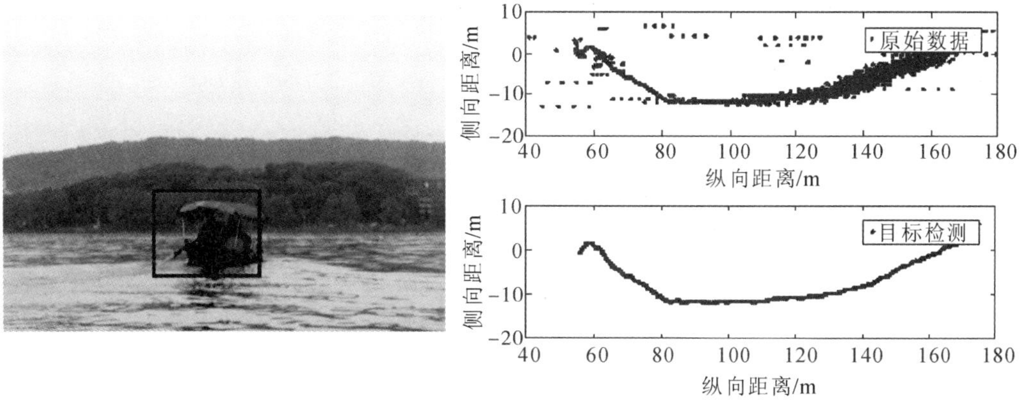

(b)

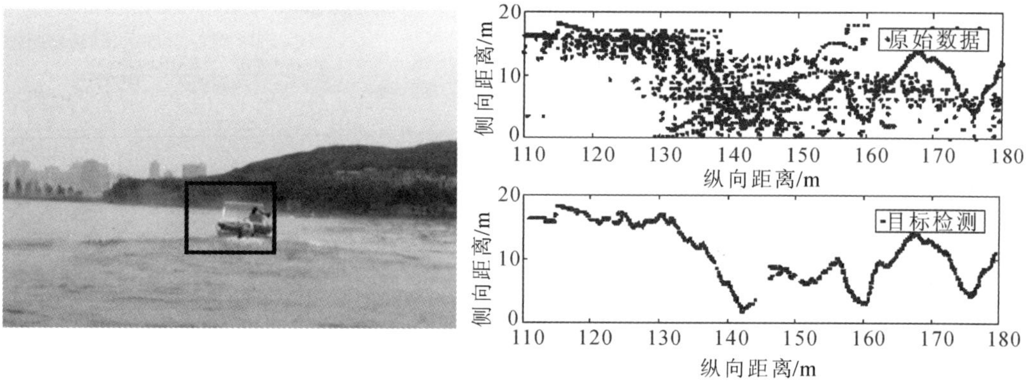

(c)

图 6-10　移动目标检测效果

(a) 水面大型游轮；(b) 水面小型游船；(c) 水面高速艇

与静止目标类似，小型游船和高速艇等水面移动目标因体积和反射面较小，故雷达探测形成的轨迹点集中。但大型游轮等水面目标，其体积和反射面较大，毫米波雷达将其区分为不同的目标点，导致目标探测轨迹点出现碎片化现象。

6.1.2.4　目标检测总结

实验显示毫米波雷达能够探测到无人艇前方 200m 范围内多类水面目标，这对于实现无人艇的稳定导航和自主避碰至关重要。这些目标既包括水中的礁石、水面航行标志物等静止目标，也包括水面小型游艇、大型游船、高机动性的快速游艇等移动目标，甚至水面的浮球也可以间歇性地检测出来。在进行目标检测实验时发现以下问题：

(1) 水面镜面反射引起的杂波干扰；船舶行驶过程中浪花反射及船舶尾流等影响；航行水域水质环境较差，有大量漂浮物，会出现间歇性轨迹。

(2) 当船舶航行过程中船体晃动较大时，部分目标可能会超出毫米波雷达检测范围，导致检测到的目标轨迹出现间断。

(3) 虽然毫米波雷达内置聚类算法[5]，但水面目标和路上目标不同。水面目标外形较大，导致同一目标的几个点被检测到。

为解决以上问题，在以下章节介绍目标聚类理论算法和目标跟踪理论算法，对检测后的毫米波雷达数据进行进一步处理，从而得到真实、准确、连续的目标状态信息。

6.1.3　水面目标聚类

毫米波雷达的俯仰角较小，其探测区域可看作是在某一平面进行探测的扇形扫描区域，且可根据返回的数据解析得到目标点的速度和距离信息。由于这些返回的扫描点有的来自同一个目标，有的来自不同目标，为了更好地区分目标信息，将属于同一目标的不同点进行归类，从而得到一类数据点，再对同一类的数据点进行处理。经过以上步骤可以实现将多个碎片化的点迹转换为能代表目标运动的单一轨迹点。解决这一问题常用的方法是利用聚类算法[6] 进行目标点聚类分析。

一般而言，毫米波雷达工作时是以一定的周期进行探测的，同一扫描周期内，如果返回的点属于同一目标，则这些点必然是距离相近且速度相近的点。利用两点之间的距离和速度关系，可以判断返回点是否属于同一物体。当确定这些点属于同一物体时，对这些点的距离和速度取均值。图 6-11 为聚类算法示意图。

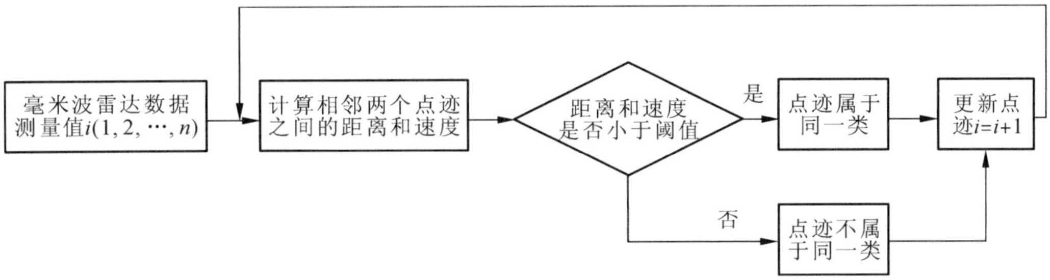

图 6-11　目标聚类算法示意图

距离 D_i 和速度 V_i 为雷达同一扫描周期内两点 $Q_{i-1}(s_{i-1}, s_{i-1})$ 和 $Q_i(s_i, s_i)$ 之间的距离和速度，其计算公式为

$$\begin{cases} D_i = \sqrt{(x_i - x_{i-1})^2 + (y_i - y_{i-1})^2} \\ V_i = \sqrt{(vx_i - vx_{i-1})^2 + (vy_i - vy_{i-1})^2} \end{cases} \tag{6-2}$$

如果距离 D_i 小于阈值 d 且速度 V_i 小于阈值 v 则取两点之间的均值，将取均值后的点与另一相邻点进行比较，直至判断不满足阈值条件，该次聚类完成。

为验证上文提出的聚类算法是否有效，以水面礁石和水面作业平台等大型水面目标为例进行聚类处理，设置聚类阈值 d 为 8m，速度阈值 v 为 0.2m/s。聚类对比图如图 6-12 所示。

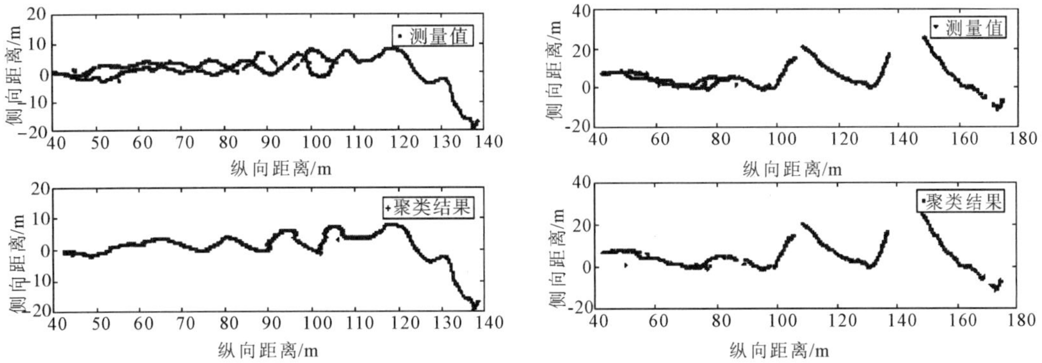

图 6-12　聚类结果

(a) 水面礁石；(b) 水面作业平台

可以发现经过聚类取均值后的目标轨迹更为集聚，有利于目标跟踪处理。图中存在的单一的噪声点可以通过后续目标跟踪去掉。

6.2　基于毫米波雷达的水面目标跟踪

6.2.1　目标跟踪基础知识

目标跟踪是对接收到的目标当前量测值进行处理，以获得目标当前的时刻状态并预测未来时刻状态的过程。目标状态通常包括目标的各种运动类型以及描述运动的各类参数。目标跟踪主要包括滤波与预测、跟踪门的形成、数据关联、航迹管理等四个组成部分[7]。其基本过程如图 6-13 所示。

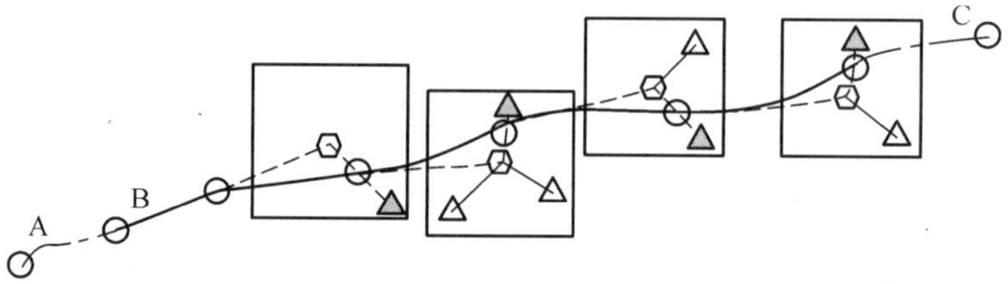

图 6-13　目标跟踪原理

上图中黑色曲线为目标运动轨迹；六边形表示目标的预测位置；三角形为目标的量测，实心三角形为目标数据关联确认后的量测，空心三角形为未关联的量测；圆为根据量测值和预测值确定的最优状态估计位置；矩形表示跟踪门。整个跟踪过程可以分为 A 阶段跟踪的起始，B 阶段跟踪的维持，C 阶段跟踪的删除。

滤波与预测是目标跟踪系统中的基本环节，利用该部分可以实现对目标当前或未来的运动位置、速度、加速度的估计。常用的目标滤波与预测算法包括 α、β 滤波，卡尔曼滤波，扩展卡尔曼滤波和无迹卡尔曼滤波等[8-10]。

跟踪门是确定下一时刻目标量测值可能出现范围的一片区域，它以被跟踪目标预测位置为中心。确定跟踪门时应该保证真实的量测更多地落入跟踪门内，同时尽可能地减少虚假量测落入跟踪门内。常用的跟踪门有椭圆跟踪门、矩形跟踪门和环形跟踪门三种。

数据关联是目标跟踪的核心部分，它是将现有量测匹配到已经建立航迹的过程。良好的数据关联算法是确定目标真实航迹的重要保证。常用的航迹关联有基于贝叶斯理论的最近邻算法、概率数据关联算法等[11]。

航迹管理是对航迹进行增删的过程，包括航迹起始、航迹维持和航迹终结。常用的航迹起始算法有直观法、逻辑法和 Hough 变换法等。航迹终结算法有全邻贝叶斯算法、跟踪门法和代价函数法等。不同的航迹起始和终结算法有不同的效果，具体应用时应结合实际情况进行选取。

6.2.2　目标跟踪基本原理

6.2.2.1　滤波与预测

(1) 目标运动模型

准确地进行目标滤波与预测的关键是建立合理的目标运动模型，目标运动模型的好坏直接影响整个跟踪过程。目前常用到的跟踪模型有常速度模型(CV)、常加速模型(CA)、加加速度模型(CJ)以及用于机动目标跟踪的各类机动模型。描述目标运动模型时，一般不考虑目标的形状，而将其简化为空间内的一个点。在二维坐标系内，目标物体的运动模型可以表示为：

$$\begin{cases}\boldsymbol{X}(k+1)=\boldsymbol{\varphi}(k)\boldsymbol{X}(k)+\boldsymbol{v}(k)\\ \boldsymbol{Z}(k)=\boldsymbol{H}(k)\boldsymbol{X}(k)+\boldsymbol{w}(k)\end{cases}\tag{6-3}$$

其中，$\boldsymbol{X}(k)$ 为状态向量；$\boldsymbol{Z}(k)$ 为量测向量；$\boldsymbol{\varphi}(k)$ 为状态转移矩阵；$\boldsymbol{H}(k)$ 为观测矩阵；$\boldsymbol{v}(k)$ 是系统噪声，它是均值为零，协方差矩阵为 $\boldsymbol{Q}(k)$ 的高斯白噪声；$\boldsymbol{w}(k)$ 是观测噪声，它是均值为零，协方差矩阵为 $\boldsymbol{R}(k)$ 的高斯白噪声。

① 常速度模型(CV 模型)

常速度模型中，将目标的运动模型近似为匀速直线运动，根据匀速直线运动的距离和速度公式计算得到公式(6-3) 中状态参数和量测参数如下：

$$\boldsymbol{X}(k)=[x\quad \dot{x}\quad y\quad \dot{y}]^{\mathrm{T}};\boldsymbol{Z}(k)=[x\quad \dot{x}\quad y\quad \dot{y}]^{\mathrm{T}}$$

$$\boldsymbol{\varphi}(k)=\begin{bmatrix}1&T&0&0\\0&1&0&0\\0&0&1&T\\0&0&0&1\end{bmatrix};\boldsymbol{H}(k)=\begin{bmatrix}1&0&0&0\\0&1&0&0\\0&0&1&0\\0&0&0&1\end{bmatrix}$$

② 常加速模型(CA 模型)

常加速模型主要用来描述加速度变化不大目标运动过程，根据匀加速直线运动的距离和速度公式计算得到式(6-3) 中各个状态参数和量测参数为：

$$\boldsymbol{X}(k)=[x\quad \dot{x}\quad \ddot{x}\quad y\quad \dot{y}\quad \ddot{y}]^{\mathrm{T}};\boldsymbol{Z}(k)=[x\quad \dot{x}\quad y\quad \dot{y}]^{\mathrm{T}}$$

$$\boldsymbol{\varphi}(k)=\begin{bmatrix}1&T&\frac{T^2}{2}&0&0&0\\0&1&T&0&0&0\\0&0&1&0&0&0\\0&0&0&1&T&\frac{T^2}{2}\\0&0&0&0&1&T\\0&0&0&0&0&1\end{bmatrix};\boldsymbol{H}(k)=\begin{bmatrix}1&0&0&0&0&0\\0&1&0&0&0&0\\0&0&0&1&0&0\\0&0&0&0&1&0\end{bmatrix}$$

③ 加加速度模型(CJ 模型)

加加速度模型反映加速度的变化，根据加加速直线运动的距离和速度公式计算得到式(6-3) 中各个状态参数和量测参数为：

$$\boldsymbol{X}(k)=[x\quad \dot{x}\quad \ddot{x}\quad \bar{x}\quad y\quad \dot{y}\quad \ddot{y}\quad \bar{y}]^{\mathrm{T}};\boldsymbol{Z}(k)=[x\quad \dot{x}\quad y\quad \dot{y}]^{\mathrm{T}}$$

$$\boldsymbol{\varphi}(k)=\begin{bmatrix}1&T&\frac{T^2}{2}&\frac{T^3}{6}&0&0&0&0\\0&1&T&\frac{T^2}{2}&0&0&0&0\\0&0&1&T&0&0&0&0\\0&0&0&1&0&0&0&0\\0&0&0&0&1&T&\frac{T^2}{2}&\frac{T^3}{6}\\0&0&0&0&0&1&T&\frac{T^2}{2}\\0&0&0&0&0&0&1&T\\0&0&0&0&0&0&0&0\end{bmatrix};\boldsymbol{H}(k)=\begin{bmatrix}1&0&0&0&0&0&0&0\\0&1&0&0&0&0&0&0\\0&0&0&0&1&0&0&0\\0&0&0&0&0&1&0&0\end{bmatrix}$$

④ 其他目标运动模型

CV 模型、CA 模型、CJ 模型等主要用在目标做机动性不高的低速运动中。在实际情况中，外在环境条件及人为操作指令的变化会引起目标出现快速转弯、避闪等姿态剧烈变化的机动现象，针对该问题机动目标跟踪模型被提出。这一类跟踪算法主要分为具有机动检测的跟踪算法和自适应跟踪算法两类。对应的跟踪模型包括可调白噪声模型、Singer 时间模型、当前统计模型、Jerk 模型以及交互式多模型算法等。

(2) 卡尔曼滤波算法

卡尔曼滤波算法(Kalman Filter,KF) 是常用的跟踪算法，该算法于 1960 年提出后在定位导航、传感器滤波及目标跟踪方面具有广泛的应用。卡尔曼滤波以最小均方差估计为基本原则，采用一套递推算法对系统中的状态向量做出最优估计。卡尔曼滤波算法把目标的运动描述为离散状态方程，其状态方程和量测方程如式(6-4) 所示。

$$\begin{cases}\boldsymbol{X}(k+1)=\boldsymbol{A}(k)\boldsymbol{X}(k)+\boldsymbol{G}(k)\boldsymbol{u}(k)+\boldsymbol{W}(k)\\ \boldsymbol{Z}(k+1)=\boldsymbol{H}(k+1)\boldsymbol{X}(k+1)+\boldsymbol{V}(k+1)\end{cases}\tag{6-4}$$

其中，$\boldsymbol{X}(k+1)$ 为系统在 $k+1$ 时刻的状态量；$\boldsymbol{A}(k)$ 为状态转移矩阵；$\boldsymbol{X}(k)$ 为系统在 k 时刻的状态量；$\boldsymbol{G}(k)$ 为系统控制量矩阵；$\boldsymbol{u}(k)$ 为系统控制量；$\boldsymbol{W}(k)$ 为系统噪声，其协方差为 $\boldsymbol{Q}(k)$；$\boldsymbol{Z}(k+1)$ 为量测向量；$\boldsymbol{H}(k+1)$ 为量测系数矩阵；$\boldsymbol{V}(k+1)$ 为量测噪声。其中，过程噪声和量测噪声均为零均值白噪声，满足公式(6-5)。

$$\begin{cases}E[V(k)V'(j)]=Q(k)\delta_{kj};E[W(k)W'(j)]=R(k)\delta_{kj}\\ \delta_{kj}=\begin{cases}1,k=j\\0,k\neq j\end{cases}\end{cases}\tag{6-5}$$

估计目标在不同时刻的状态是卡尔曼滤波的主要目的之一。所谓估计问题是指系统根据 j 时刻和 j 之前时刻的量测值对 k 时刻的状态 $X(k)$ 做出估计，记为 $\hat{X}(k/j)$，其中根据 k 值和 j 值的不同可以分为以下三种：① 当 $k>j$ 时，利用卡尔曼对未来时刻进行预测；② 当 $k=j$ 时，利用卡尔曼对当前时刻进行滤波；③ 当 $k<j$ 时，利用卡尔曼对过去时刻进行平滑。卡尔曼滤波的递推方程分为预测方程和更新方程两个部分，具体的卡尔曼滤波方程如下：

$$\begin{cases}X(k+1\mid k)=A(k+1\mid k)X(k\mid k)\\ P(k+1\mid k)=A(k+1\mid k)P(k\mid k)\cdot A^{\mathrm{T}}(k+1\mid k)+B(k+1\mid k)Q(k)\cdot B^{\mathrm{T}}(k+1\mid k)\\ X(k+1\mid k+1)=X(k+1\mid k)+K(k+1)[Z(k+1)-H(k+1)X(k+1\mid k)]\\ K(k+1)=P(k+1\mid k)H^{\mathrm{T}}(k+1)[H(k+1)\cdot P(k+1\mid k)H^{\mathrm{T}}(k+1)+R(k+1)]^{-1}\\ P(k+1\mid k+1)=[I-K(k+1)H(k+1)]P(k+1\mid k)\end{cases}\tag{6-6}$$

其中，第一个方程为状态预测方程；第二个方程为协方差预测方程；第三个方程为滤波方程；第四个方程为卡尔曼增益；第五个方程为协方差更新方程。

利用卡尔曼滤波能够得到系统的最优估计，其具有计算简单、运算速度快、适合实时数据处理的优点。当系统中的噪声为高斯噪声时，卡尔曼滤波是公认的最稳定的滤波算法之一。其他方法可以通过对卡尔曼滤波器进行简化和扩展得出。

(3) 扩展卡尔曼滤波算法

卡尔曼滤波算法利用最小均方误差对目标运动状态进行估计，多用于线性高斯系统中。而在实际场景中大部分系统都是非线性的，此时用于解决非线性问题的扩展卡尔曼滤波算法（Extended Kalman Filter，EKF）被提出。EKF 算法的基本思想是利用泰勒级数展开，将原本非线性的状态转移方程进行线性化。假设系统无控制量，则非线性系统的状态方程和量测方程如下：

$$\begin{cases} X(k+1)=f(k,X(k))+V(k) \\ Z(k+1)=h(k,X(k))+W(k+1) \end{cases} \tag{6-7}$$

在对 EKF 进行泰勒级数展开的过程中，通常将泰勒级数展开式保留到一阶或二阶，三阶以上滤波效果较二阶扩展卡尔曼未出现明显改善。虽然二阶扩展卡尔曼滤波的效果要好于一阶，但其计算复杂、算法运行时间长，故主要介绍一阶扩展卡尔曼滤波算法。具体的扩展卡尔曼滤波公式如下：

$$\begin{cases} X(k+1\mid k)=f[k,X(k\mid k)] \\ P(k+1\mid k)=f_x(k)P(k\mid k)f'_x(k)+Q(k) \\ Z(k+1\mid k)=h[k+1-X(k+1\mid k)] \\ S(k+1)=h_X(k+1)P(k+1\mid k)h_X{}'(k+1)+R(k+1) \\ K(k+1)=P(k+1\mid k)h_X{}'(k+1)+S^{-1}(k+1) \\ X(k+1\mid k+1)=X(k+1\mid k)+K(k+1)\{Z(k+1)-h[k+1,X(k+1\mid k)]\} \\ P(k+1\mid k+1)=[I-K(k+1)h_X(k+1)]P(k+1\mid k)[I+K(k+1)h_X(k+1)]' \\ \qquad -K(k+1)R(k+1)K'(k+1) \end{cases} \tag{6-8}$$

其中，第一个方程为一阶扩展卡尔曼滤波的状态预测方程；第二个方程为协方差预测方程；第三个方程为量测预测方程；第四个方程为量测预测对应的协方差；第五个方程为滤波增益；第六个方程为状态更新方程；第七个方程为协方差更新方程。

扩展卡尔曼滤波器的协方差预测公式类似于卡尔曼滤波，但其状态转移矩阵是雅克比矩阵，该矩阵由非线性函数对状态向量求偏导数获得。其状态转移矩阵 $f_x(k)$ 和量测矩阵 $h(k)$ 的雅克比矩阵表示为：

$$f(k+1\mid k)=\frac{\partial f_i}{\partial x_k}=\begin{bmatrix} \frac{\partial f_1}{\partial x_1} & \cdots & \frac{\partial f_1}{\partial x_n} \\ \vdots & \ddots & \vdots \\ \frac{\partial f_n}{\partial x_1} & \cdots & \frac{\partial f_n}{\partial x_n} \end{bmatrix} \tag{6-9}$$

$$h(k)=\frac{\partial h_i}{\partial x_k}=\begin{bmatrix} \frac{\partial h_1}{\partial x_1} & \cdots & \frac{\partial h_1}{\partial x_n} \\ \vdots & \ddots & \vdots \\ \frac{\partial h_n}{\partial x_1} & \cdots & \frac{\partial h_n}{\partial x_n} \end{bmatrix} \tag{6-10}$$

其中，$f_i(i=1,2,\cdots,n)$ 表示 k 时刻的状态转移到 $k+1$ 时刻所采用的非线性函数；x_k 为系统状态向量。

(4) 无迹卡尔曼滤波算法

无迹卡尔曼滤波(Unscented Kalman Filter, UKF) 基于无迹变换提出。无迹变换是一种计算非线性变换的统计特性方法。与扩展卡尔曼滤波不同,无迹卡尔曼滤波不需要忽略高阶项,也不需要计算雅克比矩阵,其利用估计点附近的一系列采样点进行计算。在 UKF 中,状态分布依然假设服从高斯随机分布,用一组最少的确定性采样点来近似。

当随机变量在非线性系统中传递时,这些 sigma 采样点能够很好地呈现该变量的真实均值和方差,并且得到的后验均值和方差的估计精度可以达到二阶。假设将一个二维高斯随机变量经过任意一个非线性函数的传递,采用 UKF 线性化与 EKF 线性化方法计算变换后的随机变量,结果对比如图 6-14 所示。完整的 UKF 的计算步骤如下:

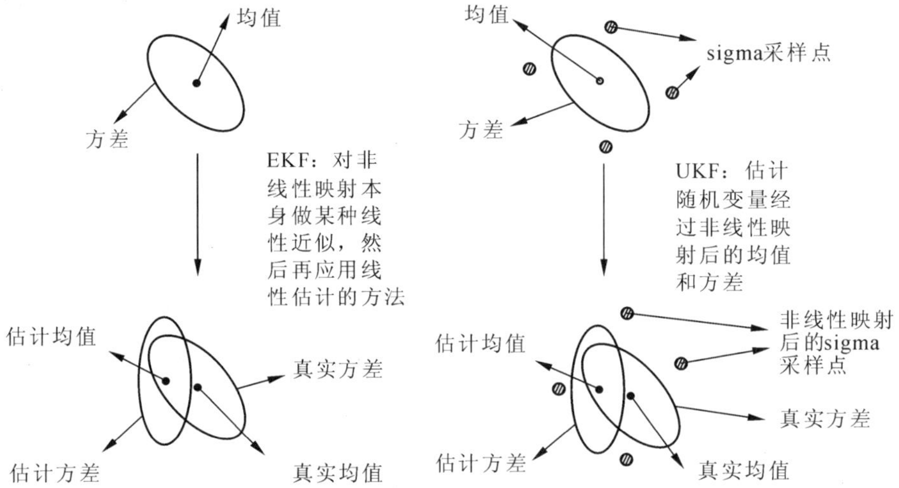

图 6-14　EKF 和 UKF 滤波原理示意图

步骤 1,通过 sigma 采样点对均值为 $\overline{X}$ 协方差为 P_x 的随机变量 X 进行近似选取。假设 X 为 n 维随机变量,首先计算 $(2n+1)$ 个 sigma 采样点 ξ_i 和对应的权重值 W_i。

$$\begin{cases} \xi_0 = \overline{X} & i = 0 \\ \xi_i = \overline{X} + (\sqrt{(n+\lambda)P_x})_i & i = 1,\cdots,n \\ \xi_{i+n} = \overline{X} - (\sqrt{(n+\lambda)P_x})_i & i = 1,\cdots,n \end{cases} \tag{6-11}$$

$$\begin{cases} W_0 = \lambda/(n+\lambda) & i = 0 \\ W_i = 1/[2(n+\lambda)] & i = 1,\cdots,n \\ W_{i+n} = 1/[2(n+\lambda)] & i = 1,\cdots,n \end{cases} \tag{6-12}$$

λ 是一个比例系数,根据需要设置。利用非线性函数得到:

$$y_i = g(\xi_i) \qquad i = 1,\cdots,2n \tag{6-13}$$

y 的估计值和协方差估计为:

$$\bar{y} = \sum_{i=0}^{2n} W_i y_i \tag{6-14}$$

$$P_y = \sum_{i=0}^{2n} W_i (y_i - \bar{y})(y_i - \bar{y})' \tag{6-15}$$

步骤 2，预测方程：

$$\begin{cases}\xi_i(k+1\mid k)=f(k,\xi_i(k\mid k))\\ X(k+1\mid k)=\sum_{i=0}^{2n}W_i\xi_i(k+1\mid k)\\ P(k+1\mid k)=\sum_{i=0}^{2n}W_i[\xi_i(k+1\mid k)-X(k+1\mid k)]\\ \qquad\cdot[\xi_i(k+1\mid k)-X(k+1\mid k)]'+Q\\ \zeta_i(k+1\mid k)=h[k+1,\xi_i(k+1\mid k)]\\ Z(k+1\mid k)=\sum_{i=0}^{2n}W_i\zeta_i(k+1\mid k)\end{cases}\tag{6-16}$$

步骤 3，更新方程：

$$\begin{cases}K(k+1)=P_{zz}P_{xz}^{-1}\\ P_{zz}=R(k+1)+\sum_{i=0}^{2n}W_i[\zeta_i(k+1\mid k)-Z(k+1\mid k)][\zeta_i(k+1\mid k)\\ \qquad-Z(k+1\mid k)]'+R\\ P_{xz}=\sum_{i=0}^{2n}W_i[\xi_i(k+1\mid k)-X(k+1\mid k)][\zeta_i(k+1\mid k)-Z(k+1\mid k)]'\\ X(k+1\mid k+1)=X(k+1\mid k)+K(k+1)[Z(k+1)-Z(k+1\mid k)]\\ P(k+1\mid k+1)=P(k+1\mid k)-K(k+1)S(k+1)K'(k+1)\end{cases}\tag{6-17}$$

对比EKF和UKF的迭代方程可以发现，不计算雅克比矩阵的UKF计算量更小。同时利用无迹变化能更为准确地对非线性函数的均值和方差进行估计。而 EKF 由于忽略了泰勒高次项，其估计精度略低于 UKF。

6.2.2.2　跟踪门

跟踪门是以目标的预测位置为中心来确定量测值可能出现范围的一部分区域。利用跟踪门可以对雷达量测值进行初步验证，并对落入跟踪门内的量测点进行后面的航迹匹配处理。跟踪门的选取直接影响目标航迹的生命周期，当跟踪门过大，会导致落入门内的虚假量测过多，增加计算量，使得航迹处理变得复杂。如果跟踪门的尺寸过小，无法捕捉到正确的量测，导致目标丢失。因此选择合理的跟踪是对目标进行稳定跟踪的重要保证。常用的跟踪门包括椭圆形跟踪门、矩形跟踪门和环形跟踪门。

(1) 椭圆形跟踪门

若传感器测得的目标量测 $Z_c(k+1)$ 满足式(6-18)，则认为量测 $Z_c(k+1)$ 为候选量测，该式也是椭圆跟踪门的判断规则。

$$\begin{aligned}\widetilde{V}_{k+1}(\gamma)&=[Z_c(k+1)-\hat{Z}_c(k+1\mid k)]'S^{-1}(k+1)[Z_c(k+1)-\hat{Z}_c(k+1\mid k)]\\&=v_c{}'(k+1)S^{-1}(k+1)v_c(k+1)\leqslant\gamma\end{aligned}\tag{6-18}$$

其中，参数 γ 由 χ^2 分布表获得，$g=\sqrt{\gamma}$ 称为门的“σ”系数。$\widetilde{V}_{k+1}(\gamma)$ 是与 $Z_c(k+1)$ 同维的，服从 χ^2 分布的随机变量。量测值落入跟踪门的概率取决于γ值和量测维数n_z，图 6-15 给出了椭圆跟踪门的示意图。为简化计算，采用椭圆跟踪门时一般定义归一化阈值常数 G，如果满足以下条件，则认为该量测在跟踪门内：

$$\tilde{V}_{k+1}(\gamma) \leqslant G \tag{6-19}$$

(2) 矩形跟踪门

矩形跟踪门是以目标的预测为中心的一块矩形区域，矩形跟踪门的量测 $Z_c(k+1)$ 的所有分量满足：

$$V_{ci}(k+1) = |Z_{ci}(k+1) - \hat{Z}_{ci}(k+1 \mid k)| \leqslant K_G \sqrt{S_{ij}}, \quad (i = 1,2,\cdots,n_z) \tag{6-20}$$

其中，$V_{ci}(k+1)$ 为新息 $V_c(k+1)$ 的第 i 个分量；$Z_{ci}(k+1)$ 为量测值 $Z_c(k+1)$ 的第 i 个分量；$\hat{Z}_{ci}(k+1 \mid k)$ 为量测的预测值 $\hat{Z}_c(k+1 \mid k)$ 的第 i 个分量；K_G 为跟踪门常数；S_{ij} 表示新息协方差 $S(k+1)$ 的第 i 行、第 j 列的元素。

一般情况下椭圆跟踪门的跟踪精度要高于矩形跟踪门。因为当量测值落入椭圆跟踪门和矩形跟踪门的概率相等时，由于椭圆跟踪门的面积要更小，也就减少了虚假目标落入跟踪门内的概率。

(3) 环形跟踪门

环形跟踪门是一种用于航迹起始时的初始跟踪门，它由航迹头、目标的最大运动速度、最小运动速度以及两次测量之间的时间间隔组成。一般航迹起始时目标之间距离较远，建立初始跟踪门是要采用较大的跟踪门。环形跟踪门的内外径满足以下条件：

$$\begin{cases} R_{\min} = V_{\min} T \\ R_{\max} = V_{\max} T \end{cases} \tag{6-21}$$

其中，$V_{\min}$ 和 $V_{\max}$ 分别为目标的最小和最大速度；T 为两次测量之间的时间间隔。环形跟踪门的示意图如图 6-16 所示：

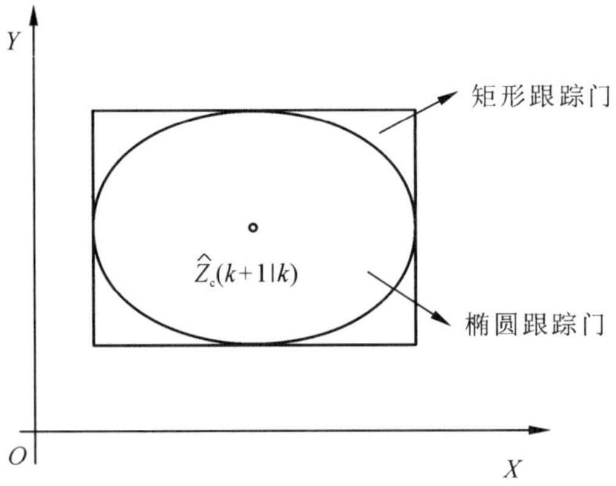

图6-15　矩形跟踪门和椭圆跟踪门($n_z=2$)

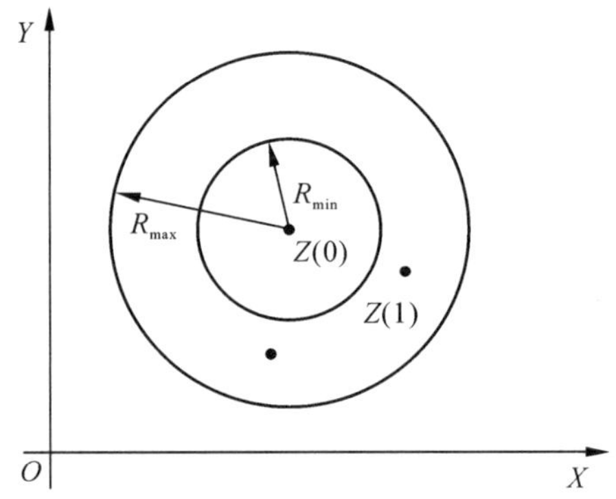

图6-16　环形跟踪门

6.2.2.3　数据关联

数据关联是整个多目标跟踪理论中的核心和难点问题。数据关联一般分为以下三个步骤：首先利用跟踪门对雷达接收的量测值进行过滤，并利用先验知识去掉跟踪门以外的量测值；然后计算关联矩阵，用来判断落入跟踪门内的各个点迹来自目标航迹的可能性；最后将预测位置附近的点迹匹配给已有航迹。常用的数据关联算法有最近邻算法、概率数据关联算法和全局最近邻算法等。不同的关联算法具有不同的关联效果，选择合理的关联算法是目标稳定跟踪的重要保证。

(1) 最近邻算法

最近邻算法(Nearest Neighbor,NN)是先设置跟踪门,将落入跟踪门内的量测作为候选量测。若落入目标跟踪门的候选量测只有一个,则它就是该目标的量测;若落入跟踪门的候选量测有多个,则需要计算对应的量测值到预测值的距离。其中距离最小的那个量测,被认为是目标的真实量测。最近邻算法的示意图如图 6-17 所示。

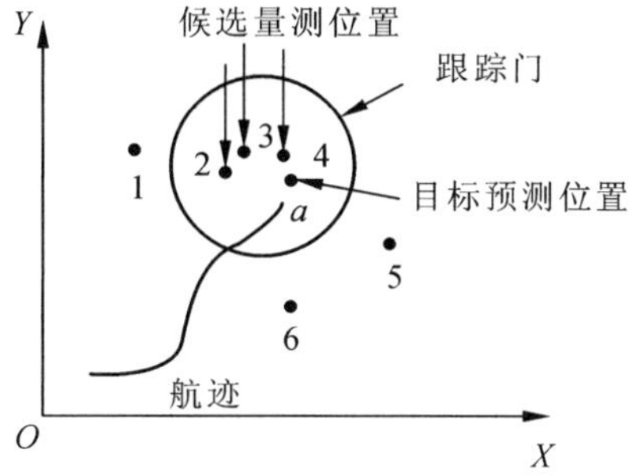

图 6-17 最近邻算法示意图

图中落入跟踪门内的候选量测有点迹 2、点迹 3 和点迹 4,利用已有先验知识确定的目标航迹预测点迹为 a。此时计算各个候选量测点的滤波残差范数来确定最终航迹的匹配量测点。最近邻算法探测回波残差的范数 $D(k)$ 的计算公式为:

$$\begin{aligned} D(k) &= [Z(k+1) - Z(k+1 \mid k)]^{\mathrm{T}} S^{-1}(k) [Z(k+1) - Z(k+1 \mid k)] \\ &= z^{\mathrm{T}}(k) S^{-1}(k) z(k) \end{aligned} \tag{6-22}$$

其中,$z(k)$ 表示预测新息值;$S(k)$ 表示 $z(k)$ 的协方差。

在一般情况下,比较各个量测点的残差范数,残差范数最小的量测作为真实量测。最近邻算法的特点是计算量小、易于实现,故主要用于目标较为稀疏的场景下,而在密集环境下常发生错误关联现象。

(2) 概率数据关联算法

概率数据关联算法(Probability data association,PDA)是一种基于贝叶斯理论的全邻算法,与最近邻算法不同,概率数据关联不是唯一的选择一个量测值,其基本原理是认为落入跟踪门内所有量测都是可能来自目标,计算每一个量测值为有效量测的概率,然后利用这些概率对各量测进行加权,并用加权值来更新目标的状态。从基本原理中可以看出该算法适合于单一目标跟踪。

假设雷达扫描 $m(1,2,\cdots,k,\cdots,m)$ 次,在 k 次扫描时,正确关联概率用 $P_i(k)$ 表示,具体如下式:

$$P_i(k) = P\{\theta_i(k)/Z_k\} \tag{6-23}$$

其中,$\theta_i(k)$ 为第 k 次扫描时跟踪门内量测 i 来自目标的事件;Z_k 为第 1 次扫描到第 k 次扫描获得全部有效量测值。第 k 次扫描时跟踪门内量测的个数为 m。假设 $\theta_0(k)$ 表示所有量测都来自杂波,没有来自目标的事件。$\theta_i(k)$ 和 $\theta_0(k)$ 事件为互斥事件。目标在 k 时刻的最优估计为:

$$X(k/k) = E[X(k) \mid Z^k] = \sum_{i=0}^{m_k} X_i(k/k) P(\theta_i(k) \mid Z^k) = \sum_{i=0}^{m_k} \beta_i(k) X_i(k/k) \tag{6-24}$$

其中，$X_i(k/k)$ 表示量测值是目标量测条件下的状态估计，$i=1,2,\cdots,m_k$。

PDA 算法的核心是计算出 $\beta_i(k)$，将目标落入跟踪门的概率记为 P_G，目标被检测到概率记为 P_D，可得到：

$$\begin{cases}\beta_0 = \dfrac{b}{b+\sum\limits_{i=1}^{m_k} e_i} \\ \beta_i = \dfrac{e_i}{b+\sum\limits_{i=1}^{m_k} e_i}\end{cases} \tag{6-25}$$

其中，$\begin{cases} b = \dfrac{1-P_D P_G}{P_D} \\ e_i = \dfrac{1}{|2\pi S|^{1/2}} \exp\left\{-\dfrac{1}{2}\left[v_i^T(k) S^{-1}(k) v_i(k)\right]\right\}\end{cases}$

概率密度关联算法与最近邻算法一样，具有计算简单和易于实现的特点，故用于杂波稀疏环境下的单目标跟踪。但当杂波密集时，其跟踪性能会下降，常常发生错误跟踪现象。

(3) 全局最近邻算法

全局最近邻算法(Global Nearest Neighbour Method，GNN)由最近邻算法发展而来。最近邻算法是将最接近预测值的测量点作为真实的目标点。此算法由于未考虑量测值与多个目标关联的可能性，在目标数量较多或者杂波环境下，常发生错误关联现象。也就是说最靠近本次预测值的量测值不一定来自该目标。在此背景下，考虑全局最优关联的全局最近邻算法被提出。

全局最近邻算法提出了关联距离矩阵的概念。根据关联距离矩阵，把航迹之间的关联作为一个最优分配问题[12-13]，具体的分配规则如下：① 矩阵的每一行只能分配一个元素；② 矩阵的每一列也只能分配一个元素；③ 分配元素的最终值要最小。

假设已经建立了 n 条航迹，在新一次的扫描中有 m 个有效观测点。将观测点 $j(j=1,2,\cdots,m)$ 分配给航迹 $i(i=1,2,\cdots,n)$ 时，计算其归一化距离为：

$$\begin{aligned} d_{ij}^2 &= [Z(k+1)-\hat{Z}(k+1\mid k)]^T S^{-1}(k)[Z(k+1)-\hat{Z}(k+1\mid k)] \\ &= z^T(k) S^{-1}(k) z(k) \end{aligned} \tag{6-26}$$

其中，z 为测量值与预测值之间的差值即新息；S 为新息的协方差矩阵。d_{ij} 服从自由度为 M 的 χ^2 分布，由 χ^2 分布可以得到航迹 i 的有效门限值，记为 G_{ij}，有效测量值满足下式：

$$d_{ij} \leqslant G_{ij} \tag{6-27}$$

在全局最近邻算法中对航迹和点迹进行关联分配时需要构建分配函数，求该函数最小值时的方案即为各个航迹与观测点的配对方案，该分配函数为：

$$\min \sum_{i=1}^{n} \sum_{j=1}^{m} c_{ij} \xi_{ij} \tag{6-28}$$

$$\begin{cases} \sum_{i=1}^{n} \xi_{ij} \leqslant 1 & j = 1,2,\cdots,m \\ \sum_{j=1}^{m} \xi_{ij} \leqslant 1 & i = 1,2,\cdots,n \end{cases} \tag{6-29}$$

其中，c_{ij} 为代价系数取值为：

$$c_{ij} = \begin{cases} d_y^2 & \text{观测点 } j \text{ 在航迹 } i \text{ 的门限中} \\ D_{\max} & \text{设定的最大距离值 } D_{\max} \end{cases} \tag{6-30}$$

$$\xi_{ij} = \begin{cases} 1, & \text{将观测点 } j \text{ 分配给航迹 } i \\ 0, & \text{否则} \end{cases} \tag{6-31}$$

全局最近邻算法的描述如下：

a. 设航迹 $i(i = 1,2,\cdots,n)$ 的前一时刻状态向量的估计值为 $X_i(k/k)$、前一时刻的预测值为 $X_i(k/k-1)$；

b. 计算本次扫描的全部点迹 $j(j = 1,2,\cdots,n)$ 的归一化距离 d^2；

c. 根据假设，求航迹的门限 G_{ij}，设定最大距离 $D_{\max}$ 的值；

d. 利用约束条件求得代价函数的最小值，最后得到航迹 i 的所有关联的点迹 i_j。

(4) 其他数据关联算法

其他常见的数据关联算法还有联合概率关联算法、多元假设跟踪算法等。联合概率数据关联算法(Joint Probabilistic Data Association，JPDA) 是由概率数据关联算法发展而来，该算法在杂波密集的情况下，具有良好的跟踪效果，但算法引入联合事件的概念，增大了计算量，目标密集情况下容易引起组合爆炸问题。联合概率数据关联算法的示意如图 6-18 所示。

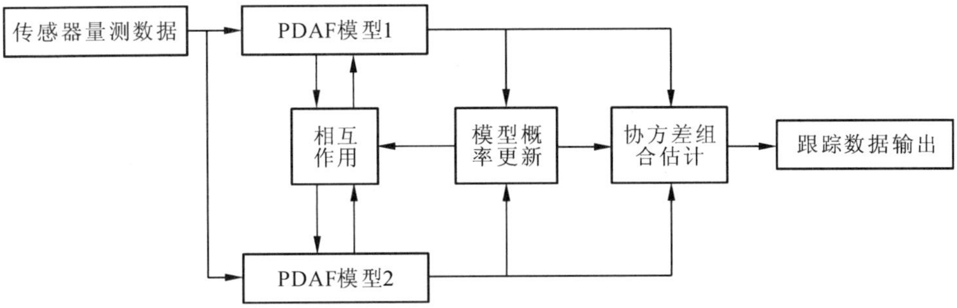

图 6-18　联合概率数据关联算法示意图

多元假设跟踪算法(Multiple Hypothesis Tracking，MHT) 集成了最近邻算法和联合概率数据关联算法的优点。对于扫描周期内的每个量测值都判断其来自虚假目标还是已经存在的目标。该算法被认为是在杂波情况下的最好的多目标跟踪算法。但与概率数据关联算法类似，该算法也存在过度依赖先验知识、计算量随目标数目呈指数增长的问题。多元假设跟踪算法的示意如图 6-19 所示。

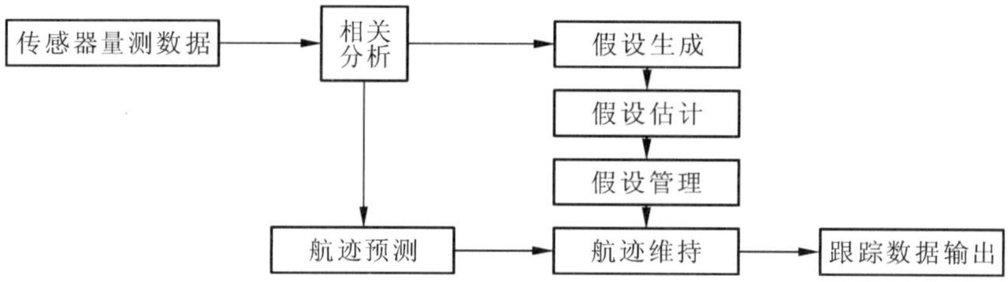

图 6-19　多元假设跟踪示意图

6.2.2.4　航迹管理

航迹管理是对航迹进行增加、维持、删除的操作，贯穿于整个目标跟踪过程中。雷达的跟踪系统都会建立自己的航迹管理列表，在该列表中会为每个航迹分配编号，通过查找该航迹编号可以找到航迹对应的参数信息。一般来说一条航迹的生命周期可以分为以下三个阶段：跟踪初始化，即对没有分配到航迹的量测值进行试探式的跟踪。跟踪确认，即将每个时刻的量测进行分配，并不断地利用预测值和量测值对跟踪进行修正，此时在航迹管理列表中增加航迹信息。跟踪终结，如果在一段时间内没有观测到跟踪目标，达到设置的终结阈值，则删除跟踪并将该航迹信息从航迹列表中删除。

1）航迹起始

航迹起始是指利用雷达开始扫描周期内的几个量测值，进行量测与量测之间的数据匹配关联，从而形成航迹的过程。航迹起始问题是目标跟踪的首要问题，合理的航迹起始算法是进行正确目标跟踪的可靠保证，有利于减小杂波、虚假目标的影响。在进行目标航迹起始时，由于量测与量测之间的距离较远，传感器开始测量时精度差。这些问题会影响到航迹起始的准确性。常用的航迹起始算法有直观法、逻辑法和 Hough 算法等[14]。

（1）直观法

传感器在 N 次扫描周期内有 M 个量测值满足以下速度限制条件和加速度限制条件，则起始一条航迹。速度限制条件是指测量速度值或估计速度值大于设定的最小速度值 $V_{\min}$，小于设定的最大速度值 $V_{\max}$。加速度限制是指测量加速度值或估计加速度值大于设定的最小加速度值 $a_{\min}$，小于设定的最大加速度值 $a_{\max}$。直观法理解简单，但起始效果一般，多用于没有目标先验信息的情况下。

（2）逻辑法

基于逻辑的航迹起始算法是指在 n 个周期的连续扫描中，当检测到的目标次数达到或超过某一特定的值 m，且这些测量按照某一规则关联时，航迹起始成功。该逻辑起始算法又称为 m/n 逻辑法，其主要步骤如下：

① 以雷达第一次探测得到的点迹作为航迹的起始节点，以目标运动时可能的最大速度建立跟踪门，对于雷达第二次探测到落入跟踪门内的所有量测点均建立可能航迹。

② 对于建立的可能航迹进行趋势外推，根据外推点和外推误差协方差确定下一次跟踪门的大小，从而建立可能的量测区域。取第三次扫描时落入该量测区域内的测量点，距离外推点最近的点进行互联。

③ 如果没有量测落入该区域，则删除此条航迹。在每次扫描的过程中，对于未落入跟踪

门的量测点作为新的航迹起始节点，重复步骤 ①。

为形成稳定的航迹一般采用基于滑窗法的 m/n 逻辑起始。该算法是将多个雷达探测周期内的点迹按照一定顺序排列为点迹序列($x_1, x_2, \cdots, x_i, \cdots x_n$)。如果在第 i 次扫描目标点迹在相应跟踪门内，则 $x_i = 1$，反之 $x_i = 0$。当时间窗内探测到目标数量达到某一个特定值 m 时，此时航迹起始成功；否则，扫描滑窗继续向前移动，整个过程如图 6-20 所示。

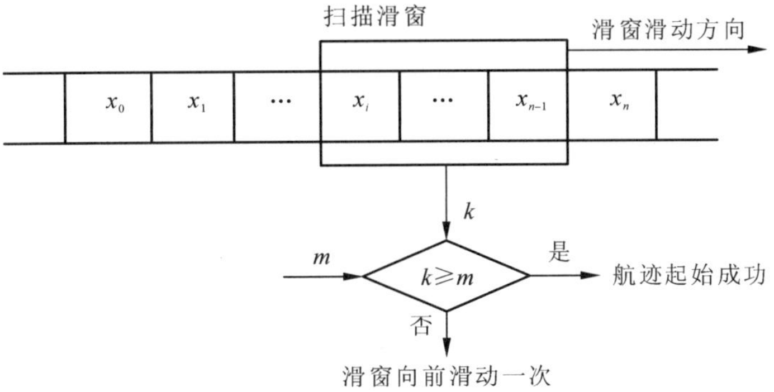

图 6-20　滑窗法的 m/n 逻辑原理

逻辑法两个组成部分包括检测数 m 和滑窗宽度 n，又用两者的比值来进行描述，考虑计算时的复杂程度和计算情况，在扫描中一般 $1/2 < m/n < 1$。目前常用的 m/n 比值如下：2/3 用于实现快速启动；3/4 用于实现正常航迹起始。逻辑法和直观法的不同之处在于：直观法直接利用速度和加速度信息进行航迹起始，而逻辑法引入了多重假设预测跟踪门来识别可能存在的航迹。其航迹起始效果更好，并能更有效地避免杂波噪声点的影响。图 6-21、图 6-22 所示为逻辑航迹起始算法的例子。

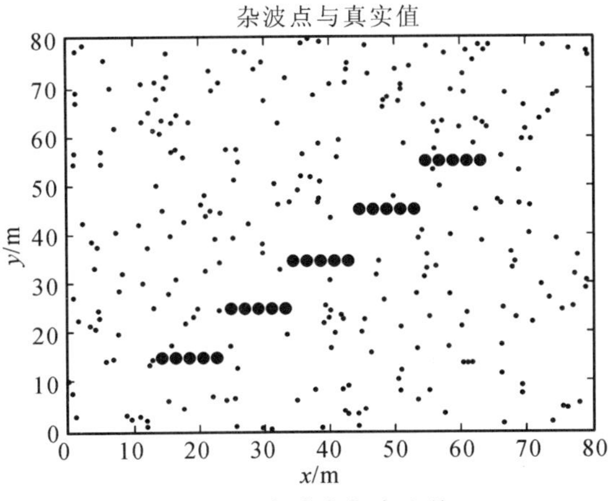

图6-21　杂波点与真实值

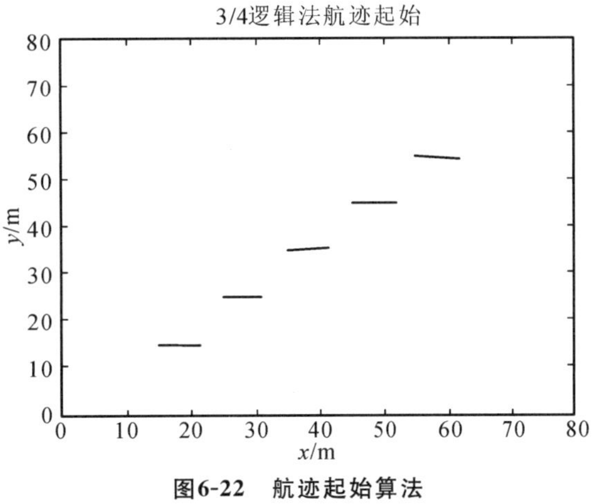

图6-22　航迹起始算法

其中假设在杂波环境下有五个目标做匀速直线运动，其初始位置为(55m,55m)、(45m,45m)、(35m,35m)、(25m,25m)、(15m,15m)，这五个目标的速度均为(20 m/s,0 m/s)。同时假设雷达的采样周期 $T = 0.1\text{s}$，利用 3/4 逻辑法航迹起始成功。

此外除直观法、基于逻辑的航迹起始算法外，Hough 变换法、修正的 Hough 变换法也是常用的起始算法[15]。Hough 法来源于图像处理中的霍夫变换技术，用于检测图像中的直线，后引入到雷达数据处理中。利用该算法进行目标检测时可以将雷达多次探测的数据看作一幅图像，从而检测目标的轨迹。目前该算法已经广泛应用于雷达数据处理中，尤其是用于多传感器航迹起始的情况。

2）航迹终结

航迹终结也称为跟踪终结，它是清理雷达探测的无效目标轨迹的一种方法。由于外界环境或传感器自身状态，在对目标进行跟踪的过程中，正在被跟踪的目标可能会离开雷达探测范围，此时就需要跟踪器做出决策，进行航迹的终结。典型的航迹终结算法主要分为两种，一种是通过判断 N 次连续扫描周期内丢失目标的数量的方法，另一种是概率决策分析法。一般采用第一种，即 N 次连续扫描中丢失目标的数目达到 M 值进行航迹的终结。

6.2.2.5　目标跟踪方案

目标跟踪的基本过程如下：针对所有的检测目标，利用滤波与预测算法对目标下一刻的位置进行预测，根据目标的预测位置和速度建立跟踪门，所有落入跟踪门内的量测目标都认为是可能的目标，当在几个周期内的量测值满足航迹起始规则时则起始一条航迹。由于航迹与航迹之间会出现交叉现象，同时受环境等因素影响会产生测量杂波，此时需要数据关联算法进行轨迹的关联。当测量值达到航迹终结条件则删除掉该条航迹。目标跟踪的方案示意如图 6-23 所示。

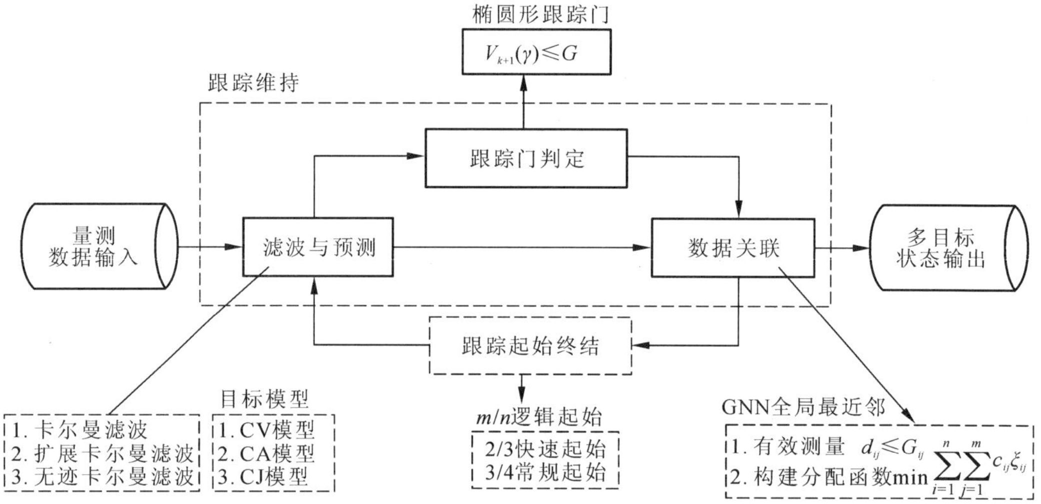

图 6-23　跟踪方案示意图

6.2.3　目标跟踪结果

6.2.3.1　单目标跟踪

(1)CV/CA/CJ 模型的跟踪准确性对比

为了验证目标跟踪算法的有效性，利用无人艇载毫米波雷达采集的实际船舶航行时的数据作为实验场景。该场景中有一艘目标船舶，无人艇缓慢行驶，目标船远离无人艇，具体目标跟踪场景如图 6-24 所示，场景中分别截取了 $t=0\text{s}$，$t=20\text{s}$，$t=50\text{s}$ 的目标外形图。

(a)　(b)　(c)

图 6-24　目标跟踪场景

(a)$t = 0$s;(b)$t = 20$s;(c)$t = 50$s

将雷达控制器检测后的数据进行目标跟踪。跟踪后的数据曲线图如图 6-25 所示，图中毫米波雷达测量值用粗实线表示，点画线表示常速度模型的跟踪效果，虚线为常加速度模型的跟踪效果，细实线为加加速模型下的跟踪效果。图 6-26 所示分别为对 X 和 Y 两个方向的状态量进行跟踪的曲线图。

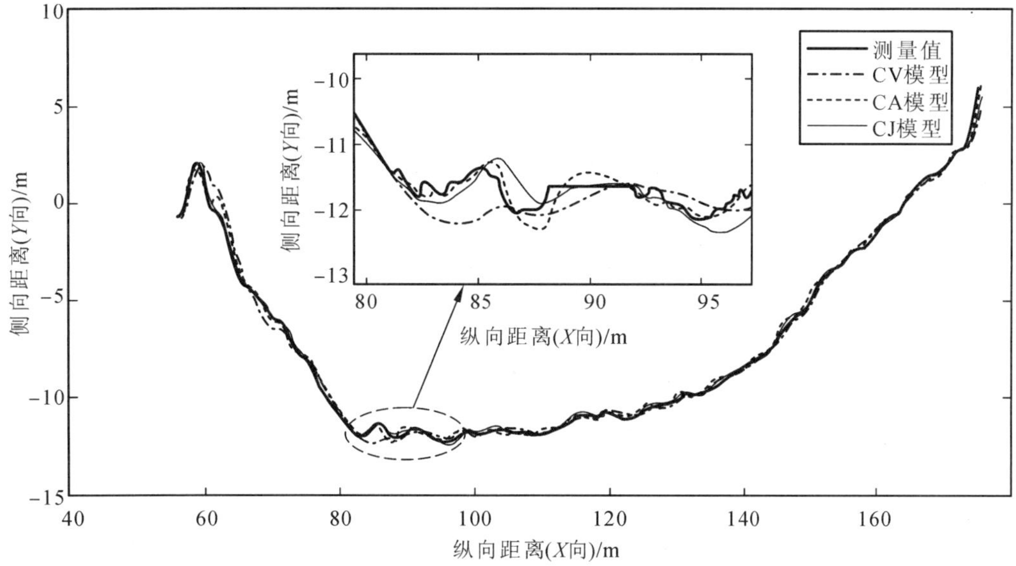

图 6-25　相对距离跟踪效果

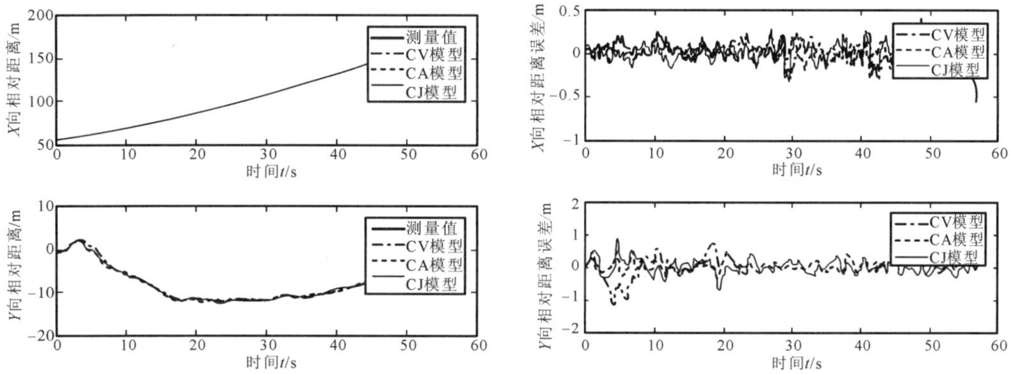

(a)　(b)

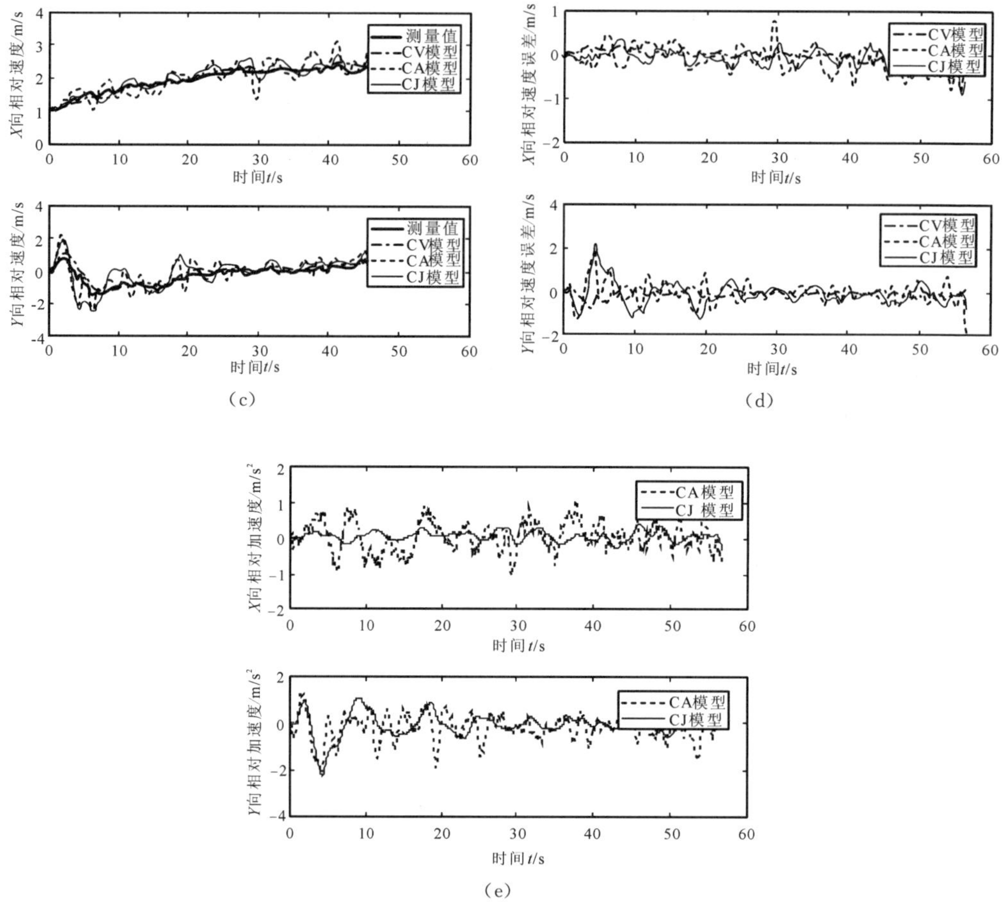

图 6-26　分状态量跟踪曲线图

(a) 相对距离跟踪;(b) 相对距离跟踪误差;(c) 相对速度跟踪;

(d) 相对速度跟踪误差;(e) 相对加速度估计

从距离跟踪图可以看出利用 CV、CA、CJ 三种目标模型均可以实现实船目标跟踪,此时常加速模型的跟踪实时性和准确性最好。从速度跟踪图可以看出 CV 模型的跟踪精度较好。计算三种模型对目标进行跟踪时的相对距离和相对速度均方根误差,具体值见表 6-5。

表 6-5　三种模型的均方根误差(RMSE)

目标模型	相对距离(m)		相对速度(m/s)	
	X 向	Y 向	X 向	Y 向
常速度模型(CV)	0.1215	0.3089	0.1832	0.2377
常加速模型(CA)	0.0829	0.1492	0.2977	0.4950
加加速度模型(CJ)	0.1091	0.2041	0.2468	0.4942

综上,与仿真实验类似,对实际采集的目标运动轨迹进行跟踪实验时发现,在距离跟踪方面,CA 模型的跟踪效果优于 CV 模型和 CJ 模型。距离跟踪图中还可以看出目标距离变化平缓时三种模型都有良好的跟踪效果,但当目标出现转弯等剧烈变化时,CA 模型更接近目标的真实量测,跟踪的实时性和准确性都较好。在速度跟踪方面,CV 模型跟踪效果最好,其

均方根误差较小，主要因为船舶行驶缓慢，速度变化不明显，目标接近于匀速运动。此外，CA 模型和 CJ 模型还可以对加速度进行预测。

(2)KF/EKF/UKF 的跟踪准确性对比

按上节所述，常用滤波方式有卡尔曼滤波、扩展卡尔曼滤波以及无迹卡尔曼滤波三种，不同滤波方式具有不同的跟踪效果。实验时直接采用实船采集的数据进行处理。为进行实验对比，显示三种算法跟踪效果的区别，实船实验的目标跟踪场景与上一小节相同，用到的跟踪原始轨迹图相同。目标的运动模型选用常加速模型。其状态向量为 $\boldsymbol{X}=[x\ \dot{x}\ \ddot{x}\ y\ \dot{y}\ \ddot{y}]^{\mathrm{T}}$，量测向量 $\boldsymbol{Z}=[x\ \dot{x}\ y\ \dot{y}]^{\mathrm{T}}$，对应的量测矩阵 $\boldsymbol{H}=[1\ 0\ 0\ 0\ 0\ 0;\ 0\ 1\ 0\ 0\ 0\ 0;\ 0\ 0\ 0\ 1\ 0\ 0;\ 0\ 0\ 0\ 0\ 1\ 0]$。分别利用卡尔曼滤波、扩展卡尔曼滤波、无迹卡尔曼滤波进行跟踪，其相对距离跟踪图、相对速度跟踪图和相对加速度跟踪图分别如图 6-27、图 6-28 所示。

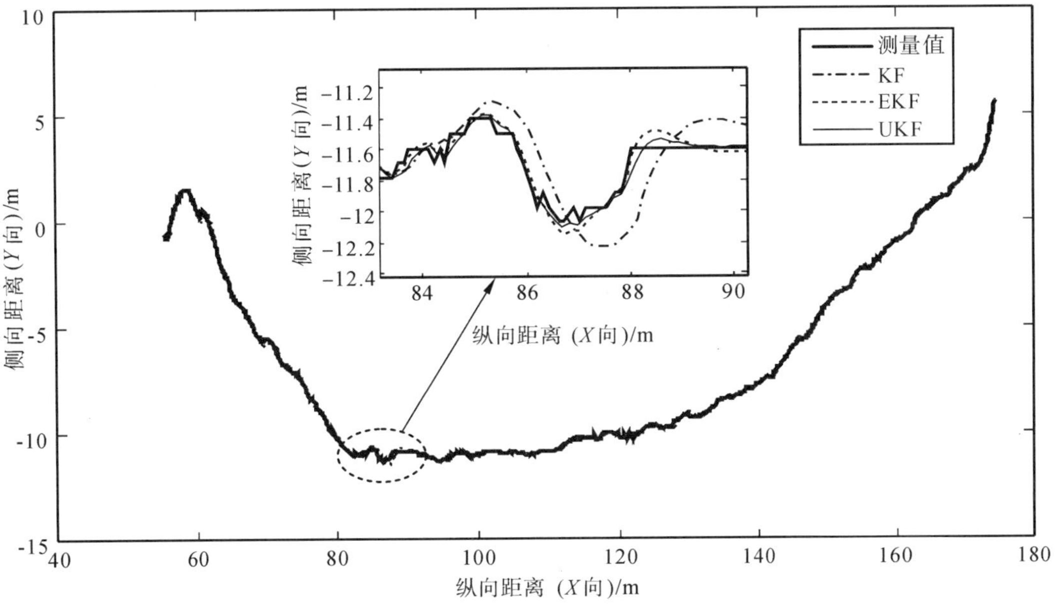

图 6-27　相对距离跟踪效果

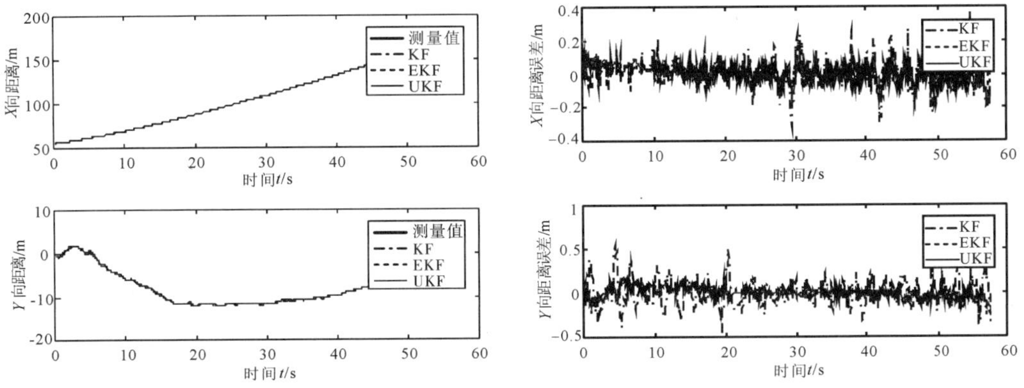

(a)　　(b)

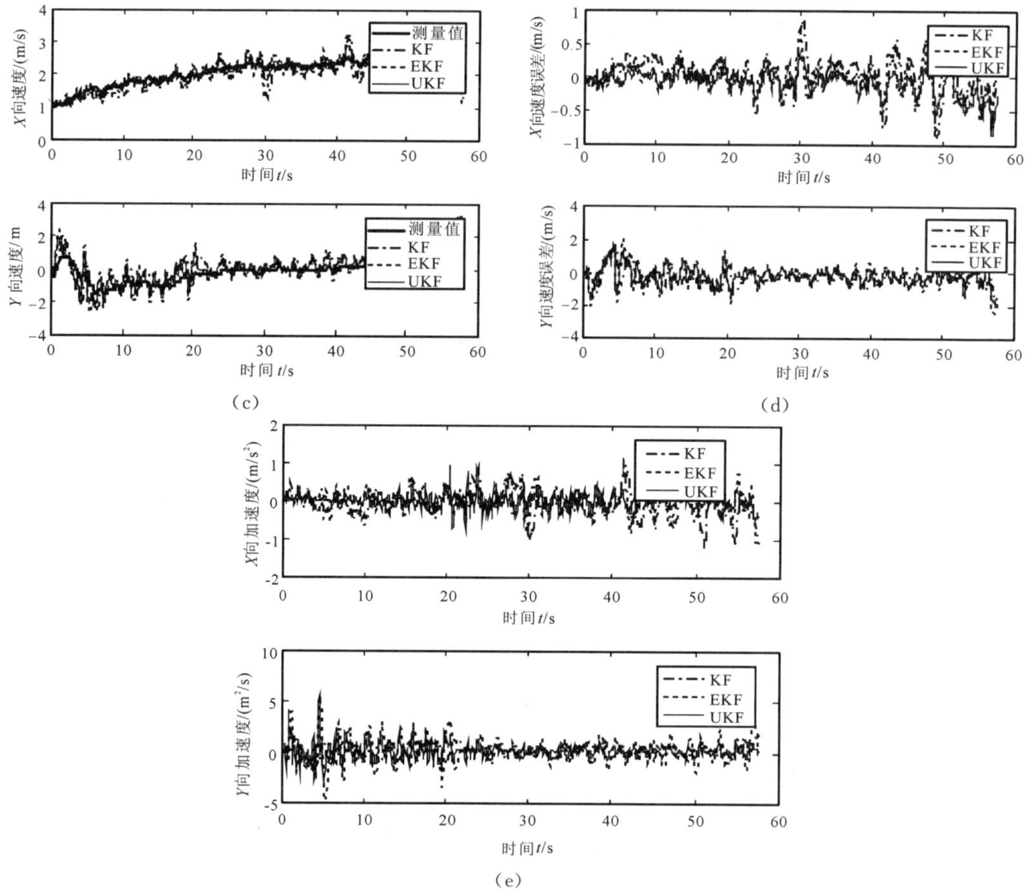

图 6-28　三种滤波方式分状态量跟踪曲线

(a) 相对距离跟踪；(b) 相对距离跟踪误差；(c) 相对速度跟踪；
(d) 相对速度跟踪误差；(e) 加速度估计值

由图 6-27 和图 6-28 可以看出，利用三种滤波方式都可以实现目标跟踪，此时无迹卡尔曼的跟踪实时性和准确性最好，其跟踪的轨迹图更接近测量值。对速度跟踪时三种目标跟踪方式未出现明显差异。计算利用三种滤波方式进行跟踪的相对距离和相对速度均方根误差，具体值见表 6-6。

表 6-6　三种滤波方式的均方根误差(RMSE)

滤波方式	相对距离 /m		相对速度 /(m/s)	
	X 向	Y 向	X 向	Y 向
卡尔曼滤波(KF)	0.0829	0.1492	0.2977	0.4950
扩展卡尔曼滤波(EKF)	0.1464	0.0733	0.3531	0.5762
无迹卡尔曼滤波(UKF)	0.1471	0.0671	0.2083	0.5169

由表 6-6 可以看出扩展卡尔曼和无迹卡尔曼的跟踪效果好于卡尔曼滤波，同时无迹卡尔曼对相对距离和相对速度跟踪准确性最好，其利用的无迹变换能更好地预测状态量。

6.2.3.2　多目标跟踪

实船实验数据通过水面目标原始数据采集平台采集。如图 6-29 所示分别为 $t=0\text{s}$，$t=$

26s，$t=80$s 的水面目标跟踪场景。矩形框内的船舶目标为被跟踪的目标。跟踪场景中有两艘目标船舶，船舶 1 为一艘小游艇，船舶 2 为皮划艇。船舶 1 首先出现，26s 时船舶 2 进入毫米波雷达探测范围，雷达对其进行捕获。最终两艘目标船舶驶离雷达探测范围。如图 6-30 所示为目标检测后的数据图。

(a)　(b)　(c)

图 6-29　目标跟踪场景

(a)$t=0$s；(b)$t=26$s；(c)$t=80$s

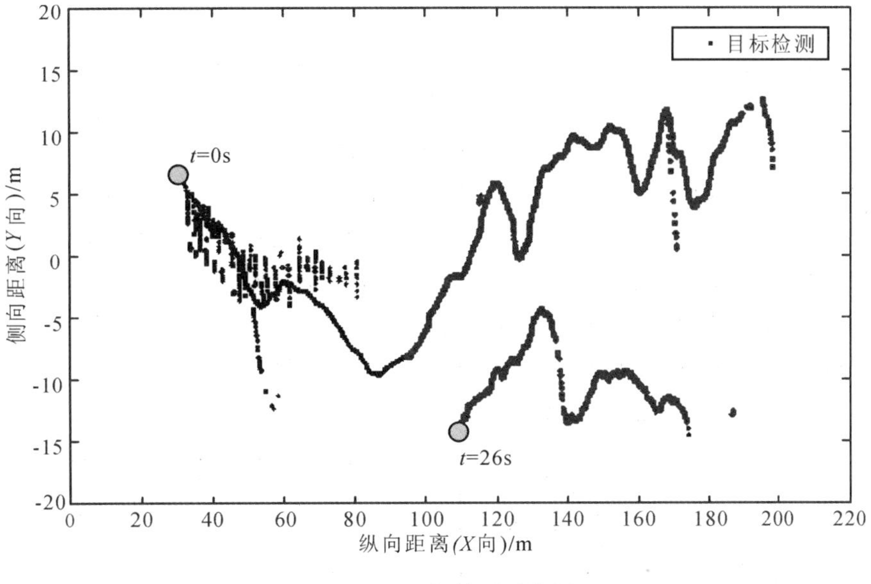

图 6-30　目标检测后数据

跟踪参数设置与仿真实验时的相同，目标运动模型时采用常加速模型(CA)，则状态向量为 $\boldsymbol{X}_2=[x\ \dot{x}\ \ddot{x}\ \ y\ \dot{y}\ \ddot{y}]^{\mathrm{T}}$，量测向量 $\boldsymbol{Z}=[x\ \dot{x}\ \ y\ \dot{y}]^{\mathrm{T}}$，对应的量测矩阵 $\boldsymbol{H}=[1\ 0\ 0\ 0\ 0\ 0;\ 0\ 1\ 0\ 0\ 0\ 0;\ 0\ 0\ 0\ 1\ 0\ 0;\ 0\ 0\ 0\ 0\ 1\ 0]$；滤波方式选用无迹卡尔曼滤波(UKF)，$\alpha$ 参数取 0.1，β 参数取 2。过程噪声协方差为：

$$\boldsymbol{Q}_{\mathrm{x}}=\boldsymbol{Q}_{\mathrm{y}}=\begin{bmatrix}\frac{T^4}{4} & \frac{T^3}{2} & \frac{T^2}{2}\\ \frac{T^3}{2} & \frac{T^2}{2} & T^2\\ \frac{T^2}{2} & T^2 & 1\end{bmatrix},\boldsymbol{Q}=\begin{bmatrix}\boldsymbol{Q}_{\mathrm{x}} & 0\\ 0 & \boldsymbol{Q}_{\mathrm{y}}\end{bmatrix} \tag{6-32}$$

跟踪门和数据关联部分采用椭圆形跟踪门和 GNN 全局最近邻算法。航迹起始选用 3/4

逻辑起始，即 4 次扫描中有 3 个量测落入跟踪门内，则起始一条航迹。连续 5 次未有量测值落入跟踪门内则删除该航迹。具体的跟踪效果如图 6-31 所示。

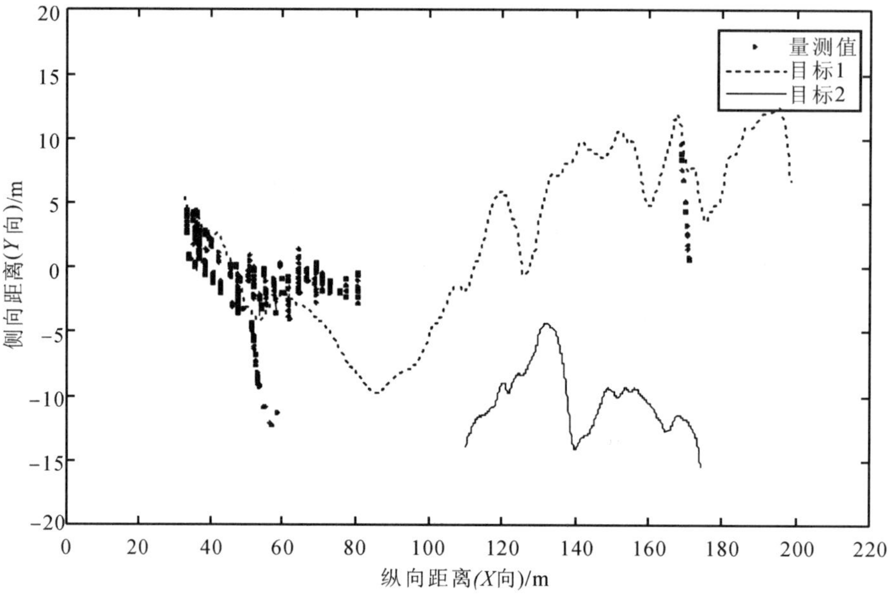

图 6-31　目标跟踪后数据

通过以上实验可以看出目标跟踪算法在杂波环境下可以稳定跟踪目标，其跟踪精度较好。图 6-31 中点迹表示经过目标检测后的测量数据，虚线表示跟踪输出的目标 1 轨迹图，实线表示跟踪输出的目标 2 轨迹图。经过 3 次迭代可以建立航迹，当目标丢失后还可进行预测迭代，直至丢失次数达到给定的航迹终结阈值时轨迹终结，该实验结果也进一步表明该跟踪方案具有良好的响应速度。利用多目标跟踪算法还可以对目标的速度和加速度进行估计，两个目标的速度估计和加速度估计曲线如图 6-32、图 6-33 所示。

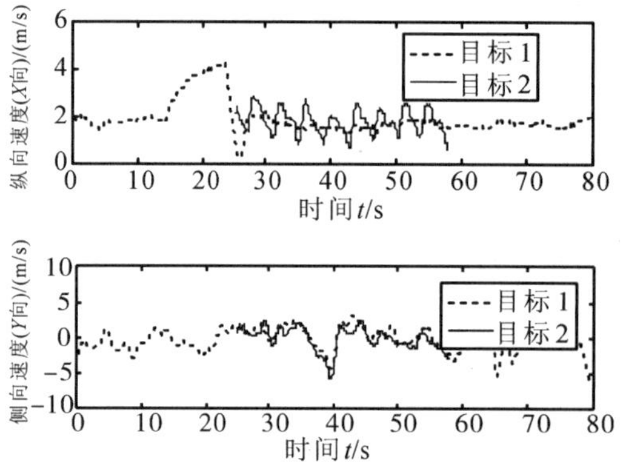

图 6-32　速度估计

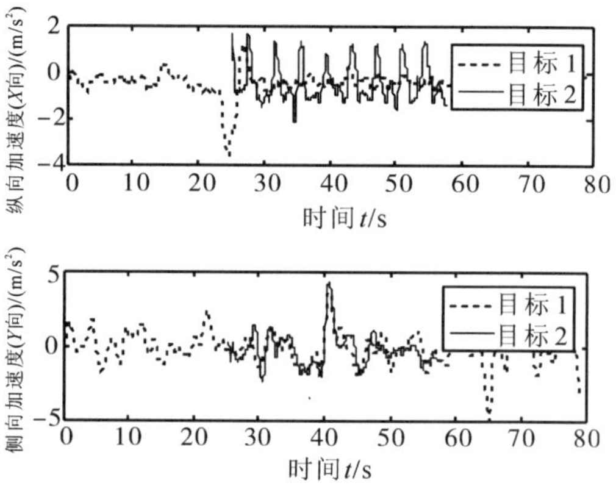

图 6-33　加速度估计

图 6-32 中虚线为目标 1 速度估计曲线，直线为目标 2 的速度估计曲线；图 6-33 中虚线为目标 1 的加速度估计曲线，直线为目标 2 的加速度估计曲线。跟踪过程中速度估计和加速度估计稳定，形成完整的目标状态信息。

6.3　惯性导航系统

6.3.1　惯性导航系统概述

惯性导航系统(Inertial Navigation System,INS)是一种利用敏感元器件测量载体的加速度和角速度进而确定载体的姿态角、速度、位置的自主式导航系统[16]。

惯性导航系统中的敏感元器件主要由三轴陀螺仪、三轴加速度计组成,由敏感元器件测量载体的运动信息,然后输入到导航计算机中通过一系列的算法解算出载体的姿态、速度和位置等导航信息。惯性导航的基本原理如图 6-34 所示。

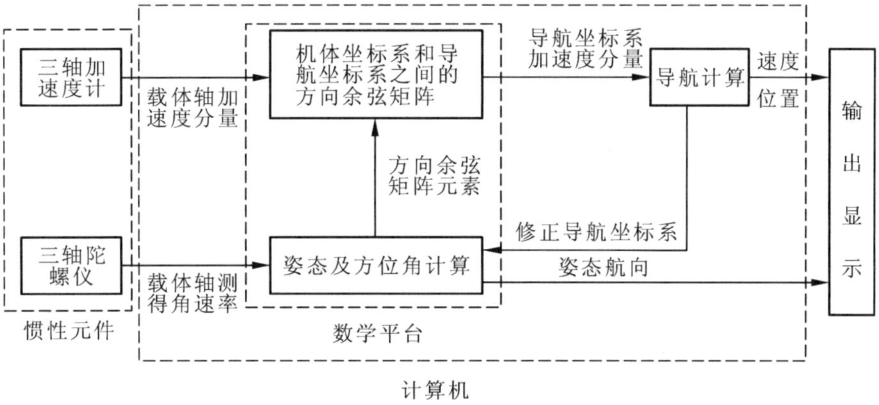

图 6-34　惯性导航基本原理图

惯性导航的基本原理主要是依据牛顿力学定律,其中的三轴加速度计和三轴陀螺仪是沿着载体坐标系进行安装的,工作状态中,加速度计和陀螺仪都是感受并测量载体三个轴的运动变化,通过姿态转换矩阵获得导航坐标系下的导航信息。三轴加速度计测量的是载体三个轴向的比力信息,以 g 为单位,通过对加速度进行连续积分可以粗略得到载体的速度和位置信息。陀螺仪测量载体的角速率,通过一系列的解算算法得到载体的转换矩阵,进而解算出载体的姿态角信息。

6.3.2　坐标系介绍

导航中用到的观测量在不同的坐标系下的数学表达方式不同,各个坐标系的定义如下:

(1) 惯性参考系(i 系)

惯性参考系即以地球中心为原点,以地球自转轴所在的方向为 Z 轴,以地球中心指向北极的方向为正方向,而 X 轴与 Y 轴在地球的赤道平面内,其中 X 轴正方向指向春分点,这样 X、Y、Z 三轴共同构成右手直角坐标系[17]。在惯性参考系中,地球被认为是处于绝对静止的状态,由于惯性导航系统的基本原理是惯性定律,因而该坐标系是 IMU 测量的参考基准。

(2) 地球坐标系(e 系)

地球坐标系是固连在地球上的坐标系,其三轴指向与惯性坐标系类似,原点建立在地球中心，Z 轴正方向指向北极，X 轴正方向指向格林威治子午线，Y 轴处于赤道平面内，正方向指向东经 90° 的方向。该系与惯性参考系的相对运动就是地球自转角速度[18]。

(3) 地理坐标系(t 系)

根据实际的应用需求，地理坐标系有多种表达形式，最常用的是东北天坐标系(ENU)、北西天坐标系(NWU) 以及北东天坐标系(NED)。一般选用 ENU 作为地理参考坐标系[19]。

(4) 导航坐标系(n 系)

导航坐标系是在工程应用中依据导航定位的需求而使用的计算载体导航信息的坐标系，例如，动态艇载惯性导航系统为获得无人艇运动的轨迹信息，需要将采集到的无人艇的比力数据转换到导航参考系下进行解算。

(5) 载体坐标系(b 系)

载体坐标系是以载体重心作为原点 O，Z 轴指向载体竖轴方向，向上为正，Y 轴沿载体纵轴方向，以正前方为正，X 轴载体横轴方向指向右方，X、Y、Z 轴共同构成右手直角坐标系。使用惯性导航系统进行导航时，惯性导航系统输出的结果正是在载体坐标系下对应的物理量，在惯性导航系统解算中，需要把载体坐标系下的物理量通过坐标系转换矩阵转换到东北天坐标系下进行计算。图 6-35 直观地描述了上述参考坐标系的关系。

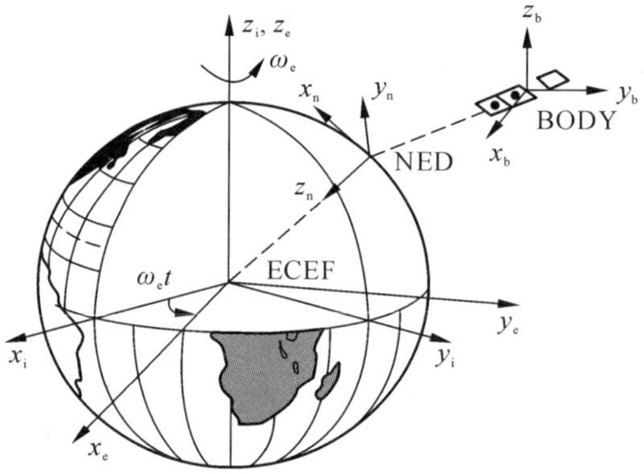

图 6-35　坐标系间的关系

下面将重点介绍坐标系间的转换模型。

① 地球坐标系($O_eX_eY_eZ_e$) 与地理坐标系($O_tX_tY_tZ_t$)

地球坐标系($O_eX_eY_eZ_e$) 与地理坐标系($O_tX_tY_tZ_t$) 之间的转换关系可以用方向余弦矩阵[20] 表示，常称之为位置矩阵，记为 $\boldsymbol{C}_t^e$，首先是地理坐标系绕 Z 轴旋转 $-\pi/2$，然后绕 Y 轴旋转 $-(\pi/2-L)$，L 是指载体所在的纬度，最后绕 Z 轴旋转 $-\lambda$(载体所在的经度)[21]。这时地理坐标系与地球坐标系的相应坐标轴平行。因此，可计算得到位置矩阵 $\boldsymbol{C}_t^e$：

$$\boldsymbol{C}_t^e=\begin{bmatrix} -\sin\lambda & -\sin L\cos\lambda & \cos L\cos\lambda \\ \cos\lambda & -\sin L\sin\lambda & \cos L\sin\lambda \\ 0 & \cos L & \sin L \end{bmatrix} \tag{6-33}$$

② 地理坐标系($O_tX_tY_tZ_t$) 与导航坐标系($O_nX_nY_nZ_n$)

上文关于坐标系的介绍中提出选取地理坐标系作为无人艇载组合导航系统的导航坐标系[22]，但实际应用中这两个坐标系之间差一个格网角，即游动方位系统的航向角 α，他们之间的方向余弦矩阵为：

$$\boldsymbol{C}_{\mathrm{t}}^{\mathrm{n}}=\begin{bmatrix}\cos\alpha & \sin\alpha & 0\\ -\sin\alpha & \cos\alpha & 0\\ 0 & 0 & 1\end{bmatrix} \tag{6-34}$$

③ 载体坐标系（$O_{\mathrm{b}}X_{\mathrm{b}}Y_{\mathrm{b}}Z_{\mathrm{b}}$）与导航坐标系（$O_{\mathrm{n}}X_{\mathrm{n}}Y_{\mathrm{n}}Z_{\mathrm{n}}$）

从载体坐标系到导航坐标系之间的转换矩阵称为“惯性导航解算矩阵”。两者之间的转换算法需要借助于四元数[23] 这一中间量，具体的算法会在姿态解算中进行详细推导。

6.3.3　惯性导航算法推导

6.3.3.1　载体姿态矩阵更新算法

载体的姿态矩阵更新算法是实现惯性导航系统精确导航的关键部分，通过姿态矩阵更新算法可以得到载体的姿态转换矩阵和姿态角信息，姿态矩阵表述了载体由载体坐标系到导航参考坐标系之间的转换关系[24]。因此，在推导姿态更新算法之前先介绍姿态矩阵的求解过程。

姿态矩阵的求解通常有四元数法、欧拉角法、余弦矩阵法[25]。四元数法主要用于描述刚体坐标系间的转动关系，因计算维度较少，比其他两种方法优越，应用面也最广。

四元数 $\boldsymbol{Q}$ 表示一个单位矢量绕旋转轴转动 α 角度，具体表示方法如下：

$$\boldsymbol{Q}=(\cos\frac{\alpha}{2},n\sin\frac{\alpha}{2})$$

$$\boldsymbol{Q}=\varepsilon_0+\varepsilon_1\times i+\varepsilon_2\times i+\varepsilon_3\times i \tag{6-35}$$

其中，实数部分 ε_0 表示转角的大小；三个虚数部分 ε_1，ε_2，ε_3 表示转动轴的三个方向。根据刚体转动理论可知，在求解载体转换矩阵前，需要对四元数的微分方程进行求解[26]：

$$\dot{Q}=\frac{1}{2}QM[w_{\mathrm{nb}}^{\mathrm{b}}] \tag{6-36}$$

$[w_{nb}^{\mathrm{b}}]$ 表示载体 b 系相对导航 n 系的转动角速度在 b 系中的投影，主要包含两部分：由地球自转发生的导航坐标系的旋转和系统在地球表面附近移动导致的导航坐标系的旋转，用 R_{M} 表示子午圈曲率半径，R_{N} 表示卯酉圈曲率半径，e 为地球的椭球度，即有：

$$w_{\mathrm{nb}}^{\mathrm{b}}=w_{ib}^{\mathrm{b}}-C_{\mathrm{n}}^{\mathrm{b}}(w_{ie}^{\mathrm{n}}+w_{\mathrm{en}}^{\mathrm{n}}) \tag{6-37}$$

$$\boldsymbol{w}_{ie}^{\mathrm{n}}=\begin{bmatrix}w_{iex}^{\mathrm{n}}\\ w_{iey}^{\mathrm{n}}\\ w_{iez}^{\mathrm{n}}\end{bmatrix}=\begin{bmatrix}0\\ w_{ie}\cos L\\ w_{ie}\sin L\end{bmatrix} \tag{6-38}$$

公式(6-38) 表示由地球自转引起的旋转角速度的变化。公式(6-39) 为由载体的运动线速度引起的导航系旋转角速度的计算公式。公式(6-40) 是子午圈曲率半径和卯酉圈曲率半径的计算公式[27]。

$$\boldsymbol{w}_{\mathrm{en}}^{\mathrm{n}}=\begin{bmatrix}w_{\mathrm{en}x}^{\mathrm{n}}\\ w_{\mathrm{en}y}^{\mathrm{n}}\\ w_{\mathrm{en}z}^{\mathrm{n}}\end{bmatrix}=\begin{bmatrix}-\tilde{L}\\ \tilde{\lambda}\cos L\\ \tilde{\lambda}\cos L\end{bmatrix}=\begin{bmatrix}-\dfrac{V_{\mathrm{N}}}{R_{\mathrm{M}}+h}\\ \dfrac{V_{\mathrm{E}}}{R_{\mathrm{N}}+h}\\ \dfrac{V_{\mathrm{E}}}{R_{\mathrm{N}}+h}\tan L\end{bmatrix} \tag{6-39}$$

$$R_{\mathrm{M}} = \frac{R_{\mathrm{e}}(1-e^2)}{(1-e^2\sin^2 L)^{3/2}}$$

$$R_{\mathrm{N}} = \frac{R_{\mathrm{e}}}{\sqrt{1-e^2\sin^2 L}} \tag{6-40}$$

$M[w_{\mathrm{nb}}^{\mathrm{b}}]$ 表示为角速率投影矩阵$[w_{\mathrm{nb}}^{\mathrm{b}}]$的反对称矩阵。对公式(6-36)展开如下所示：

$$\begin{bmatrix} \dot{\varepsilon}_0 \\ \dot{\varepsilon}_1 \\ \dot{\varepsilon}_2 \\ \dot{\varepsilon}_3 \end{bmatrix} = \frac{1}{2}\begin{bmatrix} 0 & -w_{\mathrm{nb}x}^{\mathrm{b}} & -w_{\mathrm{nb}y}^{\mathrm{b}} & -w_{\mathrm{nb}z}^{\mathrm{b}} \\ w_{\mathrm{nb}x}^{\mathrm{b}} & 0 & w_{\mathrm{nb}z}^{\mathrm{b}} & -w_{\mathrm{nb}y}^{\mathrm{b}} \\ w_{\mathrm{nb}y}^{\mathrm{b}} & -w_{\mathrm{nb}z}^{\mathrm{b}} & 0 & -w_{\mathrm{nb}x}^{\mathrm{b}} \\ w_{\mathrm{nb}z}^{\mathrm{b}} & w_{\mathrm{nb}y}^{\mathrm{b}} & -w_{\mathrm{nb}x}^{\mathrm{b}} & 0 \end{bmatrix} \begin{bmatrix} \varepsilon_0 \\ \varepsilon_1 \\ \varepsilon_2 \\ \varepsilon_3 \end{bmatrix} \tag{6-41}$$

求解四元数的微分方程可采用四阶龙格-库塔方法，具体的求解算法如下：

$$\begin{aligned} k_1 &= \frac{1}{2}w(t)Q(t) \\ k_2 &= \frac{1}{2}w\left(t+\frac{h}{2}\right)\left[Q(t)+\frac{k_1}{2}h\right] \\ k_3 &= \frac{1}{2}w\left(t+\frac{h}{2}\right)\left[Q(t)+\frac{k_1}{2}h\right] \\ k_4 &= \frac{1}{2}w\left(t+\frac{h}{2}\right)\left[Q(t)+k_1 h\right] \end{aligned} \tag{6-42}$$

其中，w 为陀螺仪采样输出的数值；h 为计算周期。正常情况下陀螺的更新频率可以达到每秒100次，因此可以通过(6-42)不断更新四元数，从而计算姿态转换矩阵。因为四元数可以定量地描述不同坐标系间的转换关系，因此，通过陀螺仪输出的数据解算出的四元数可以很好地表示姿态转换矩阵。姿态转换矩阵用 $C_{\mathrm{b}}^{\mathrm{n}}$ 表示。

设 $\varepsilon_0,\varepsilon_1,\varepsilon_2,\varepsilon_3$ 为更新后的姿态四元数，则从载体系到导航系之间的姿态转换矩阵 $\boldsymbol{C}_{\mathrm{b}}^{n}(k+1)$($k+1$ 时刻从 b 系旋转到 n 系)可表示：

$$\boldsymbol{C}_{\mathrm{b}}^{n}(k+1) = \begin{bmatrix} 1-2(\varepsilon_2^2+\varepsilon_3^2) & 2(\varepsilon_1\varepsilon_2-\varepsilon_3\varepsilon_0) & 2(\varepsilon_3\varepsilon_1+\varepsilon_0\varepsilon_2) \\ 2(\varepsilon_1\varepsilon_2+\varepsilon_3\varepsilon_0) & 1-2(\varepsilon_1^2+\varepsilon_3^2) & 2(\varepsilon_3\varepsilon_2-\varepsilon_1\varepsilon_0) \\ 2(\varepsilon_3\varepsilon_1-\varepsilon_0\varepsilon_2) & 2(\varepsilon_3\varepsilon_2+\varepsilon_1\varepsilon_0) & 1-2(\varepsilon_1^2+\varepsilon_2^2) \end{bmatrix} \tag{6-43}$$

姿态矩阵是直角坐标系下的转换矩阵，所以姿态矩阵也是正交矩阵，由于数据更新过程中可能会出现截断误差、简化造成的模型误差、交换误差等，导致更新后的姿态矩阵并不是正交矩阵。因此在更新矩阵时需要对矩阵进行正交规范化处理。对上文更新得到的四元数做如下处理：

$$Q = \varepsilon_0 + \varepsilon_1 \times i_1 + \varepsilon_2 \times i_2 + \varepsilon_3 \times i_3 \tag{6-44}$$

对其取模

$$N = \sqrt{\varepsilon_0^2+\varepsilon_1^2+\varepsilon_2^2+\varepsilon_3^2} \tag{6-45}$$

更新后的四元数各分量为

$$\varepsilon_i = \frac{Q}{N} \quad i=0,1,2,3 \tag{6-46}$$

6.3.3.2　载体姿态实时更新算法

船舶的姿态信息主要包括纵摇(俯仰角)、横摇(滚转角)和首摇(方位角)。船舶在运动状态下通过惯性导航系统采集角速度信息,对采集的角速度信息利用四元数更新算法实现姿态角度的实时更新。一般使用东北天坐标系作为导航坐标系,为后面计算方便,现将各个姿态角度的范围作以下规定:

纵摇是指以无人艇所在的坐标系的 Y 轴为旋转轴,其转动的角度范围为 $(-\pi/2,\pi/2)$、横摇是绕 X 轴转动,其转动的角度范围为 $(-\pi,\pi)$、首摇的范围为 $(-\pi,\pi)$,以北偏东为正方向。

以欧拉角表示的旋转矩阵如下所示:

$$\boldsymbol{T}=\boldsymbol{C}_{\mathrm{b}}^{\mathrm{n}}=\begin{bmatrix}\cos\theta\cos\psi & \sin\varphi\sin\theta\cos\psi-\cos\varphi\sin\psi & \cos\varphi\sin\theta\cos\psi+\sin\varphi\cos\psi\\ \cos\theta\cos\psi & \sin\varphi\sin\theta\cos\psi+\cos\varphi\cos\psi & \cos\varphi\sin\theta\sin\psi-\sin\varphi\cos\psi\\ -\sin\theta & \sin\varphi\cos\theta & \cos\varphi\cos\theta\end{bmatrix}\tag{6-47}$$

其中,θ 表示俯仰角,ψ 表示方位角;φ 表示横滚角。在仿真实验和实船实验中所有的角度都是用弧度制表示的。

为计算方便,现假设矩阵 $\boldsymbol{T}$ 为如下形式:

$$\boldsymbol{T}=\begin{bmatrix}T_{11} & T_{12} & T_{13}\\ T_{21} & T_{22} & T_{23}\\ T_{31} & T_{32} & T_{33}\end{bmatrix}\tag{6-48}$$

由公式(6-43) ~ 式(6-47) 可以计算载体的姿态角信息。在计算的结果中可能会出现多种值的现象,因此需要根据上面规定的姿态角度的范围进行求解。

6.3.3.3　载体速度实时更新算法

载体的速度实时更新算法主要是通过惯性导航系统中的三轴加速度计测量载体运动的比力信息,然后通过一系列的解算算法实现的。因此在实现载体速度的更新之前,先对比力信息做如下的处理。

导航坐标系中的比力坐标转换,通过加速度计输出的 k 时刻的比力 f_{b} 和姿态转换矩阵 $\boldsymbol{C}_{\mathrm{b}}^{n}$,计算出此时比力在导航系中的投影,姿态矩阵的计算公式通过公式(6-43) 可以解算,下面是对加速度的解算公式[28]。

$$f_{\mathrm{n}}=\boldsymbol{C}_{\mathrm{b}}^{n}\times f_{\mathrm{b}}\tag{6-49}$$

公式(6-49) 是惯性导航的比力方程,同时也是惯性导航基本方程的基础部分,下面是惯性导航的基本方程,也是速度实时更新算法的主要数学公式。

$$\dot{v}_{\mathrm{en}}^{\mathrm{n}}=C_{\mathrm{b}}^{\mathrm{n}}f_{\mathrm{sf}}^{\mathrm{b}}-(2\omega_{ie}^{\mathrm{n}}+\omega_{\mathrm{en}}^{\mathrm{n}})\times v_{\mathrm{en}}^{\mathrm{n}}+g^{\mathrm{n}}\tag{6-50}$$

等式右边第二项称为哥氏加速度,也是载体在运动过程中产生的有害加速度,具体计算参考公式(6-61) 和公式(6-62)。然而在具体的使用时会根据载体的运动特性进行相应的简化。对于低成本 MEMS 惯导系统,陀螺精度(零偏稳定性及重复性) 为 0.1°/s 量级,加速度计精度为 5mg 量级,由于陀螺精度太低,无法敏感接收到地球自转信息,可适当地对其作一些简化。例如,当载体的运动速度小于 100m/s 时,惯导基本方程中右端第二项 $(2\omega_{\mathrm{ie}}^{\mathrm{n}}+\omega_{\mathrm{en}}^{\mathrm{n}})\times v_{\mathrm{en}}^{\mathrm{n}}$ 的量级为 1mg,这种情况下可对速度解算算法进行简化,此时速度更新方程简化为:

$$v_{m}^{n} = v_{m-1}^{n} + \Delta v_{sf(m)}^{n} + g^{n} T_{s} \tag{6-51}$$

$$\Delta v_{sf(m)}^{n} = C_{b(m-1)}^{n} (\Delta v_{m} + \frac{1}{2}\Delta\theta_{m} \times \Delta v_{m}) \tag{6-52}$$

然而在一般的使用中，低成本的惯性导航系统通常在小范围内运动，比如操场，这时可以有选择性地简化捷联惯性导航的更新算法。可以使用当地直角坐标系作为导航参考坐标系，以起始点作为原点，三个坐标轴分别指向东方向、北方向和天方向。

6.3.3.4　载体位置实时更新算法

对载体的经度、纬度、高度进行求解[29]，数学公式如下：

$$\dot{\lambda} = \frac{\sec L}{R_{N} + h} v_{E}^{n}, \dot{L} = \frac{1}{R_{M} + h} v_{N}^{n}, \dot{h} = v_{U}^{n} \tag{6-53}$$

对位置公式做如下的处理：

$$\dot{p} = \boldsymbol{M}_{pv} v^{n} \tag{6-54}$$

矩阵 $\boldsymbol{P}$ 表示位置矩阵，主要包括经度、纬度和高度，其中中间矩阵 $\boldsymbol{M}_{pv}$ 表示为：

$$\boldsymbol{M}_{pv} = \begin{bmatrix} 0 & 1/R_{M} & 0 \\ \sec L/R_{N} & 0 & 0 \\ 0 & 0 & 1 \end{bmatrix} \tag{6-55}$$

和简化速度模型一样，当载体在小范围运动时，可以对上述位置矩阵更新算法公式进行简化，在直角坐标系中，导航定位的微分方程将变得非常简单，为 $\dot{p}^{n} = v^{n}$，对其离散化即可获得简化的位置的更新方程：

$$p_{m}^{n} = p_{m-1}^{n} + \frac{v_{m-1}^{n} + v_{m}^{n}}{2} T_{s} \tag{6-56}$$

通过 $m-1$ 时刻和 m 时刻的速度在该时段内的速度平均变化量即可估计出载体在小范围内的运动轨迹。

6.4　无人艇组合导航系统的建模

无人艇组合导航系统的仿真主要包括无人艇运动轨迹的设计、惯性器件的仿真、GPS 数据的仿真以及组合导航系统的仿真。根据无人艇运动轨迹仿真的数据信息进行惯性导航的解算与验证。在仿真中，将真实的运动轨迹信息与滤波算法得到的信息对比分析，从而验证导航系统的性能。仿真系统主要分为以下几个方面：

(1) 无人艇运动轨迹仿真：基于无人艇实际的运动模型，模拟载体在不同运动形式下的数据信息，进而仿真无人艇的运动轨迹[30]。

(2) 惯性器件仿真模型：惯性器件输出的比力数据和角速率数据是根据轨迹参数通过惯导反演算法推导出来的，因此可以通过模拟不同的运动形式分析载体在各种运动状态下的导航性能差异。同时，根据惯性仿真数据进行算法更新，对惯性导航解算算法的实用性进行验证[31]。

(3)GPS 仿真模型：GPS 仿真模型的输入量是无人艇运动中产生的轨迹数据。为了更逼真地模拟 GPS 数据，使用一阶马尔科夫过程对 GPS 误差进行仿真。

(4) 组合导航模型：建立惯性导航解算的误差模型，根据 GPS 误差模型仿真量测噪声，对惯性导航解算误差量的初始值和过程噪声值进行仿真[32]。仿真系统的总体框图如图 6-36 所示。

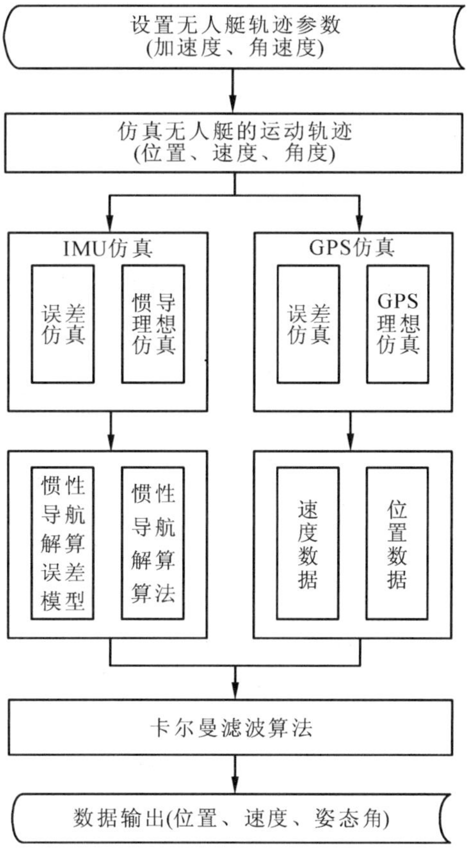

图 6-36　仿真系统总体框图

6.4.1　无人艇轨迹的设计

无人艇的运动状态主要包括静止、匀加速、纵摇、横摇、转弯等状态。对于给定的巡航任务可预先设计出无人艇的运动轨迹，从而得到无人艇在不同时刻的真实导航信息。在不同的运动状态下，惯性导航的漂移误差和解算误差是不一样的，为使无人艇轨迹模型更接近真实轨迹，须对无人艇的基本运动状态进行建模并仿真。为了对比分析惯性导航系统的导航性能以及组合导航滤波的可靠性，下面将建立无人艇在各种运动状态下的运动模型。

(1) 静止或匀速运动

为了测试静止状态下加速度计和陀螺仪模块的漂移误差，现对无人艇在该状态下的数学模型进行描述：

$$\left.\begin{aligned}a_x^{\mathrm{t}} &= 0\\ a_y^{\mathrm{t}} &= 0\\ a_z^{\mathrm{t}} &= 0\\ \dot{\gamma} &= 0\\ \dot{\theta} &= 0\\ \dot{\varphi} &= 0\end{aligned}\right\} \tag{6-57}$$

其中，a_x^{t}，a_y^{t}，a_z^{t} 分别表示 t 时刻轨迹系下 X 轴、Y 轴、Z 轴三个方向上的加速度；$\dot{\gamma}$，$\dot{\theta}$，$\dot{\varphi}$ 分别表示滚转角速率、俯仰角速率和偏航角速率。

(2) 加速直线运动

在加速直线运动状态下，纵摇、横摇、方位角均保持不变，仅存在纵轴向速度变化，数学模型描述为：

$$\left.\begin{aligned}a_x^{\mathrm{t}} &= 0\\ a_y^{\mathrm{t}} &= a\\ a_z^{\mathrm{t}} &= 0\\ \dot{\gamma} &= 0\\ \dot{\theta} &= 0\\ \dot{\varphi} &= 0\end{aligned}\right\} \tag{6-58}$$

其中，a_y^{t} 为设置的纵轴向加速度，具体值为 a，a 为正时表示无人艇为加速运动；a 为负时表示无人艇为减速运动；a 为零时表示无人艇为匀速运动或者静止。

(3) 匀速转弯阶段

在匀速转弯阶段，可以假设无人艇沿着水平面做匀速圆周运动。载体的纵摇和横摇保持不变，偏航角速度为 w，设开始转弯的时刻为 t_0，即有：

$$\left.\begin{aligned}a_x^{\mathrm{t}} &= a_1\\ a_y^{\mathrm{t}} &= 0\\ a_z^{\mathrm{t}} &= 0\\ \dot{\gamma} &= 0\\ \dot{\theta} &= 0\\ \dot{\varphi} &= w\end{aligned}\right\} \tag{6-59}$$

左转弯时假设沿着轨迹系 X 轴方向的加速度为 a_1($a_1 < 0$)，以等角速度 w 进行转弯，转弯结束后保持一段时间的匀速进行右转弯运动，此时沿着轨迹系 X 轴方向的加速度为正值，以等角速度 $-w$ 进行右转弯运动。通过上述对无人艇运动状态模型的描述，设计运动轨迹。各个阶段的导航参数如表 6-7 所示。

表 6-7　轨迹参数表

轨迹阶段	运动动作	持续时间/s	俯仰速率/(rad/s)	方位角速率/(rad/s)	东加速度/(m/s²)	北加速度/(m/s²)	天加速度/(m/s²)
1	静止	10	0	0	0	0	0
2	加速	50	0	0	0	0.1	0
3	左转	100	0	0.015	−0.15	0	0
4	匀速	200	0	0	0	0	0
5	右转	100	0	−0.015	0.15	0	0
6	俯仰	10	0.02	0	0	0	0.0009
7	减速	50	0	0	0	−0.1	0

根据表 6-7 的轨迹参数，在 MATLAB 中进行编程与实现，图 6-37、图 6-38、图 6-39 分别是仿真实现的无人艇运动轨迹、姿态角变化及导航系速度曲线。

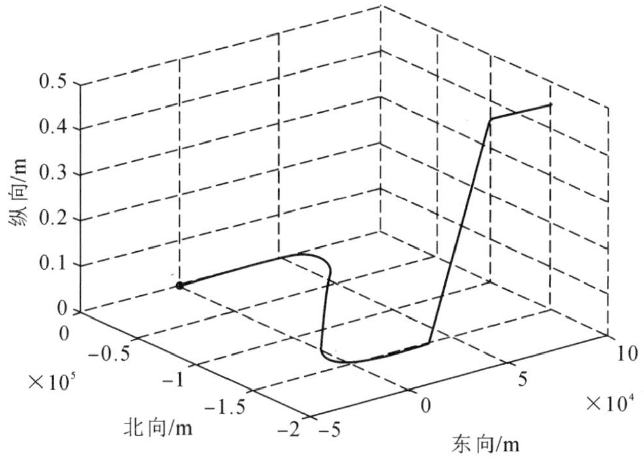

图 6-37　无人艇轨迹仿真结果

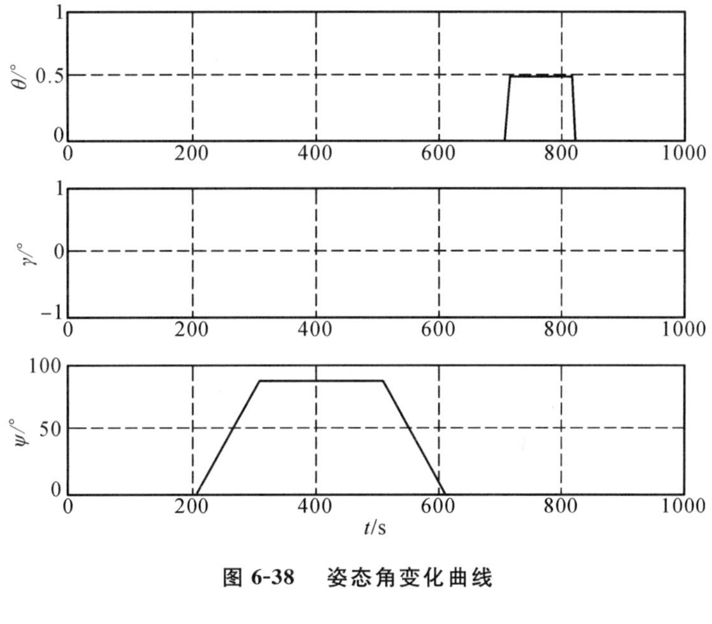

图 6-38　姿态角变化曲线

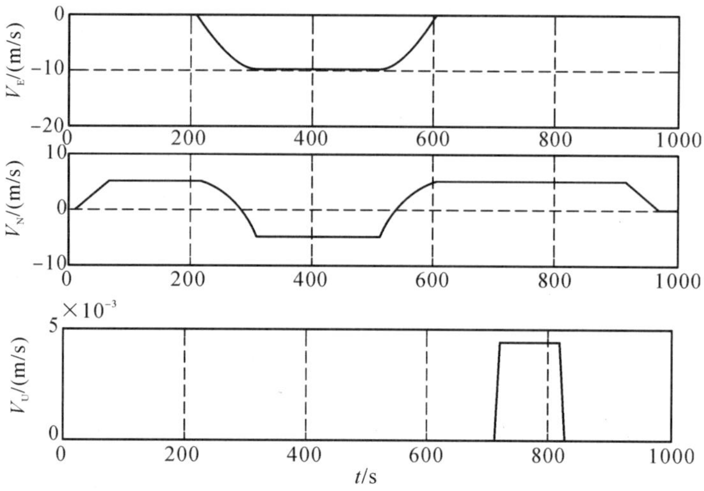

图 6-39 导航系速度仿真曲线

6.4.2 惯性器件模型的建立

在对三轴陀螺仪模型和三轴加速度计模型进行建模的过程中，将无人艇轨迹模型输出的真实的姿态角、速度、位置等数据作为惯性导航仿真系统计算偏差的基准，首先根据位置数据解算出速度，根据姿态数据解算出角速度，并经过坐标变换计算出载体坐标系内的陀螺仪和加速度计的输出值。惯性导航的仿真原理如图 6-40 所示。

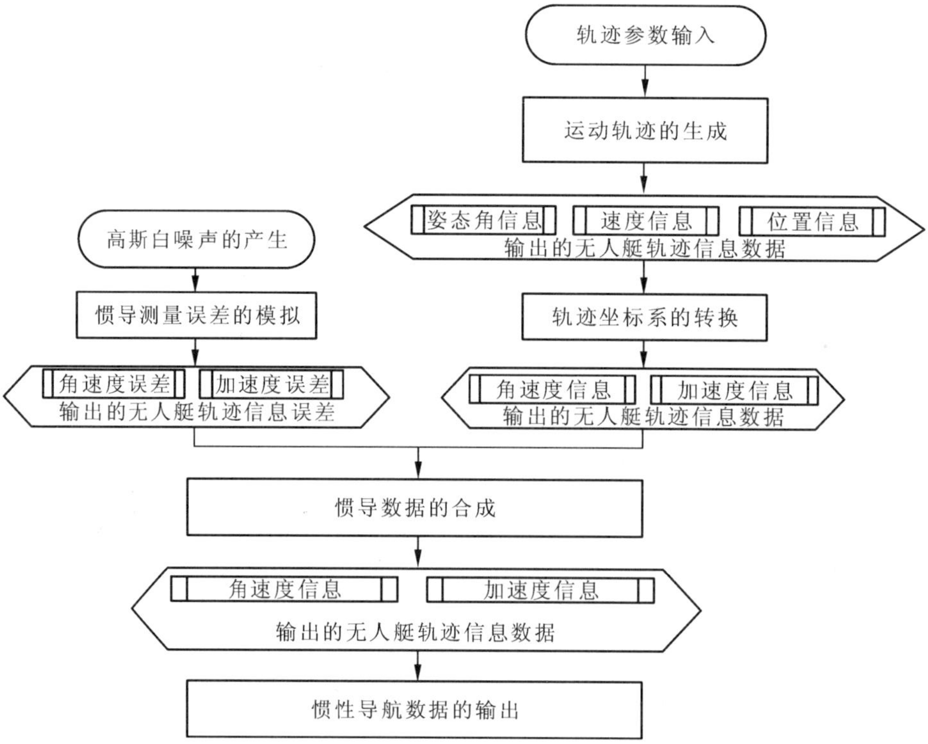

图 6-40 惯导仿真原理图

1）陀螺仪理想模型的建立

（1）建立陀螺仪理想输出模型

陀螺仪测量的是惯性系在载体系的投影角速度 w_{ib}^{b}。从载体运动轨迹数据中，可以得到载体系相对于导航系的角速度在载体坐标系中的投影[33]；通过轨迹数据中的位置信息可以计算出导航系与载体系之间的转换矩阵 $\boldsymbol{C}_{n}^{b}$，通过转换矩阵可以得到 w_{in}^{b}，然后对两者相加可以得到陀螺仪模型的理想输出 w_{ib}^{b}。具体求解过程如下：

① 载体系相对于导航系的欧拉角速度在载体系中的投影[34]

$$\begin{bmatrix} w_{nbx}^{b} \\ w_{nby}^{b} \\ w_{nbz}^{b} \end{bmatrix} = \boldsymbol{C}_{n}^{b} \cdot \begin{bmatrix} \dot{\theta} \\ 0 \\ -\dot{\varphi} \end{bmatrix} + \boldsymbol{C}_{t}^{b} \cdot \begin{bmatrix} 0 \\ \dot{\gamma} \\ 0 \end{bmatrix} \tag{6-60}$$

② 导航系相对于惯性系的转动角速度在载体系中的投影

在解算该部分时首先要求解出导航系相对于惯性系的转动角速度在导航参考系中的投影 w_{in}^{n}，计算公式如下：

$$w_{in}^{n} = w_{ie}^{n} + w_{en}^{n} \tag{6-61}$$

其中，w_{ie}^{n} 表示地球自转角速度在导航系上的投影；等式右边另外一个参数 w_{en}^{n} 是载体产生线性速度引起的，具体的数学公式如下：

$$w_{ie}^{n} = \begin{bmatrix} w_{iex}^{n} \\ w_{iey}^{n} \\ w_{iez}^{n} \end{bmatrix} = \begin{bmatrix} 0 \\ w_{ie}\cos L \\ w_{ie}\sin L \end{bmatrix} \tag{6-62}$$

$$w_{en}^{n} = \begin{bmatrix} -\dfrac{V_{N}}{R_{M}+h} \\ \dfrac{V_{E}}{R_{N}+h} \\ \dfrac{V_{E}}{R_{N}+h}\tan L \end{bmatrix} \tag{6-63}$$

对 w_{in}^{n} 进行坐标系转换，使用方向余弦矩阵 $\boldsymbol{C}_{n}^{b}$ 乘以 w_{in}^{n} 便可以得到转动角速度在载体坐标系中的投影。

③ 理想陀螺仪仿真数据输出

$$w_{ib}^{b} = w_{in}^{b} + w_{nb}^{b} \tag{6-64}$$

目前已经完成对理想陀螺仪的仿真，但是在实际使用中，陀螺仪有零漂和高斯白噪声等误差，为了使模拟的陀螺仪数据更加真实，需要对其添加误差。

（2）建立陀螺仪误差模型

陀螺仪是对角运动变化敏感的元器件，由于本身存在刻度因子误差、量化噪声、角度随机游走以及常值漂移误差等[35]，因此陀螺仪的真实数据模型应为：

$$\widetilde{w}_{ib}^{b} = w_{ib}^{b} + \varepsilon^{b} \tag{6-65}$$

其中，ε^{b} 代表陀螺仪的误差。量化噪声是由 AD 采样导致的，属于高频噪声，可以用低通滤波器或通过惯导的解算算法降低，对精度的影响较小。角度随机游走噪声，需要确定和区别是角速率输出还是角增量输出，低精度惯导模块一般是角速度输出，在仿真过程中，假设角度随机游走噪声是角速度输出，属于高斯白噪声，使用一阶马尔科夫过程进行仿真。陀螺仪零偏不稳定性也叫作“闪变噪声”，并不是只有零偏导致偏移，零偏是没有运动时的平均输出，即零偏会随着时间缓慢地变化，有一定的偏移范围。在仿真过程中只考虑陀螺仪的常值漂移和角度随机游走噪声。T_r 为一阶马尔科夫过程相关时间，w_r 为驱动白噪声，ε^b 的数学模型如下[36]。

$$\left.\begin{aligned}\dot{\varepsilon}^{b} &= 0\\ \dot{\varepsilon}^{r} &= -\frac{1}{T_r}\varepsilon_r + w_r\end{aligned}\right\} \tag{6-66}$$

2）理想加速度计模型的建立

（1）理想比力数据模型

载体系三个轴向的比力数据信息是加速度计测量的。由于加速度计是对振动和力敏感的元器件，因此把加速度计静置在地面上，由于地球的自转角速度以及重力的影响，载体系三个方向的比力数据仍在发生变化：

$$f^n = \boldsymbol{C}_t^n \cdot \boldsymbol{a}^t + (2w_{ie}^n + w_{en}^n) \times \boldsymbol{V}^n + \boldsymbol{g}^n \tag{6-67}$$

轨迹模型输出的导航参数是基于轨迹系下的数据，轨迹系的 Y_t 轴沿着载体纵轴指向前进的方向，X_t 轴始终指向载体横轴右侧，Z_t 轴按照右手定则沿着载体垂直向上。轨迹系在水平面的投影即为轨迹水平坐标系，Y_h 是 Y_t 在水平面的投影，X_h 与 X_t 重合，Z_h 按照右手定则垂直向上。导航系绕 Z_n 轴旋转偏航角的度数得到轨迹水平坐标系，轨迹水平坐标系绕着 X_h 旋转俯仰角的度数得到轨迹坐标系，从而实现导航系与轨迹系间的转换[37]。如果要得到载体坐标系下的数据，需要轨迹坐标系绕着 Y_t 旋转滚转角的度数，从而得到载体系下的导航数据。式(6-67) 右边第二项矩阵的叉乘表示有害加速度，从速度更新算法中可知，如果要模拟真实的三轴加速度计的数据，需要把有害加速度和导航系下的比力数据相加，从而模拟真实的比力数据。

（2）加速度计误差模型

加速度计误差模型的建立主要考虑加速度计的零位偏移误差和速度随机游走误差，加速度计的零偏误差可以通过测量惯性导航设备在静止状态下一段时间内的漂移均值来表示，与其他常值模型相比，一阶马尔科夫过程模型可在长时间组合滤波后避免滤波器过度收敛现象，提高滤波器的稳定性，因此选择一阶马尔科夫过程来描述速度随机游走噪声和中低精度的惯性器件，数学计算公式如下：

$$\tilde{f}^b = f^b + \nabla_n^b \tag{6-68}$$

其中，∇_n^b 表示加速度计的误差，其计算公式如下：

$$\nabla_n^b = \nabla_a + \nabla_r + w_a \tag{6-69}$$

其中，∇_a 为零偏误差；∇_r 和 w_a 分别是一阶马尔科夫过程和驱动白噪声。计算公式如下：

$$\left.\begin{aligned}\dot{\nabla}_a &= 0\\ \dot{\nabla}_r &= -\frac{1}{T_a}\nabla_r + w_a\end{aligned}\right\} \tag{6-70}$$

6.4.3　惯性导航数据的仿真

根据前面设计的陀螺仪和加速度计误差模型，可以知道惯性导航测量单元（Inertial Measurement unit，IMU）输出的数据信号为：

$$\widetilde{w} = w^{b} + \varepsilon^{b}$$
$$\widetilde{f} = f^{b} + \nabla^{b} \tag{6-71}$$

其中，$\widetilde{w}$ 是 IMU 输出的角速率数据，$\widetilde{f}$ 是 IMU 输出的比力数据。由设计的轨迹数据中解算得到理想角速率和比力数据。在实际的应用中，惯性导航由于振动和噪声的干扰，输出带有噪声的角速度和比力数据。为了模拟真实场景情况下检测得到的数据信息，在这里使用前面建立的模型和理想输出数据一起作为目标轨迹下的载体运动的数据。根据惯性器件噪声的干扰特性，ε^{b} 和∇^{b} 的误差参数如表 6-8 所示。

表 6-8　仿真惯性器件噪声参数

随机误差项	参数取值
陀螺仪常值漂移	0.01°/h
陀螺仪白噪声方差	0.01°/h
陀螺仪一阶马尔科夫噪声	相关时间 3600s，驱动白噪声方差 0.01°/h
加速度计零偏	0.01g
加速度计白噪声方差	0.01g
加速度计一阶马尔科夫噪声	相关时间 1800s，驱动白噪声方差[38] 10^{-4}g

在轨迹设计的基础上，对陀螺仪和加速度数据进行仿真，仿真结果如图 6-41、图 6-42 所示。

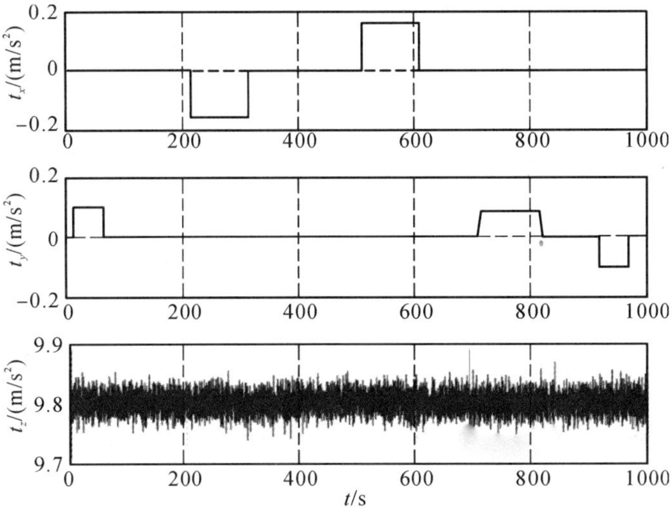

图 6-41　加速度计仿真输出波形

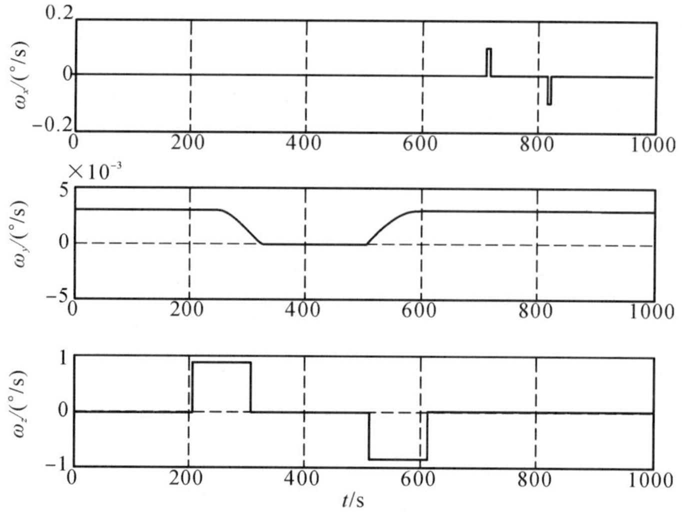

图 6-42　陀螺仪仿真输出波形

6.4.4　全球定位系统的建模

6.4.4.1　GPS 定位原理

GPS 主要包括 GPS 卫星星座、地面监控系统和 GPS 信号接收机。GPS 的卫星星座由 24 颗卫星组成，通过设计卫星的运行轨道，可使 GPS 系统能够在任何时间任何地点都能接收到四颗以上的卫星导航信号。接收机可以捕获卫星信息并对接收到的信息进行处理，进而解算出接收机的运动信息，主要包括载体的经纬度、高度、速度以及航向角，但是由于 GPS 的卫星时钟和接收机的时钟以及 GPS 的系统时钟并不同步，在这种情况下，GPS 接收机使用者很难以足够的精度测量载体运动的经纬度信息。为了测量出 GPS 的卫星时钟与 GPS 接收机时钟之间的误差，需要把时钟差作为一个待定参数，同位置数据一起联立方程进行求解。接收机位置计算公式如下：

$$\rho^{t} = \sqrt{(x-X_j)^2+(y-Y_j)^2+(z-Z_j)^2}+c\nabla t_r \tag{6-72}$$

接收机接收到的第 j 个卫星的位置用 (X_j, Y_j, Z_j) 表示，为已知量，接收机的位置坐标用 (x, y, z) 表示，为待求量，$c\nabla t_r$ 代表接收机与卫星之间的距离误差，其中 c 是光速，ρ^t 是伪距。因此，只需要对四颗卫星进行同步观测，获得与公式(6-72)相同的四个伪距观测值，便可以联立求解方程，解算出接收机所在的位置以及接收机与卫星之间的时钟差。

GPS 定位方式有单独 GPS 定位和差分 GPS 定位(DGPS)。单独 GPS 定位可分为载波相位法和伪距测量法两种，但是由于没有参考基站无法估计载体相对正北方运动的偏航角信息，主要用于一般的导航定位；DGPS 用于较精确的大地测量和动态干扰情况下的动态测量。一般使用的是差分 GPS，在组合导航初始化时，需要 DGPS 测量得到的偏航角输入给惯性导航系统，辅助惯性导航系统完成初始化。

6.4.4.2　GPS 的误差分析

GPS 的定位误差主要从以下三个方面进行分析：

(1) 与观测卫星相关的误差

主要指的是卫星时钟与GPS系统标准时之间的误差，该误差的大小可达1ms，会对伪距测码和载波相位测量产生等效高达300km的距离误差，同时，这个误差也是影响GPS定位的主要因素。为了补偿观测卫星与GPS标准时钟之间的误差，要求GPS接收机至少需要测量四颗卫星。另外，观测卫星在广播卫星星历或计算其他轨道卫星的位置时存在一定的误差，通常为1～7m，在计算中为了补偿这一误差，通常选取2.17m作为该误差的数值，提高GPS定位的准确性。

(2) 与GPS信号传播相关的误差

主要指的是GPS卫星从发射卫星信号到GPS接收机接收卫星信号的整个过程中产生的误差。主要包括电离层和对流层的折射产生的影响以及多路径效应产生的误差影响。在分析这一模型的影响时，可以选用白噪声作为电离层折射误差，在MATLAB中进行误差实验分析。

(3) 与接收机相关的误差

这里主要包括接收机天线的安装位置与安装精度，接收机内部的石英钟误差，以及GPS接收机的软件对卫星信号的观测分辨率误差。

6.5　无人艇的组合导航系统的仿真

惯性导航系统与GPS系统有多种方式组合，其中主要有松组合方式、紧组合方式、深组合方式、超紧组合方式等[39]。其中松组合方式是直接将惯性导航解算的信息与GPS输出的信息进行组合的一种方式，是目前较实用也是结构最简便的一种。紧组合是将GPS导航定位时输出的原始伪距测量信息作为观测量，通过解算惯性导航的卫地距离，将两者进行组合。该方式较松组合复杂但是滤波器观测范围广、精度较高。

6.5.1　组合导航算法及校正方式

6.5.1.1　卡尔曼滤波算法

对惯性导航信息和GPS信息进行融合的方法有最小二乘法和最小方差估计，前者是以量测估计误差值的平方和最小为最优准则，通常它不需要考虑系统的量测噪声，而后者以状态的估计误差值的平方和最小为最优标准，要求系统的噪声和量测噪声已知，由于所考虑的信息较为全面，所以估计的精度相对较高。KF就是使用基于最小方差估计的滤波算法，它的滤波方程采用实时递推的方法，所用的存储容量较小，便于计算机实现，并且在平稳过程和非平稳过程都有较好的效果。因此，一般选用该滤波算法进行数据融合。

假设线性系统的状态方程如下所示：

$$\begin{aligned} X(K+1) &= \phi X(K) + \Gamma W(K) \\ Y(K) &= HX(K) + V(K) \end{aligned} \tag{6-73}$$

卡尔曼滤波算法如下：

Step 1　初始状态：

$$\hat{X}_0 = E(X_0);P_0 = Var(x_0)$$

对状态矩阵进行离散化处理，连续状态矩阵 $\boldsymbol{F}$ 离散成 $\boldsymbol{\phi}$ 矩阵，具体公式如下：

$$\begin{cases} X_K = \phi_{K/K-1} X_K + \Gamma_{K-1} W_{K-1} \\ Z_K = H_K X_K + V \end{cases}$$

Step 2　状态预测：

$$\widehat{X}_{K/K-1} = \phi_{K/K-1}\,\widehat{X}_{K-1}$$

Step 3　方差预测：

$$P_{K/K-1} = \phi_{K/K-1} P_{K-1} \phi_{K/K-1}^{T} + \Gamma_{K-1} Q_K \Gamma_{K,K-1}^{T}$$

Step 4　状态估计：

$$\widehat{X}_K = \widehat{X}_{K/K-1} + K_K (Z_K - H_K\,\widehat{X}_{K/K-1})$$

Step 5　计算卡尔曼增益：

$$K_K = P_{K/K-1} H_K^{T} (H_K P_{K/K-1} H_K^{T} + R_K)^{-1}$$

Step 6　计算状态估计方差：

$$P_K = (I - K_K H_K) P_{K/K-1} (I - K_K H_K)^{T} + K_K R_K K_K^{T}$$

卡尔曼滤波的滤波增益决定了对先验估计值和量测新息值的使用权重，通常情况下，系统开始工作时主要依赖于量测信息，此时滤波的增益值较大，新息值（新的观测值与单步预测值的差值）不断地修正先验估计的精度，使得预测估计方差不断地减小，估计精度在逐步地提高，先验估计的效果在逐步增强，量测的作用在逐渐地减弱，最终在两者的相互作用下达到滤波稳态。

6.5.1.2　校正方式

使用惯性导航解算的误差模型作为卡尔曼滤波的状态量 ΔX_i，利用观测量和状态量 ΔX_i 进行滤波算法，会获得惯性导航解算误差的最优估计值 ΔX_i，然后用 ΔX_i 去校正惯性导航解算的导航参数。使用误差值 ΔX_i 进行校正的方式有两种：输出校正、反馈校正。其原理图如图 6-43 所示。

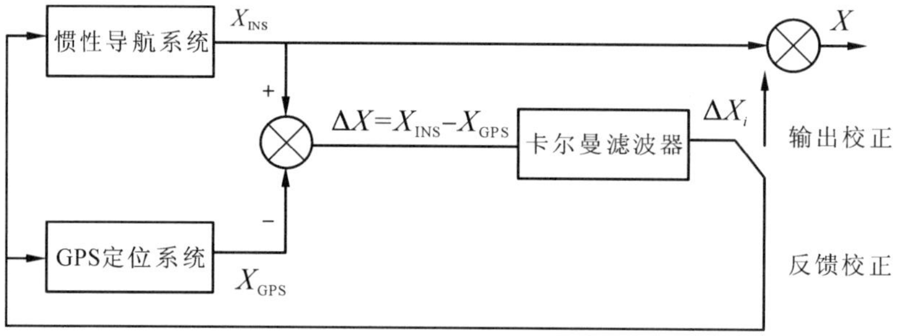

图 6-43　校正原理图

由图 6-43 可知，卡尔曼滤波器输出的误差估计值 ΔX_i 经过输出校正和反馈校正都能对惯性导航输出的数据进行误差校正，不同的是输出校正方式和滤波器是独立进行的，一旦卡尔曼滤波算法出现问题，导航系统并不会因此停止工作，这种校正方式的系统比较稳定，工程上便于实现。但是随着工作时间的增加，因没有对惯性误差量进行反馈校正，惯导误差量可能会增加到不能进行线性化处理的程度，最后导致滤波精度下降。反馈校正方式可以解决这一问题，但是实现起来较复杂，且滤波器一旦出现问题，会导致整个系统无法工作。

6.5.2　组合导航系统的模型

6.5.2.1　误差状态方程

以误差为基础的状态方程需要先对各状态量的数学模型进行推导，这里选取姿态角误差(RPY)、速度误差(ENU)、位置误差($L\lambda h$)以及陀螺仪和加速度计的偏移误差作为状态变量[40-42]。

$$X = [\varphi_E \quad \varphi_N \quad \varphi_U \quad \delta v_E \quad \delta v_N \quad \delta v_U \quad \delta L \quad \delta\lambda \quad \delta h \quad \varepsilon_{bx} \quad \varepsilon_{by} \quad \varepsilon_{bz} \quad \nabla_x \quad \nabla_y \quad \nabla_z] \tag{6-74}$$

(1) 姿态角误差模型

惯导系统以 ENU 坐标系作为基准参考系(N)，初始时刻，惯导系统自身所在的传感器坐标系与 ENU 坐标系之间存在一定的角度偏差 φ^n，在 N 系描述为：

$$\boldsymbol{\varphi}^n = [\varphi_E \quad \varphi_N \quad \varphi_U]^T \tag{6-75}$$

姿态角误差的数学公式为：

$$\dot{\varphi} = \delta w_{ie}^n + \delta w_{en}^n - (w_{ie}^n + w_{en}^n) \times \phi^n + C_b^n \varepsilon^b \tag{6-76}$$

其中各个参数矩阵的表达式如下：

$$\boldsymbol{w}_{ie}^n = \begin{bmatrix} 0 \\ w_{ie}\cos L \\ w_{ie}\sin L \end{bmatrix}, \delta\boldsymbol{w}_{ie}^n = \begin{bmatrix} 0 \\ w_{ie}\sin L\delta L \\ w_{ie}\cos L\delta L \end{bmatrix}, \boldsymbol{w}_{en}^n = \begin{bmatrix} -\dfrac{v_n}{R_M + h} \\ \dfrac{v_E}{R_N + h} \\ \dfrac{v_E}{R_N + h}\tan L \end{bmatrix} \tag{6-77}$$

$$\delta\boldsymbol{w}_{en}^n = \begin{bmatrix} -\dfrac{\delta v_n}{R_M + h} + \dfrac{v_n}{(R_M + h)^2}\delta h \\ \dfrac{\delta v_E}{R_N + h} - \dfrac{v_E}{(R_N + h)^2}\delta h \\ \dfrac{\delta v_E}{R_N + h}\tan L - \dfrac{v_E}{(R_N + h)^2}\delta h + \dfrac{v_E \sec^2 L}{R_N + h}\delta L \end{bmatrix} \tag{6-78}$$

(2) 速度的误差模型

由前述对载体速度的实时更新算法可推导速度的误差模型为：

$$\delta\dot{v}^n = f^n \times \varphi^n - (2\delta w_{ie}^n + \delta w_{en}^n) \times v^n - (2w_{ie}^n + w_{en}^n) \times \delta v^n + C_b^n \nabla^b \tag{6-79}$$

(3) 位置的误差模型

$$\begin{bmatrix} \delta\dot{L} \\ \delta\dot{\lambda} \\ \delta\dot{h} \end{bmatrix} = \begin{bmatrix} \dfrac{\delta v_n}{R_M + h} - \dfrac{v_n \delta h}{(R_M + h)^2} \\ \dfrac{\delta v_x}{R_N + h}\sec L + \dfrac{v_x}{R_N + h}\sec L\tan L\delta L - \dfrac{v_x}{(R_N + h)^2}\sec L\delta h \\ \delta v_z \end{bmatrix} \tag{6-80}$$

根据上述对姿态角误差、速度误差、位置误差的模型以及前文中对加速度计零偏和陀螺仪的漂移，建立惯性导航的误差状态方程：

$$\dot{\boldsymbol{X}} = \boldsymbol{FX} + \boldsymbol{GW} \tag{6-81}$$

其中，$\boldsymbol{W}$ 为过程噪声矩阵，表示为：

$$\boldsymbol{W} = [w_{gx} \quad w_{gy} \quad w_{gz} \quad w_{ax} \quad w_{ay} \quad w_{az}]^T \tag{6-82}$$

$\boldsymbol{G}$ 为 $\boldsymbol{W}$ 的分布矩阵，表示为：

$$\boldsymbol{G} = \begin{bmatrix} C_{\mathrm{b}}^{\mathrm{n}} & 0_{3\times3} \\ 0_{3\times3} & C_{\mathrm{b}}^{\mathrm{n}} \\ 0_{9\times3} & 0_{9\times3} \end{bmatrix} \tag{6-83}$$

状态转移矩阵 $\boldsymbol{F}$ 表示为：

$$\boldsymbol{F} = \begin{bmatrix} F_{9\times9}^{\mathrm{N}} & F_{9\times6}^{\mathrm{S}} \\ 0_{6\times9} & 0_{6\times6} \end{bmatrix}_{15\times15} \tag{6-84}$$

$\boldsymbol{F}^{\mathrm{S}}$ 为惯性器件的噪声对应的矩阵，表示为：

$$\boldsymbol{F}^{\mathrm{S}} = \begin{bmatrix} C_{\mathrm{b}}^{\mathrm{n}} & 0_{3\times3} \\ 0_{3\times3} & C_{\mathrm{b}}^{\mathrm{n}} \\ 0_{3\times3} & 0_{3\times3} \end{bmatrix}_{9\times6} \tag{6-85}$$

$\boldsymbol{F}^{\mathrm{N}}$ 为姿态角误差、速度误差、位置误差对应的状态矩阵，具体参数可通过公式(6-75)～式(6-80)求解。

6.5.2.2　测量更新方程

组合导航系统的量测更新信息是取 INS 的速度、位置与 GPS 的速度、位置之差，具体公式如下：

$$\boldsymbol{Z}_{(\mathrm{t})} = \begin{bmatrix} V_{\mathrm{INS}} - V_{\mathrm{PTK}} \\ P_{\mathrm{INS}} - P_{\mathrm{PTK}} \end{bmatrix} = \boldsymbol{H}(t)\boldsymbol{X}(t) + \boldsymbol{v}(t) \tag{6-86}$$

其中，$\boldsymbol{Z}_{(\mathrm{t})}$ 表示量测矩阵；$\boldsymbol{H}(t)$ 表示观测向量，这里主要是指 GPS 的导航信息；$\boldsymbol{v}(t)$ 为 GPS 位置和速度量测的噪声误差。其中 $\boldsymbol{H}(t)$ 的具体参数如下：

$$\boldsymbol{H}(t) = \begin{bmatrix} 0_{1\times3} & 1 & & & & & \\ 0_{1\times3} & 0 & 1 & & & & \\ 0_{1\times3} & 0 & 0 & 0 & R_{\mathrm{m}} & & \\ 0_{1\times3} & 0 & 0 & 0 & 0 & 0 & R_{\mathrm{n}}\cos(L) \end{bmatrix}_{4\times15} \tag{6-87}$$

6.5.3　组合导航系统的仿真

对误差状态方程和量测方程的推导完成后，在 MATLAB 里进行编程与调试。为了验证卡尔曼滤波的性能，分别对处于静止状态与运动状态下的无人艇进行仿真实验。

(1) 静态仿真实验

初始化参数：

① 固定点的位置设为：$\boldsymbol{P}_{\mathrm{os}} = [34 \quad 108 \quad 100]$；

② 初始速度：$\boldsymbol{V}_{\mathrm{n}} = [0 \quad 0 \quad 0]$；

③ 初始姿态角：$\boldsymbol{A} = [0 \quad 0 \quad 30]$；

④ 失准角：$phi = [0.1 \quad 0.2 \quad 3] * pi/180/60$，单位为角分；

⑤ 陀螺仪常值零偏：$eb = [0.01 \quad 0.2 \quad 3] * pi/180/3600$；

⑥ 角度随机游走系数：$web = [0.001 \quad 0.001 \quad 0.001] * pi/180/\sqrt{3600}$；

⑦ 加速度计常值偏移：$db = [80 \quad 90 \quad 100] * ug$；

⑧ 速度随机游走系数：$wdb = [1 \quad 1 \quad 1] * ug/\sqrt{1}$；

⑨GPS 量测噪声矩阵：$\boldsymbol{Rk}=[0.1\quad 0.1\quad 0.1\quad 10/R_e\quad 10/R_e\quad 10]$。

惯性导航每秒采集 2 次数据，GPS 每秒采集一次，仿真时间为 3600s。经过滤波后各个误差状态量的变化曲线如图 6-44、图 6-45 所示。

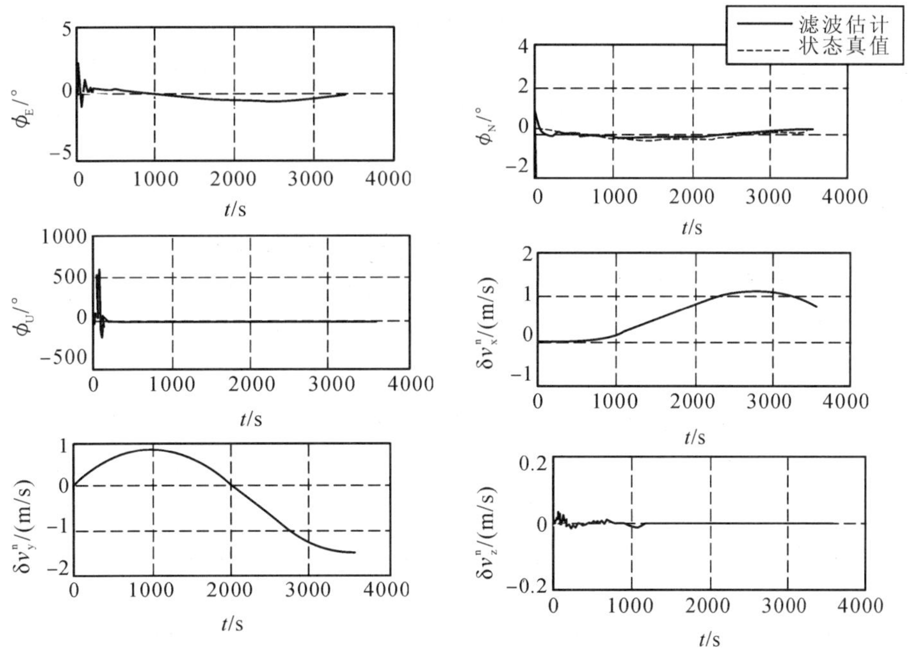

图 6-44　滤波估计与状态真值的比较

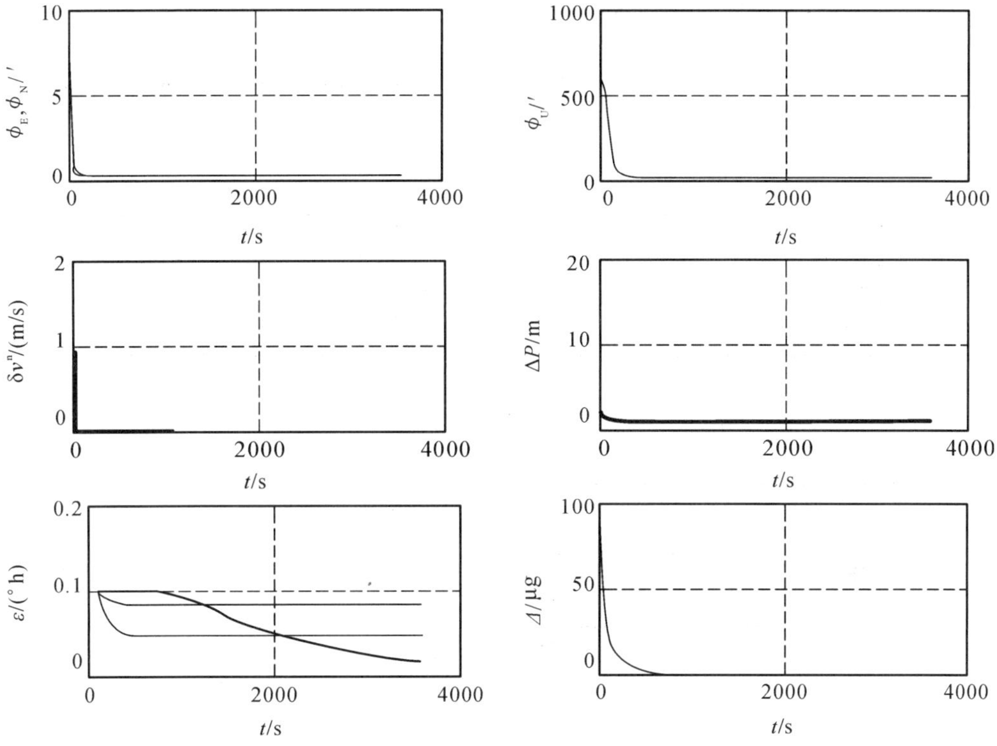

图 6-45　误差状态量方差变化

图 6-44 是组合导航滤波估计的导航参数与状态真值的对比，从滚转角、俯仰角、偏航角和东北天三个方向的速度的比较结果可以发现，滤波初期，卡尔曼滤波估计值会偏离状态真值。一段时间后，滤波趋于稳定，对以上各个状态量的估计曲线与状态真值曲线相同。图 6-45 是各个误差状态量的方差收敛曲线图，姿态角误差在初始阶段偏高，经过一段时间后逐渐趋向于零，速度误差和位置误差也逐渐在向零接近，陀螺仪漂移和加速度计漂移也在逐渐降低，这些都表明经过卡尔曼滤波算法，惯性导航解算出来的各个误差状态量逐渐减小，并向零收敛。

(2) 动态仿真实验

为进一步验证卡尔曼滤波对惯性导航与 GPS 数据融合的可行性与可靠性，下面将进行动态仿真实验，惯性导航、GPS 以及滤波的工作频率分别为 10Hz、1Hz、1Hz。在前文中对惯性导航解算的基础上进行组合导航的动态仿真实验，仿真实验结果如图 6-46、图 6-47、图 6-48 所示。

图 6-46 ～ 图 6-48，是姿态角误差曲线、速度误差曲线以及经过卡尔曼滤波校正的加速度偏置误差曲线，从误差曲线可以发现，通过卡尔曼滤波算法处理后，惯性导航解算的误差在逐渐减小，系统输出的数据信息更接近真实值。为了进一步直观地测试组合导航系统的性能，检验 GPS 观测量对惯性导航解算误差的抑制作用，现对滤波输出的速度与 GPS 输出的速度进行比较，如图 6-49 和图 6-50 所示。

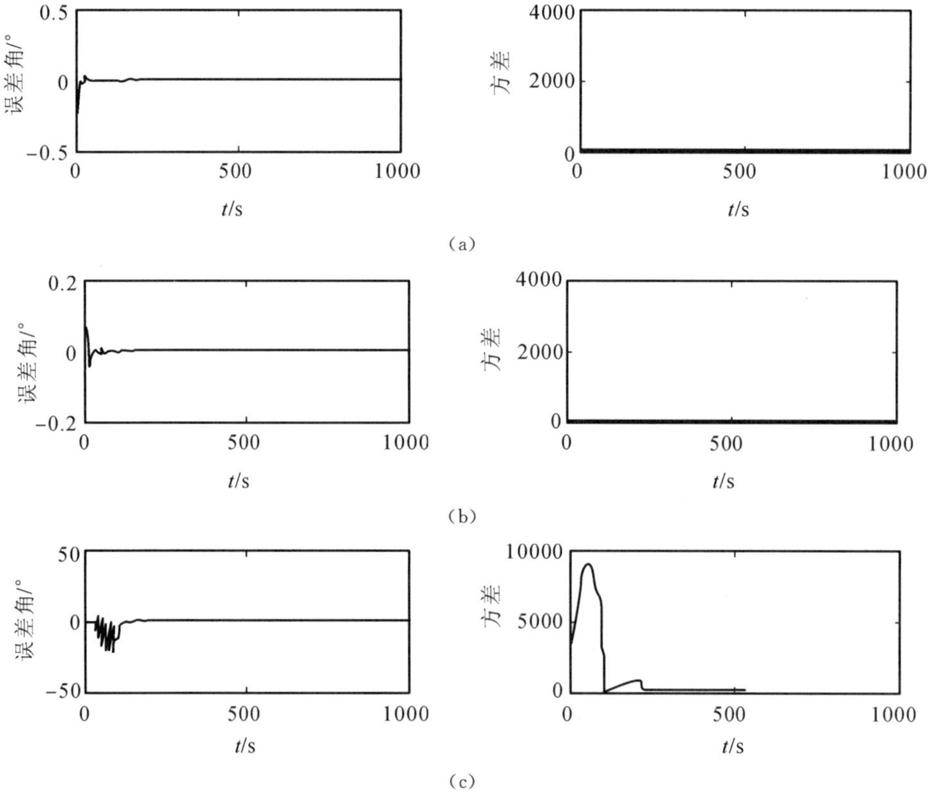

图 6-46　姿态角误差与其误差方差变化曲线

(a) 东向；(b) 北向；(c) 天向

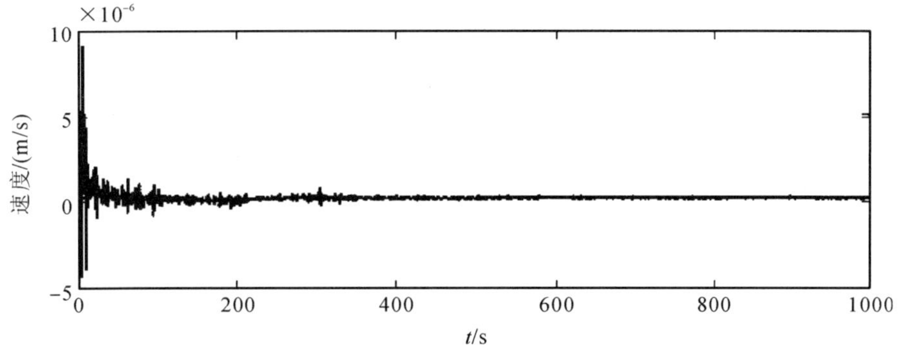

(a)

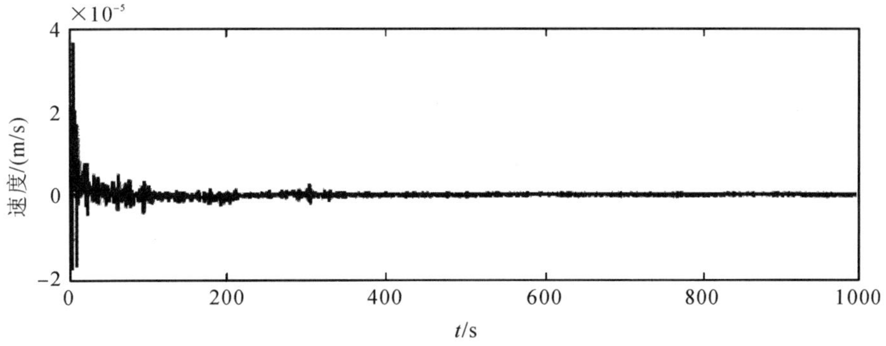

(b)

图 6-47　速度误差曲线

(a) 东向；(b) 北向

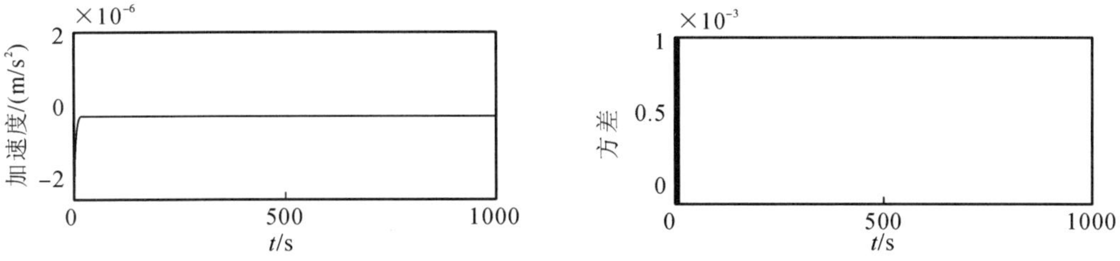

(a)

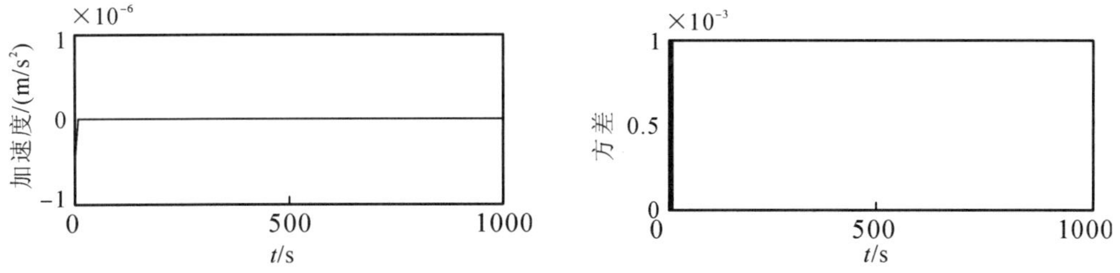

(b)

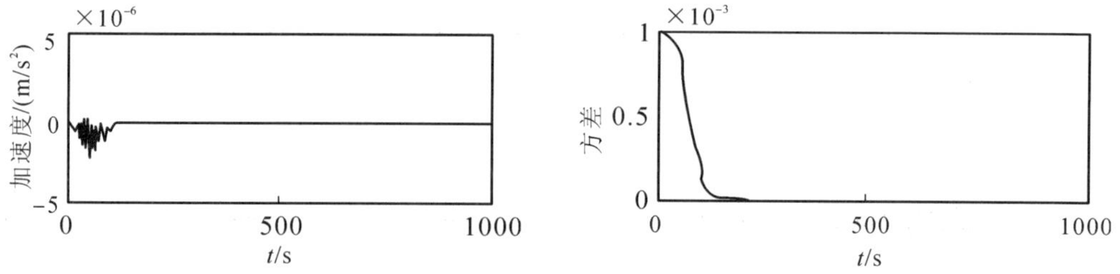

(c)

图 6-48　加速度偏置与偏置方差变化曲线

(a) 东向；(b) 北向；(c) 天向

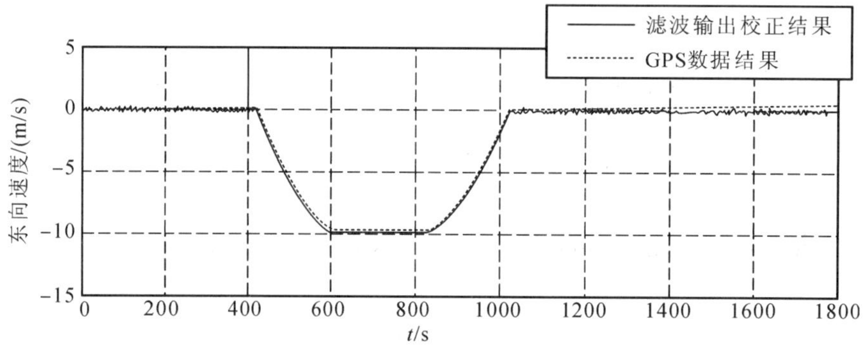

图 6-49　东向速度比较

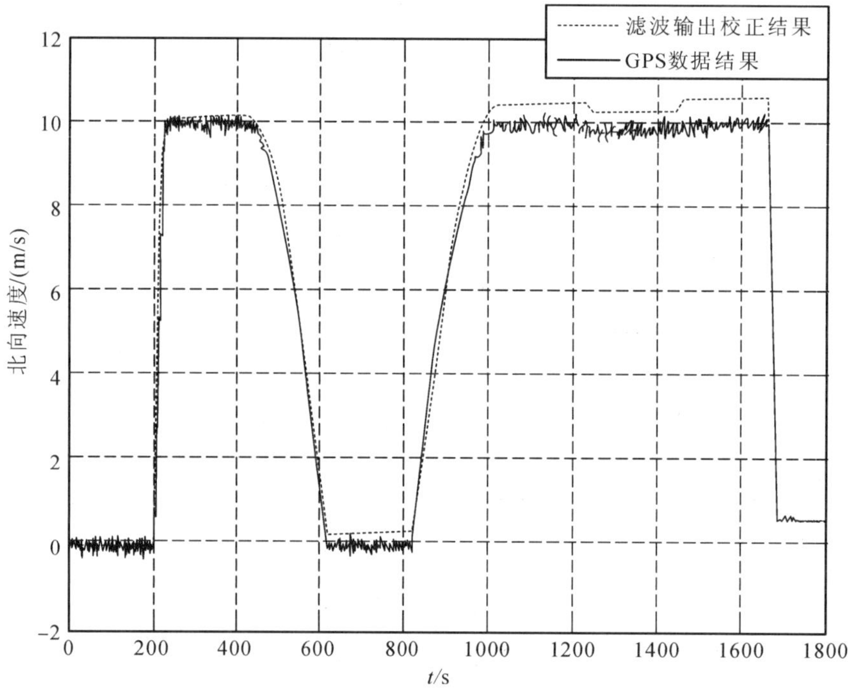

图 6-50　北向速度比较

由 GPS 仿真模型可知，GPS 输出的数据信息与真实值接近，把滤波输出的东向速度和北向速度分别与GPS输出的东向速度和北向速度相比较，可以很好地验证滤波的性能。如图

6-49所示，滤波输出的东向速度曲线与GPS输出的东向速度曲线相近，几乎一致，滤波输出的北向速度曲线与GPS输出的北向速度曲线相近，误差不超过0.4m/s。

综上分析，使用惯性导航解算的误差模型为卡尔曼滤波的状态量，使用惯性导航解算的数据与GPS输出的数据作为观测量，对状态量和观测量进行卡尔曼滤波融合处理，滤波处理后的各个误差变化量会逐渐趋向于稳定，惯性导航解算的误差被抑制，经过校正后的导航参数与真实值逼近。以上仿真实验结果图可以很清晰地验证组合导航的性能。

参考文献

[1] LIU Z X, ZHANG Y M, YU X, et al. Unmanned surface vehicles: an overview of developments and challenges [J]. Annual Reviews in Control, 2016, 41(8): 71-93.

[2] 张树凯，刘正江，张显库，等. 无人船艇的发展及展望[J]. 世界海运，2015，38(9)：29-36.

[3] PARK J, KANG M, KIM T, et al. Development of an unmanned surface vehicle system for the 2014 maritime RobotX challenge[J]. Journal of Field Robotics, 2016, 34(4): 35-41.

[4] 王世峰，戴祥，徐宁，等. 无人驾驶汽车环境感知技术综述[J]. 长春理工大学学报(自然科学版)，2017，40(1)：1-6.

[5] 向培素. 聚类算法综述[J]. 西南民族大学学报(自然科学版)，2011(S1)：112-114.

[6] 李秀良. 基于聚类分析的雷达航迹跟踪数据关联算法[J]. 指挥信息系统与技术，2010，1(3)：62-65.

[7] 张晖. 舰船目标多手段数据融合探测方法研究[D]. 呼和浩特：内蒙古大学，2016.

[8] 何友，修建娟，张晶炜，等. 雷达数据处理及应用[M]. 3版. 北京：电子工业出版社，2013.

[9] 熊伟，陈立奎，何友，等. 有色噪声下的不敏卡尔曼滤波器[J]. 电子与信息学报，2007，29(3)：598-600.

[10] 毛秀华，吴健. 卡尔曼滤波算法研究[J]. 舰船电子对抗，2017(3)：64-68.

[11] SINGER R A, STEIN J J. An optimal tracking filter for processing sensor data of imprecisely determined origin in surveillance systems [C]. Miami: 1971 IEEE Conference on Decision and Control, 1971: 171-175.

[12] 贺丰收，缪礼锋. 一种交互式多模型全局最近邻关联算法[J]. 火力与指挥控制，2013，38(10)：30-33.

[13] KONSTANTINOVA P, UDVAREV A, SEMERDJIEV T. A study of a target tracking algorithm using global nearest neighbor approach [C]. New York: International Conference on Computer Systems and Technologies: E-Learning, 2003: 290-295.

[14] 张喆，樊晓光，李建勋. 基于M/N逻辑和一步延迟的航迹起始方法[J]. 计算机工程，2011，37(10)：234-236.

[15] 檀绪，顾仁财. 修正逻辑法在多传感器信息多目标航迹起始中的应用[J]. 舰船电子对抗，2014，37(2)：47-52.

[16] 牛皓. 基于单目视觉的非合作目标姿态测量研究[D]. 哈尔滨：哈尔滨工业大学，2014.

[17] 何忱远. 基于北斗双频的非差高精度定位算法的实现[D]. 成都：电子科技大学，2015.

[18] 杨敏. 小型捷联惯性导航系统研究[D]. 长沙：中南大学，2010.

[19] ONUNKA C, STOPFORTH G B R. USV attitude estimation: an approach using quaternion in

direction cosine matrix[J]. Robotica, 2016, 34(5):995-1009.

[20] 司宏源. 超视距空空导弹导航精度分析及误差分配技术研究[D]. 上海:上海交通大学, 2012.

[21] 任孝平. 汽车状态软测量和车载组合导航系统故障检测技术研究[D]. 长沙:中南大学, 2012.

[22] VINH N Q. INS/GPS integration system using street return algorithm and compass sensor [J]. Procedia Computer Science, 2017, 103:475-482.

[23] ZHOU J, YANG Y, ZHANG J, et al. Applying quaternion-based unscented particle filter on INS/GPS with field experiments[C]// International Technical Meeting of the Satellite Division of the Institute of Navigation. 2011.

[24] GOODALL C, EL-SHEIMY N. System and method for intelligent tuning of Kalman filters for INS/GPS navigation applications: CA, US9593952[P]. 2017-2-13.

[25] 刘洋. 捷联惯性导航系统设计与信息融合算法研究[D]. 广州:华南理工大学,2013.

[26] 李辰祥. 基于 MEMS 行人惯性导航的零速度修正技术研究[D]. 厦门:厦门大学, 2014.

[27] ZHAO L, QIU H, FENG Y. Analysis of a robust Kalman filter in loosely coupled GPS/INS navigation system[J]. Measurement, 2016, 80:138-147.

[28] 张玉媛. 基于 IMM-AF 的 GPS/INS 组合导航系统在移动机器人中的应用研究[D]. 哈尔滨:哈尔滨工业大学, 2016.

[29] LIU Y, FAN X, LV C, et al. An innovative information fusion method with adaptive Kalman filter for integrated INS/GPS navigation of autonomous vehicles [J]. Mechanical Systems & Signal Processing, 2017, 100:605-616.

[30] THAKUR A, SVEC P, GUPTA S K. GPU based generation of state transition models using simulations for unmanned surface vehicle trajectory planning[J]. Robotics & Autonomous Systems, 2012, 60(12):1457-1471.

[31] SONG T,LIN D F,WANG W, et al. Global positioning system (GPS) and inertial navigation system (INS) combination guidance system for semi-physical simulation:CN 102620605 A[P]. 2012-5-18.

[32] ZHOU W, HOU J, LIU L, et al. Design and simulation of the integrated navigation system based on extended Kalman filter[J]. Open Physics, 2017, 15(1):182-187.

[33] 秦永元. 惯性导航[M]. 北京:科学出版社,2014.

[34] ZHANG Y S, YANG T. Modeling and compensation of MEMS gyroscope output data based on support vector machine[J]. Measurement, 2012, 45(5):922-926.

[35] 王如胜. MEMS 陀螺捷联惯导系统标定方法研究[D]. 哈尔滨:哈尔滨工业大学,2015.

[36] ZHANG Y, GUO Y, LI C, et al. A new open-loop fiber optic gyro error compensation method based on angular velocity error modeling[J]. Sensors, 2015, 15(3):4899-912.

[37] 秦洪卫. 捷联惯导/星光组合导航技术研究[D]. 哈尔滨:哈尔滨工业大学, 2013.

[38] 袁俊刚. GPS/惯性紧组合导航系统研究[D]. 南京:南京航空航天大学, 2011.

[39] 虞婧. 基于 GPS 软件接收机的超紧组合导航算法设计与实现[D]. 南京:东南大学, 2011.

[40] ZHANG B, CHU H, SUN T, et al. Error prediction for SINS/GPS after GPS outage based on hybrid KF-UKF[J]. Mathematical Problems in Engineering, 2015(4):1-9.

[41] 王岸. 基于 INS/GPS 的无人艇组合导航系统研究[D]. 武汉:武汉理工大学, 2018.

[42] 张纯玮. 无人艇载毫米波雷达水面目标检测与跟踪研究[D]. 武汉:武汉理工大学, 2018.

第 7 章 水面无人艇路径规划与自主避让

7.1 水面无人艇路径规划的基本原理

水面无人艇作为一种自主式运载器，具有与外部环境进行交互的能力。路径规划能力是水面无人艇交互能力的一种具体体现，其强弱决定着水面无人艇自主导航性能，同时对保障水面无人艇航行安全、工作可靠起着关键作用。路径规划是指在具体规划目标和约束条件下，规划一条由起始点到目标点的安全、最优或较优路径。

按照常见的分类方法，路径规划可被分为全局路径规划、局部路径规划以及局部避碰。全局路径规划是根据静态环境信息建立环境模型，运用规划算法产生包含一系列节点的安全路径。全局路径规划产生的节点是局部路径规划系统中的子目标点。局部路径规划是基于传感器信息利用搜索算法寻找到一条从起始位置或某一子目标位置到下一子目标位置的安全路径。局部避碰是指当水面无人艇突然遇到具有碰撞危险的障碍物时，采取避碰策略以躲避障碍物的过程[1-3]。

7.2 路径规划环境模型构建方法

虚拟环境（Virtual Environment，VE）是由计算机生成的，通过视、听、触觉等作用于用户，使之产生身临其境的感觉的交互式视境仿真。虚拟环境是虚拟现实技术最重要的研究领域之一，是虚拟现实软件重要的和不可或缺的组成部分。对于路径规划而言，虚拟环境就是指将真实的地图环境抽象为计算机能够理解的语言来表达，是移动机器人导航定位的基础。环境建模方法有很多种，目前，在移动机器人路径规划中，大部分将环境信息转换成图的问题，对环境空间的骨架图进行描述。其表示方法主要有度量表示（Metric Representation）、拓扑表示（Topological Representation）和混合表示[4]。

7.2.1 度量表示

度量表示（Metric Representation）是采用世界坐标系中的坐标信息来描述环境的特征，它包含了空间分解方法（Spatial Decomposition）和几何表示方法（Geometric Representation）。空间分解方法是把环境分解为局部单元并用它们是否被障碍占据来进行状态描述，常采用基于栅格的均匀分解方法（栅格法）与递阶分解方法（单元树法）。几何表示方法利用几何图元来表示环境（可视图法），其不足在于环境几何特征提取的困难，在复杂的非规整环境中的应用受到限制。接下来就重点介绍上述几种典型的度量表示方法。

7.2.1.1　栅格法

栅格法是指用大小相等的矩形栅格将工作空间划分为一系列栅格，从而将工作空间转换为栅格地图的方法[5-6]。

栅格地图一般由两类栅格构成：

(1) 自由栅格，表示不被任何障碍物占据的区域，多用白色描述；

(2) 障碍栅格，表示有障碍物占据的区域，多用黑色描述。

栅格地图简单且易于实现，并且不用复杂的数学计算就可处理障碍物边界，因此被广泛应用于环境建模中。在环境建模中使用的栅格地图主要用于对水面无人艇的工作环境进行单元分割，将其用大小相等的方块表示出来，因此栅格大小的选取是影响规划算法性能的一个重要的因素。

当栅格较小时，栅格地图所表示的环境信息将会非常清晰，但由于需要存储较多的信息，会增大存储开销，同时干扰信号也会随之增加，规划速度会相应降低，实时性得不到保证；反之，由于信息存储量少，抗干扰能力有所增强，规划速度随之增快，但环境信息划分会变得较为模糊，不利于有效路径的规划。另外，栅格法在建立环境模型时会存在栅格精度和时空开销需求相矛盾的问题，且当工作空间太大时，栅格数会快速增多影响搜索效率。栅格图表示如图 7-1 所示，图中白色栅格表示自由栅格，为可行域；黑色栅格表示障碍栅格，为不可行域；起始点为 S，目标点为 G。

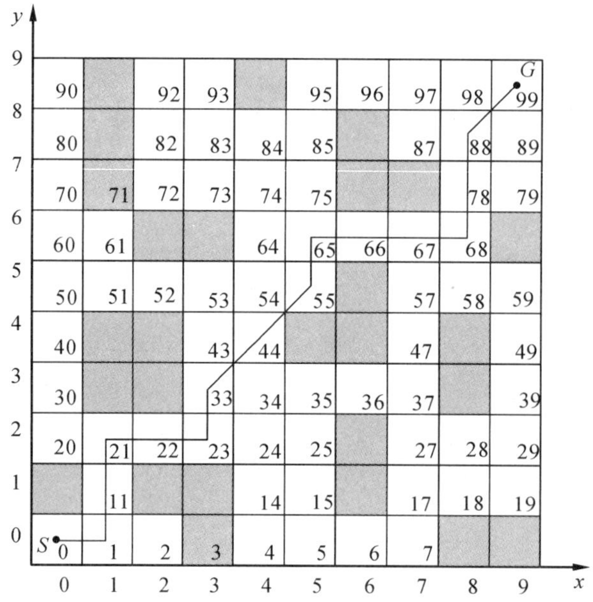

图 7-1　规划空间的栅格图表示

栅格的表示方法有如下两种：

① 直角坐标法。以栅格网络左下角(起始点 S) 作为坐标原点，水平向右为 x 轴正向，竖直向上为 y 轴正向，这样坐标轴上的一个单位长度就对应着一个栅格长度，工作空间中的每个栅格可以用直角坐标(x,y) 唯一标识。

② 序号法。按照从下到上、从左到右的顺序，从栅格网络左下角的第一个栅格开始，依次

分别给每个栅格进行编号(从 0 开始算起)，则编号 N 就与空间中的栅格一一对应。

7.2.1.2　单元树法

由于栅格法简单且易于实现，但存在效率低等缺点，因此，在它的基础上又提出了单元树法来克服这些缺点。单元树法是把自由空间递归地分割成若干个子空间。单元树法获得的子空间有以下三种可能的状态：自由子空间、障碍物子空间以及混合子空间。其中，针对混合子空间需要继续进行分割，一直进行到所有的子空间都是自由子空间或障碍物子空间为止。

四叉树法是单元树法中典型的代表。在该方法中，每棵树由四个节点树组成，每个节点树用黑、白、灰三种颜色表示。如某一节点树由单一的黑色或白色组成，则该节点树用该颜色标记；如某一节点树由灰色组成，则将该节点树重新分成四个子节点树，并同前面的方法一样进行颜色标记。这样一直继续下去，直到节点树由单一的黑色或白色组成为止，如图 7-2 所示。栅格分解图以及四叉分解图有两个缺点：第一，地图的尺寸随着环境规模的增大而增大；第二，基准栅格的大小不好掌握，即地图分辨率难以把握[7,8]。

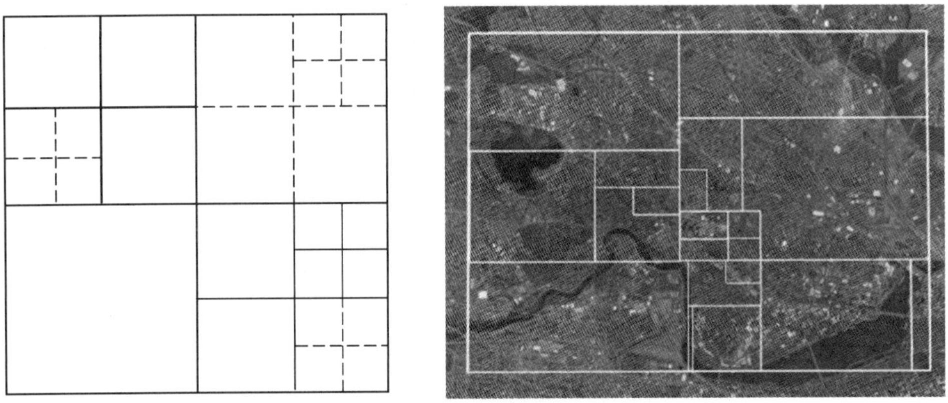

图 7-2　单元树(四叉树)法

单元树法的缺点是当环境中存在很多较小的障碍物时会降低算法效率，因此本法主要是针对有较大障碍物的环境使用。

7.2.1.3　可视图法

该方法将所有障碍物的顶点(V 是所有障碍物的顶点构成的集合)、起始点 S 及目标点 G 用直线组合相连，同时要求三者 V、S 及 G 之间连线均不能穿越障碍物，即直线是“可视的”，给图中的边赋权值，构造图 $VG(N,L)$，结点集 $V=VU(S,G)$，L 为所有弧段 (n_i,n_j)，即边集合，其中连接 L 中第 i 和第 j 个结点的线段与任何障碍物均不相交。因为图中相邻的顶点能相互看到，$VG(N,L)$ 称为可视图。然后采用某种方法搜索从起始点 S 到目标点 G 的最优路径。规划最优路径的问题就转化为从起始点到目标点经过这些可视直线的最短距离问题[9-11]。

在可视图中，通过运用多边形或多面体表示障碍物，以获取的障碍物的拐角或顶点作为可视图中的节点，进而连接整个工作空间中的起止点以及节点，得到一系列不与障碍物相交的连接线，从而将工作空间构建成了可视地图，如图 7-3 所示。该方法适用于存在多边形多顶点障碍物的工作空间，对存在无顶点的圆形障碍物的工作空间不适用。

可视图法对于求解最短路径问题具有简单易行等优势，但因构建的连接线多处于障碍物边界上，致使规划出的路径安全性得不到保证，另外，当工作空间发生变化时需要重构地图,缺乏灵活性和实时性。

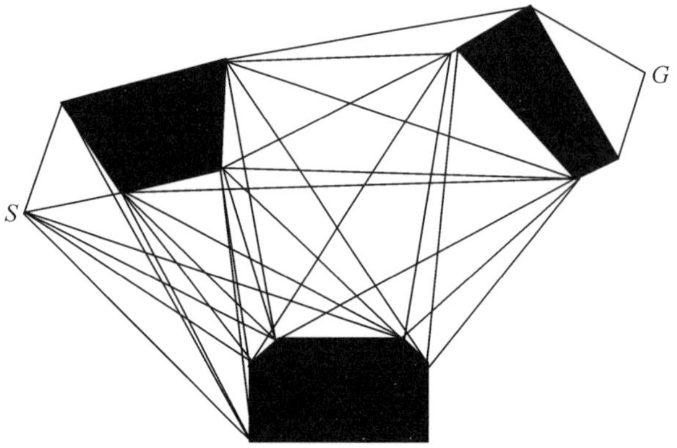

图 7-3　可视图法

运用可视图法建模,当环境中障碍物的顶点数量过多时,可视图法的建模过程也会十分缓慢;同时,当障碍物的顶点数量过多时,顶点之间形成的可视边的数量过多,即路径规划算法中需要考虑的候选路径的数量过多,导致路径寻优的过程缓慢。

7.2.2　拓扑表示

拓扑表示(Topological Representation)用节点来表示某个特定的位置,用边来表示这些位置的联系。通常采用 Voronoi 图来表示环境可行区域的骨架,这种方法的基本思想是 Voronoi 边界到各个障碍间的最短距离相等,在边的交界处形成图的顶点。拓扑表示路径规划的效率很高,适合在大规模环境下应用。困难在于如何构造与维护拓扑图[12-15]。

拓扑图可用形如 $G=(V,E)$ 的式子表示,其中 G 为拓扑地图;V 表示节点(由感知决定的地点的抽象,对应于环境中一个特征状态),即水面无人艇能够达到的地方;E 表示边(地点之间连接关系的抽象),即水面无人艇可以运动的路线。

拓扑图主要是为表示环境的拓扑结构。只考虑与水面无人艇定位最相关的环境特征,不要求水面无人艇具体的位置状态,因而对水面无人艇的位置误差表现出了很好的鲁棒性(抗变换性),一定程度上降低了对存储和计算时间的要求。但是当环境特征很相似时,尤其是当水面无人艇从不同路径到达 V 中存储的节点时,水面无人艇很难在拓扑图上将这些节点区分开,如图 7-4 所示。

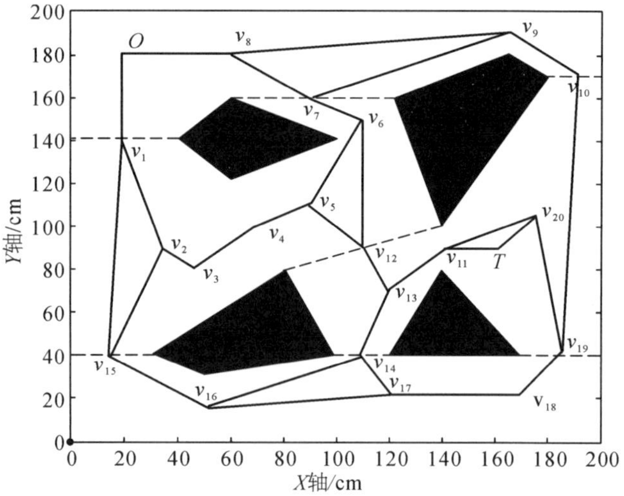

图 7-4　拓扑表示法

该方法的缺点是由于没有精确位置要求所以定位精度较低,当环境特征很相似时，尤其是当水面无人艇从不同路径到达这些节点时，很难在拓扑地图上将它们区分开。

7.2.3　混合表示

Thrun 于 1998 年提出了一种从全局度量地图中提取拓扑特征的方法。在机器人导航过程中，采用声呐传感器的距离信息建立反映环境特征的节点，将定位与环境拓扑图的生成同时进行，即时定位与地图构建(Simultaneous Location And Mapping，SLAM)[16]，如图 7-5 所示。

Yeap 和 Jefferies 在 1999 年提出了一种从局部度量地图中提取全局拓扑结构图的方法，即局部地图采用栅格表示，在路径规划中采用局部与全局两个层次规划，即把规划分为基于占据栅格的区域规划与基于拓扑连接关系的全局规划。

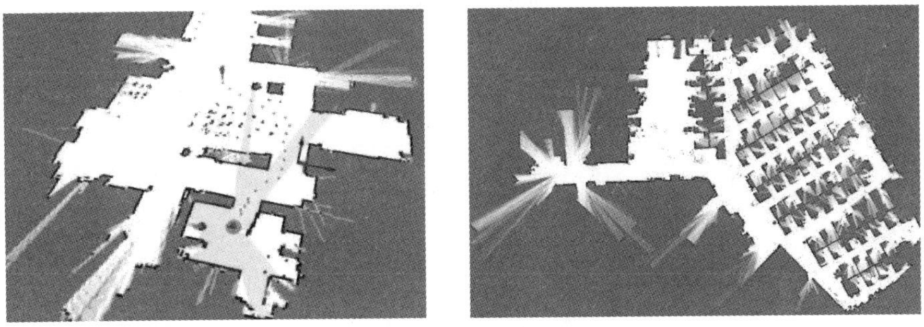

图 7-5　混合表示法(SLAM 地图)

7.3　路径规划常用算法

7.3.1　Dijkstra 算法

Dijkstra 算法是由荷兰计算机科学家狄克斯特拉(Dijkstra) 于 1959 年提出的，用于计算一个节点到其他所有节点的最短路径。主要特点是以起始点为中心向外层层扩展，直到扩展到终点为止[17-20]。Dijkstra 算法能得出最短路径的最优解，但由于它遍历计算的节点很多，所以效率低。

其基本原理是：每次新扩展一个距离最短的点，更新与其相邻的点的距离。当所有边权都为正时，由于不会存在一个距离更短的没扩展过的点，所以这个点的距离永远不会再被改变，因而保证了算法的正确性。不过根据这个原理，用 Dijkstra 求最短路径的图不能有负权边，因为扩展到负权边的时候会产生更短的距离，有可能就破坏了已经更新的点距离不会改变的性质。

Dijkstra 算法的输入包含了一个有权重的有向图 G，以及 G 中的一个来源顶点 S。我们以 V 表示 G 中所有顶点的集合。每一个图中的边，都是两个顶点所形成的有序元素对。(u,v) 表示从顶点 u 到 v 有路径相连。我们以 E 表示所有边的集合，而边的权重则由权重函数 $w:E\rightarrow[0,\infty]$ 定义。因此，$w(u,v)$ 就是从顶点 u 到顶点 v 的非负耗费值(cost)。边的耗费可以想象成两个顶点之间的距离。任两点间路径的耗费值，就是该路径上所有边的耗费值总和。已知 V 中有顶点 s 及 t，Dijkstra 算法可以找到 s 到 t 的最低耗费路径(i. e. 最短路径)。这个算法也可以在一个图中找到从一个顶点 s 到任何其他顶点的最短路径，如图 7-6 所示。

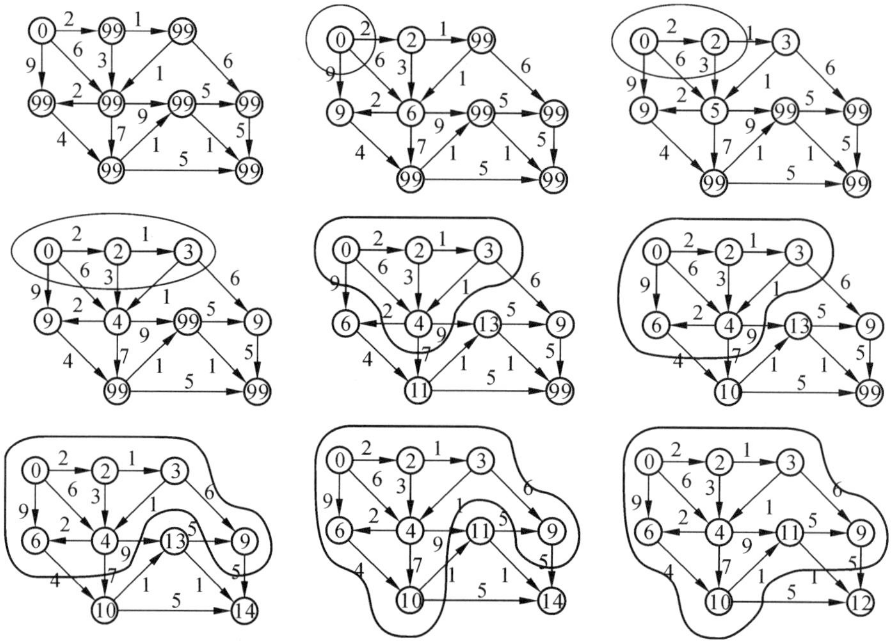

图 7-6　Dijkstra 算法

该算法是通过为每个顶点 v 保留目前为止所找到的从 s 到 v 的最短路径来工作的。初始时，源点 s 的路径长度值被赋为 0($d[s]=0$)，同时把所有其他顶点的路径长度设为无穷大，即表示不存在任何通向这些顶点的路径(对于 V 中所有顶点 v 除 s 外 $d[v]=\infty$)。当算法结束时，$d[v]$ 中储存的便是从 s 到 v 的最短路径，或者如果路径不存在的话是无穷大。Dijstra 算法的基础操作是边的拓展：如果存在一条从 u 到 v 的边，那么从 s 到 u 的最短路径可以通过将边(u,v) 添加到尾部来拓展一条从 s 到 v 的路径。这条路径的长度是 $d[u]+w(u,v)$。如果这个值比目前已知的 $d[v]$ 的值要小，可以用新值来替代当前 $d[v]$ 中的值。拓展边的操作一直执行到所有的 $d[v]$ 都代表从 s 到 v 最短路径的耗费。当 $d[u]$ 达到它最终值的时候，每条边(u,v) 都只被拓展一次。

算法维护两个顶点集 S 和 Q。集合 S 保留了已知的所有 $d[v]$ 值已经是最短路径顶点的值，而集合 Q 则保留其他所有顶点。集合 S 初始状态为空，而后每一步都有一个顶点从 Q 移动到 S。这个被选择的顶点是 Q 中拥有最小的 $d[u]$ 值的顶点。当一个顶点 u 从 Q 中转移到了 S 中，算法对每条外接边(u,v) 进行拓展。

7.3.2　A* 算法

A* 算法是在 1968 年被提出来的，该算法可看作是 Dijkstra 算法和 BFS 启发式算法的结合。Dijkstra 算法可以保证找到一条最短的路径，但算法时间较长；而 BFS 启发式算法能够迅速找出起点到终点的路径，但却不能保证这条路径是最短的。因此，A* 算法的原理就是将这两个算法的优势相结合，使其能够较快地找出一条满足要求的次最短路径，如果能够找到最短路径则最好[21-24]。

该算法主要是采用评价函数 $f(n)=g(n)+h(n)$ 来实现。其中 $g(n)$ 表示从初始结点到任意结点 n 的代价，$h(n)$ 表示从结点 n 到目标点的启发式评估代价；其中，启发式函数 $h(n)$ 可以控制 A* 算法的具体行为：

(1) 如果 $h(n)=0$，那么 A* 算法即为 Dijkstra 算法；

(2) 如果 $h(n)\leqslant dng$（n 到目标节点的实际距离），此时搜索点多、范围大、效率低，但能得到最优解；

(3) 如果 $h(n)>dng$，此时搜索点少、范围小、效率高，但不能保证得到最优解；

(4) 如果 $h(n)\ll dng$，那么 A* 算法即为 BFS 启发式算法。

因此，在解决实际问题中，一般都是对 $h(n)$ 做出适当的改进。

A* 算法的具体步骤为：设两个集合 OPEN 集和 CLOSED 集。其中 OPEN 集保存待考查的结点，CLOSED 集保存已考查过的结点。开始时，OPEN 集只包含一个元素：初始结点 CLOSED 集是空的。在主循环中重复地从 OPEN 集中取出最好的结点 n（f 值最小的结点）并检查之。如果 n 是目标结点，则任务完成。否则，结点 n 被从 OPEN 集中删除并加入 CLOSED 集。然后检查它的邻居 n'。如果邻居 n' 在 CLOSED 集中，那么它是已经被检查过的，所以不需要考虑它；如果 n' 在 OPEN 集中，那么它以后肯定是会被检查的，所以现在不考虑它。否则，把它加入 OPEN 集，把它的父结点设为 n。到达 n' 的路径的代价 $g(n')$ 设定为 $g(n)+\text{movementcost}(n,n')$。

具体来讲，如图 7-7 所示，任务为从 A 点到达 B 点。

(1) 从点 A 开始，并且把它作为待处理点存入一个 OPEN 表。

(2) 寻找 A 点周围所有可到达的方格（图 7-8），把它们也加入 OPEN 表。为所有这些方格保存点 A 作为“父方格”。

(3) 从 OPEN 表中删除点 A，把它加入到一个 CLOSED 表。

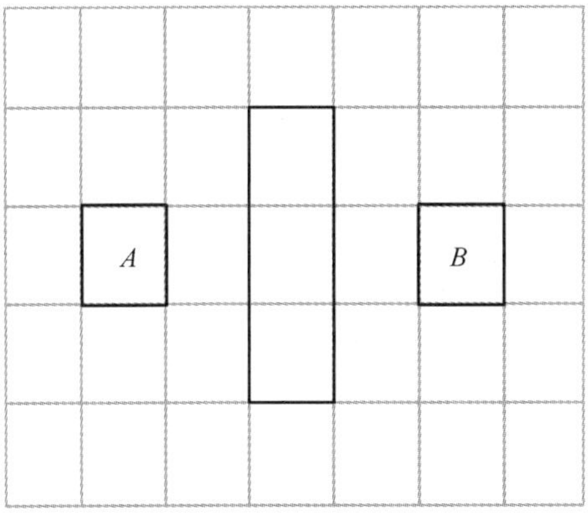

图7-7　A* 算法算例(1)

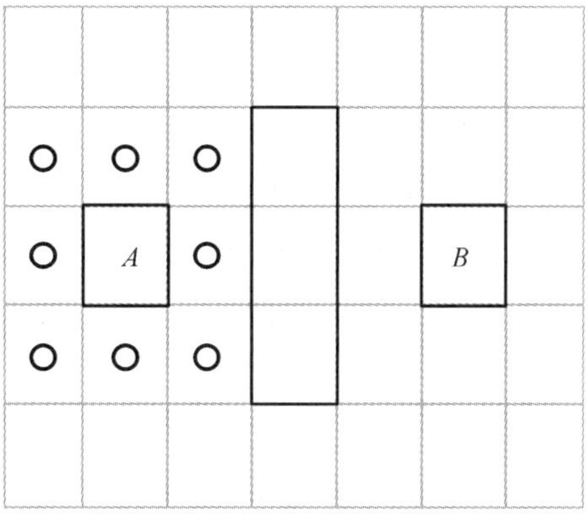

图7-8　A* 算法算例(2)

(4) 计算 f 值的大小：$f=g+h$。其中，g 是从起点 A 移动到指定方格的移动耗费；h 是从指定方格移动到终点 B 的预估移动耗费。选择 f 值最小的方格把它从 OPEN 表中删除，然后添加到 CLOSED 表中。

(5) 检查所有相邻格子。跳过那些已经在 CLOSED 表中的或者不可通过的，把它们添加进 OPEN 表。把选中的方格作为新的方格的父节点(图 7-9)。

(6) 如果某个相邻格已经在开启列表里了，检查现在这条路径是否更好，即 g 值是否会更小一些(图 7-10)。

(7) 重复上述过程，直到目标格被添加进 OPEN 表(图 7-11、图 7-12)。

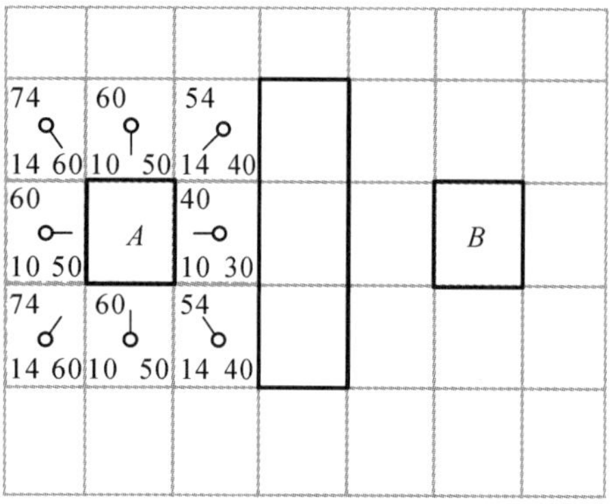

图7-9　A* 算法算例(3)

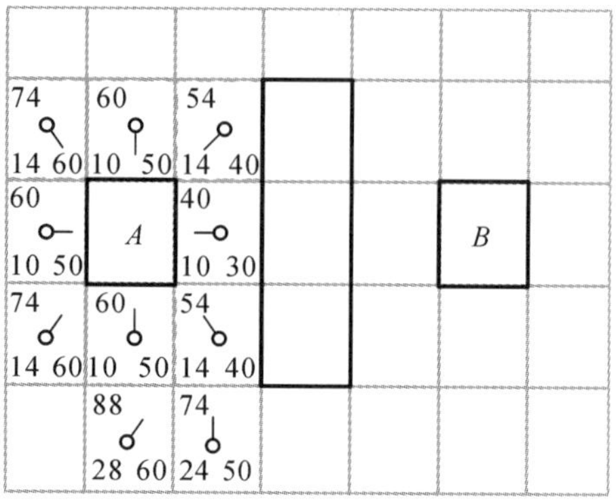

图7-10　A* 算法算例(4)

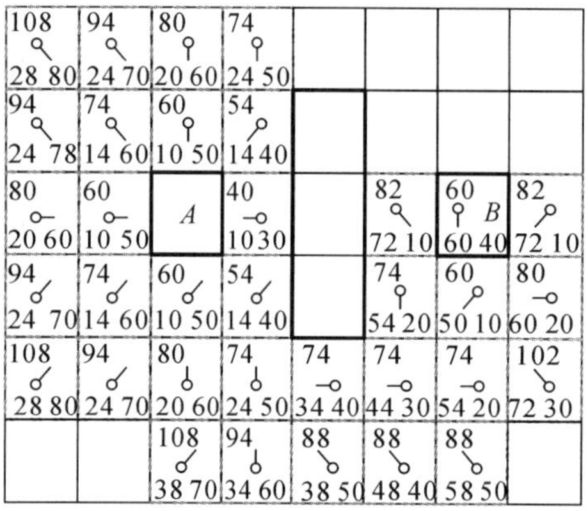

图7-11　A* 算法算例(5)

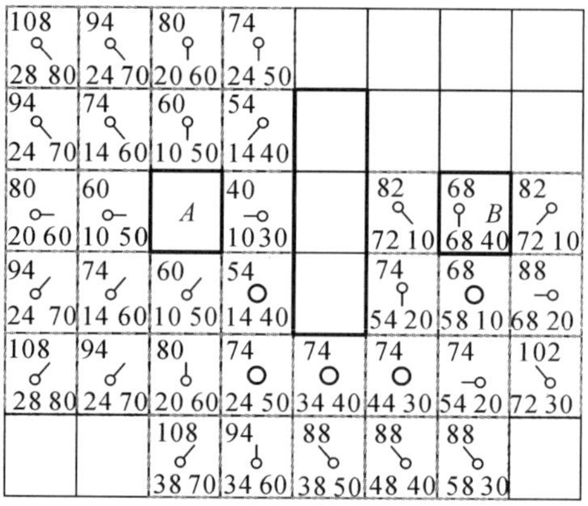

图7-12　A* 算法算例(6)

7.3.3　人工势场法

人工势场法(APF)是由 Khatib 于 1986 年提出的一种虚拟力法。Khatib 博士在他的博士论文中首先将这种方法用于机器人操作臂的避障运动规划，实现了机械臂的实时避障。该方法将移动机器人在环境中的运动视为一种在虚拟人工受力场中的运动，通过环境势场模型进行路径规划[25-28]。

人工势场法的基本思想是，假设机器人的运动空间是二维的，构造目标位置引力场和障碍物周围斥力场共同作用的人工势场，目标点对机器人产生引力，障碍物对机器人产生斥力，引力和斥力的合力作为机器人的加速力来控制整个机器人的运动。引力场作用随着机器人与目标点的远离而迅速增大，斥力场作用随着机器人与障碍物的接近而迅速增大，这样，既保证了机器人对于目标点的跟踪，又避免了机器人与障碍物的碰撞，如图 7-13 所示。该方法通过搜索合成势场中势能的下降方向，实现机器人的无碰撞路径规划。

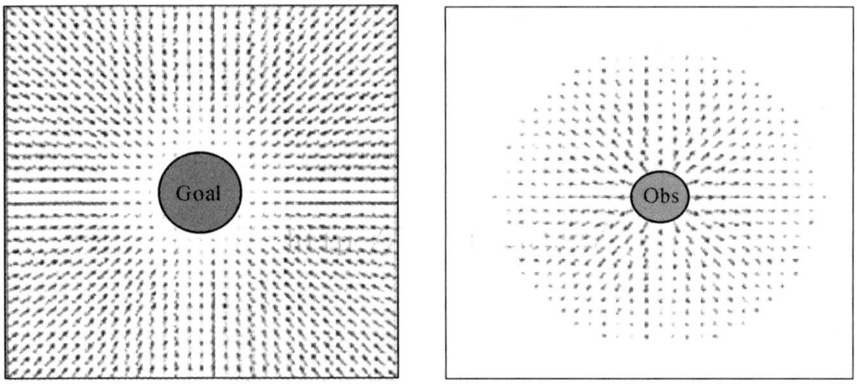

图 7-13　斥力场和引力场

具体实施如下：

假设移动机器人的运动空间是二维的，且其在该空间中的位置为 $X=(x,y)$，则目标位置与机器人之间的引力场定义为：

$$U_a(X)=\frac{1}{2}k_a(X-X_g)^2 \tag{7-1}$$

其中，k_a 为引力势场正比例增益系数；X_g 为目标点的位置。则引力 $F_a(X)$ 为引力势函数的负梯度：

$$F_a(X)=-\nabla U_a(X)=-k_a\left|X-X_g\right| \tag{7-2}$$

当 $X-X_0\leqslant P$ 时，斥力场定义为：

$$U_b(X)=\frac{1}{2}k_b(\frac{1}{X-X_0}-\frac{1}{P_0})^2 \tag{7-3}$$

其中，k_b 为斥力势场正比例增益系数；$(X-X_0)$ 为机器人到障碍物的距离，P_0 为障碍物的影响距离。则斥力 $F_b(X)$ 为斥力场的负梯度：

$$F_b(X)=-\nabla U_b(X)=k_b\left(\frac{1}{X-X_0}-\frac{1}{P_0}\right)\frac{1}{(X-X_0)^2}\frac{\partial(X-X_0)}{\partial X} \tag{7-4}$$

所以机器人在环境中的总势场为：

$$U(X)=U_a(X)+U_b(X) \tag{7-5}$$

根据空间动力学方程和拉格朗日方程，可推导出人工势场对机器人的作用力为：

$$F(X)=F_a(X)+F_b(X) \tag{7-6}$$

7.4　水面无人艇避让原理

一般认为超过 80% 的海上事故与人为因素有关，而无人艇由于采用了先进的自动感知技术和智能决策技术，能够替代船员做出决策，避免了人为因素所造成的失误，能够极大地降低海上事故发生的概率。因此，设计开发高度智能化的避碰系统具有重要意义。下面主要介绍水面无人艇自动避碰相关知识。

7.4.1　水面无人艇的避让过程分析

无人艇从起点到终点有效地避开他船安全航行，称为无人艇避碰；无人艇在航行过程中选择最优路径，称为路径规划。避碰和路径规划是相辅相成的。在海上，无人艇与障碍物避让过程可分为如下几步[29]，如图 7-14 所示：

(1) 发现障碍物，对相关的信息进行搜索，确定障碍物的运动状态；

(2) 根据无人艇信息及具体环境情况确定安全通过距离；

(3) 判断无人艇是否需要实施避碰措施；

(4) 确定采取行动的时机；

(5) 确定避让行动的方式；

(6) 复航。

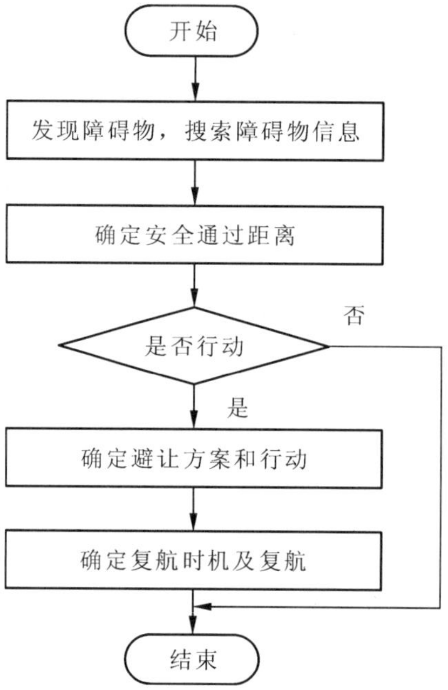

图 7-14 无人艇避碰流程图

7.4.1.1 水面无人艇的避碰原理

当无人艇与障碍物在海上行驶时，若它们之间的距离很小，小于能安全通过的最小距离，此时就会发生碰撞。因此，为了无人艇的航行安全，它们之间的距离应该保持一直大于通过的最小距离 D。因此，可以通过控制无人艇和障碍物的运动状态来达到避碰的效果，目前避碰的方法可以分为如下两种：

(1) 通过协调型避碰法来避免无人艇的碰撞

通过协调控制无人艇与障碍物的运动状态，无人艇与障碍物协调避碰，双方都根据对方做出调整。协调型避碰法是双方同时采取行动的方法，但由于无人艇的艇身小不容易被发现，为了避免不必要事故的发生，通常不采用此方法。

(2) 通过自律型避碰法来避免无人艇的碰撞

通过改变无人艇或障碍物某一方的运动状态来达到避碰效果的方法称之为自律型避碰法。此时，无人艇和障碍物只是某一方的改变，并不是双方都做出改变。

无人艇避碰的原理是与障碍物之间的距离应该保持一直大于通过的最小距离 D，用 An

表示无人艇的运动状态，Bn 表示障碍物的运动状态。图 7-15 表示无人艇与障碍物的会遇状态，实线表示当无人艇和障碍物按原航向航速行驶时它们各自的路线，虚线表示无人艇做出改变后所行驶的路线。

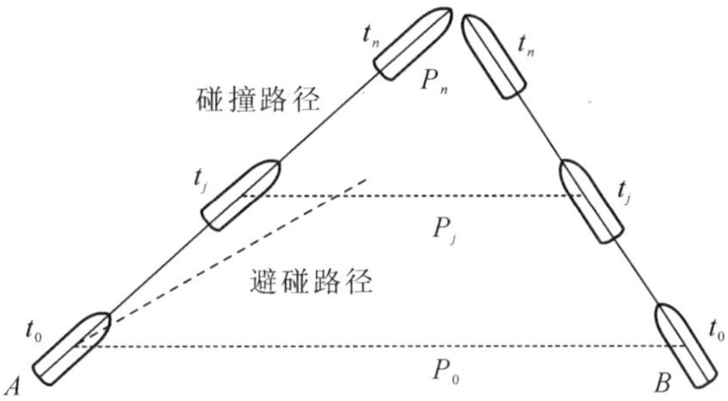

图 7-15　无人艇避碰机理

如果不改变航向，由图可以看出，A 与 B 会发生碰撞。因此需要通过改变航向来达到避让的目的，在 t_j 处，通过改变无人艇的航向可以达到避让的目的。通过上述叙述可知，自律型避碰法只是改变自身的运动，和直航方没有关系。由于无人艇航行、转向速度较快，因此这种方法比较适合无人艇。

7.4.1.2　水面无人艇避碰区域

水面无人艇进行自主避碰时重点关注本船与障碍物的距离，国内外大多数相关研究通过划定本船安全距离，将无人艇避碰区分为四种：安全区、审议碰撞区、碰撞决策区以及禁止区，具体示意图如图 7-16 所示。

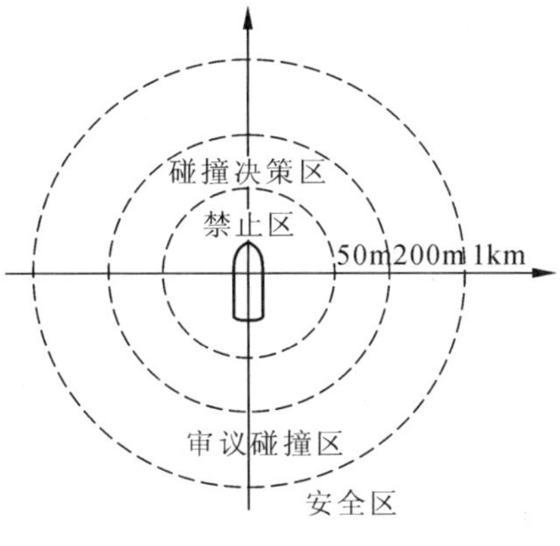

图 7-16　避碰分区图 1

此外 Carlos Almeida 等还提出了一种类似的预警避碰区域，具体分为无关区域、安全区域、警告区域及禁止区域，如图 7-17 所示。目标进入不同的区域采取不同策略进行避碰。

(1) 无关区域(3km，1.619n mile)：设置 3km 阈值，确保目标物体在进入该区域时不会对无人艇构成威胁。

(2) 安全区域(500m，0.269n mile)：设置 500m 阈值，确保该目标物体在该区域可以安全通过。

(3) 警告区域(250m，0.135n mile)：设置 250m 阈值，当目标进入该区域时会对无人艇产

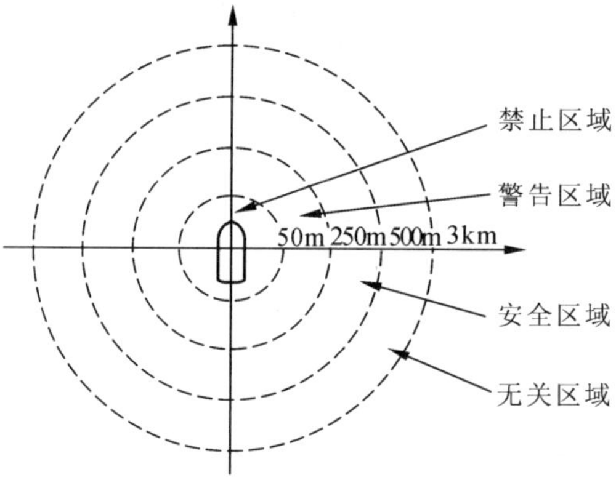

图 7-17　避碰分区图 2

生很大威胁。

(4) 禁止区域(50m,0.027n mile):设置 50m 阈值,当目标进入该区域有极大的碰撞危险,受到传感器探测范围的影响,该范围可以适当调整。

7.4.1.3　无人艇目标避碰判断

1) 静态目标

避让信息的收集和应对包括发现障碍物、搜集相关信息、确定障碍物的运动状态。无人艇中通过雷达、ARPA、AIS 等设备发现障碍物后,收集障碍物的相关运动信息以及航行环境信息,同时把所搜索到的信息进行自主分析应对。根据获取的结果来判断无人艇能否安全行驶通过。若根据结果,无人艇能够无危险地驶过,则不实施任何避碰措施;如果不能顺利航行通过,此时无人艇就需要实施一定的避让措施,直至无人艇绕过障碍物,当无人艇复位到原来航向,该避让行为才算结束。

2) 动态目标

与静态障碍物避让相似,动态障碍物避让主要针对船舶之间避让,无人艇避障和一般船舶避障类似,着重考虑安全会遇距离,以及会遇态势。

(1) 安全会遇距离

《1972 年国际海上避碰规则》(以下简称《规则》)中要求:“为避免与他船碰撞而采取的行动,应能导致两船在安全的距离驶过。”对于无人艇来说,必须与障碍物有足够的距离,这里用 DCPAs 来代表无人艇在海面上航行的安全通过距离,DCPA 代表无人艇与障碍物之间的最短会遇距离。如果 DCPA < DCPAs,此时最短会遇距离小于安全通过距离,存在碰撞危险,需要采取一定的措施。如果此时,双方不存在避碰危险,保持原有的航速、航向即可。

根据航海经验,当白天天气良好,能见度较高时,吨位较大船舶之间的 DCPA 应大于等于 1n mile;若对于天气糟糕抑或是夜间 DCPA 应保持在 2n mile;若遇到能见度不良的环境或船舶采用雷达进行避让时,万吨级的船舶之间 DCPA 也应不小于 2n mile。显然,以上数据是根据天气情况及海域情况、可航行水域的能见度,无人艇宽度和自身尺寸的大小、操纵性能、相对位置等因素确定的。

对于无人艇来说,主要考虑的因素是无人艇的速度、艇身长度等自身因素。为了使得设定的安全通过距离符合要求，以上因素的影响需要充分考虑，如果该距离的选择偏大，增大航行距离，浪费资源，费用偏高；但如果该距离的选择偏小，航行安全得不到保障。

(2) 无人艇会遇态势

无人艇的会遇态势是通过无人艇与障碍物在航行过程中观测、收集、分析得到的信息，判断会遇态势是无人艇避碰决策系统的重要研究内容之一。通常情况下，无人艇与障碍物的会遇态势可分为以下几种：对遇局面、追越局面和交叉相遇局面，其划分如图 7-18 所示。

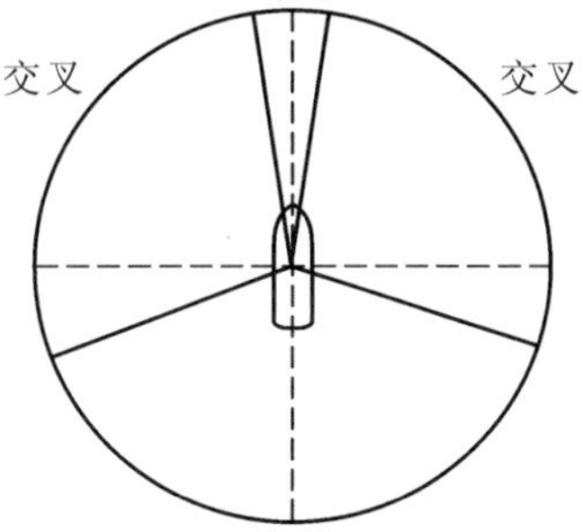

图 7-18　无人艇与障碍物会遇态势

进一步地，在无人艇避碰决策系统中，为了满足避碰决策的需要，根据要建立的无人艇避碰决策系统的特点与需求，并且考虑到障碍物在不同方位上的操纵特点，将无人艇与障碍物的会遇态势详细分为如下 6 种：

① 对遇：对遇局面是指无人艇与障碍物在相反的或接近相反的航向上相遇构成碰撞危险的局面。即相对方位 $\alpha_T < 6^\circ$，航向相差的范围位于 $174^\circ \sim 186^\circ$ 之间。

② 右舷交叉：交叉相遇是指无人艇与障碍物的航向交叉构成了碰撞危险的局面，但是不包括“对遇”和“追越”中所涉及的无人艇与障碍物航向交叉的情况，障碍物应该位于无人艇左、右舷 $6^\circ \sim 125^\circ$ 舷角的扇形范围内。根据无人艇与障碍物右舷相对方位的大小可以分为右舷大角度交叉和右舷小角度交叉：

a. 右舷小角度交叉：障碍物相对方位 α_T 为大于等于 6°，小于 60° 的情况，即范围为 $6^\circ \leqslant \alpha_T < 60^\circ$。

b. 右舷大角度交叉：来船相对方位 α_T 为大于等于 60°，小于 112.5° 的情况，即范围 $60^\circ \leqslant \alpha_T < 112.5^\circ$。

③ 本无人艇追越障碍物：追越是指本无人艇位于障碍物正横后大于 22.5° 的某一方向上。构成追越，需要满足以下 3 个条件：无人艇与障碍物的相对位置是一方位于另一方的正横后大于 22.5° 的任一方向上；它们之间的距离在一定的范围内；后方的速度大于前方。当无人艇处于障碍物的 $112.5^\circ \leqslant \alpha_T < 247.5^\circ$ 的方位内为无人艇追越障碍物。

④ 障碍物追越无人艇：指障碍物位于本无人艇的相对方位在 $112.5^\circ \leqslant \alpha_T < 247.5^\circ$ 内，应满足追越的条件同上。

⑤ 左舷大角度交叉：指障碍物位于本无人艇 $247.5^\circ \leqslant \alpha_T < 292.5^\circ$ 的相对方位内的交叉相遇情况。

⑥ 左舷小角度交叉：指障碍物位于本无人艇 $292.5° \leqslant \alpha_T < 354°$ 的相对方位内的交叉相遇情况。

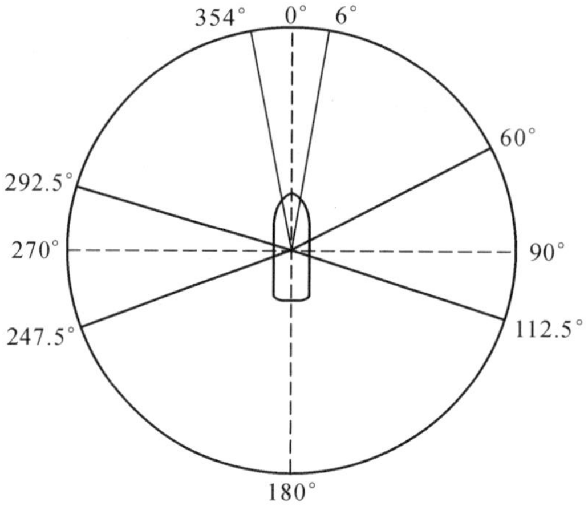

图 7-19　详细划分无人艇与障碍物会遇态势

以上会遇态势的详细划分，根据避碰几何的分析结果，按照图 7-19 所示的方位确定无人艇与目标物相遇时属于何种会遇态势。

对于船舶避碰，学者们在船舶领域方向做了相关研究。船舶领域的概念是日本学者藤井弥平在 1963 年研究水道的交通容量时提出来的。藤井教授认为船舶领域是绝大多数后继船舶驾驶员避免进入的前一艘在航船舶周围的领域。藤井教授在日本海域上多次进行交通调查与统计分析，最终建立出日本水域的船舶领域模型，并界定了船舶领域的定义，即以船舶（被避让船舶）为中心，以沿船舶首尾线方向为长半轴，沿船舶正横方向为短半轴的一个椭圆。大船船舶领域是长半轴为 7 倍船长，短半轴为 3 倍船长的椭圆，在一般的航行条件下，被追越船船舶领域是长半轴为 8 倍船长，短半轴为 3.2 倍船长的椭圆，航行在需减速的港口附近和狭窄的海峡时，船舶领域减小至以 6 倍船长为长半轴和 1.6 倍船长为短半轴的椭圆，如图 7-20 所示。

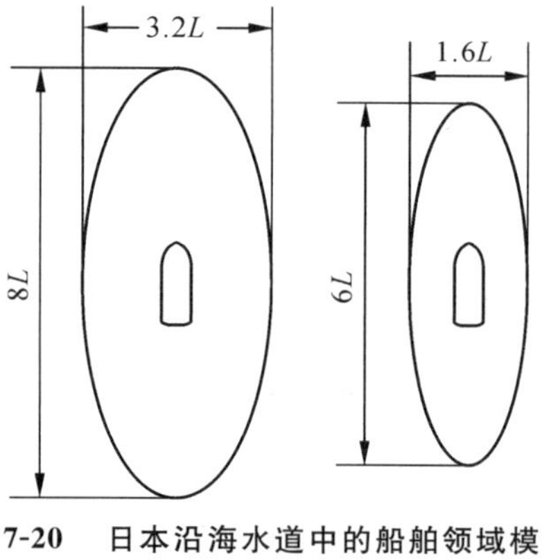

图 7-20　日本沿海水道中的船舶领域模型

20 世纪 70 年代时，藤井将船舶领域的概念引进到欧洲，Goodwin 在欧洲水域对其交通做了有关调查，并根据调查结果进行了大量的避碰实验，通过实验，他证实了船舶领域这一概念的存在，并且根据获得的结果对船舶领域模型进行了相应的调整，他认为船舶领域模型应该是不对称的，并根据获取的数据确定了如图 7-21 所示的船舶领域模型。

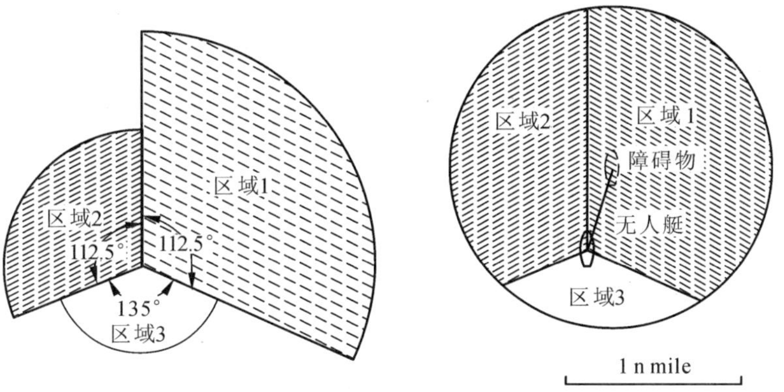

图 7-21　开阔水域情况下的船舶领域模型

英国人 Goldwell 根据前人的研究成果对船舶避碰领域做了进一步的分析，他对受限水域也进行了深入的研究，在水域不开阔的情况下建立了相关的模型。Goldwell 所建立的对遇局面下的船舶领域模型是中心船向左偏移半个椭圆，而在追越情形时是中心船处在该领域中央的椭圆，所以说明在处于对遇局面下，《规则》要求船舶各自向右转向的规定对于船舶避碰行为来说有着重大的影响，也证实了 Goodwin 在建立不等扇形船舶领域模型时的假设。

船舶领域的研究已经吸引了大量学者的关注，他们从不同的角度对船舶领域的大小、形状以及用途进行了相关研究。目前，船舶领域理论已经获得了世界航海专家及学者的一致认可，并且广泛应用于船舶避碰、航道设计、危险度评估、航道疏浚以及海上交通水域中离岸设施的建立等各个方面的研究。

虽然上面的船舶领域模型存在区别，但对于船舶领域的思想的理解实质上是一样的。每个船舶四周都存在着一个有效的安全水域，在该水域内航行能够确保船舶安全的行驶。这种思想同安全通过距离的思想不谋而合。因此不同会遇形势下，可以根据不同的安全会遇距离作为船舶领域的半径来构成安全的船舶领域范围。当有障碍物进入这个范围，应采取一定的避让措施来避免发生碰撞危险。无人艇可以借鉴 Goodwin 所建立的模型，对于无人艇，由于自身的特点，其安全避障距离是由多方面因素共同决定的，建模时应考虑无人艇航速，无人艇尺寸及不确定因素等。

7.4.2　基于国际海上避碰规则的水面无人艇避让决策

水面无人艇在海上自主航行过程中，对障碍物的避碰应满足一定规则。虽然水面无人艇在世界范围内有日益广泛的应用，但至今为止并没有针对水面无人艇海上航行规则的相关法律法规，而现有的法律法规也没有明确地指明水面无人艇在海洋环境中的航行规则，这样可能威胁到水面无人艇自身的航行安全和海上人员、财产安全。目前对水面无人艇航行规则的合理解决方法是遵守国际海上航行规则直至适用于水面无人艇航行规则法规的颁布。国际海上航行规则是为避免海上船舶之间的碰撞，由国际海事组织制订的海上交通规则，我国于 1957 年同意接受国际海上避碰规则。水面无人艇在自主航行过程中可能遇到的碰撞局面可以分为追越局面、正面相遇局面、交叉相遇局面[30]。

避碰规则在第八条给出了对避让行动的总的要求和应该遵循的一般原则，但是因为海上避碰的复杂性，避碰规则无法对避让行动给出一个定量的具体要求，只是做出了定性的规定，这些规定可以概括为“早、大、宽、清”这四个字。

“早”指的是及早地行动，为了预防无人艇碰撞事故的发生，无人艇开始航行时在还没有与障碍物产生碰撞危险的情形下，通过调整航速航向来避免形成碰撞危险的情形。但若前面的操纵失败，无人艇产生了危险，这时需要尽早地实施有效措施。

“大”的意思为无人艇或障碍物需要做出足够大的改变，规则要求，如果在允许的情况下，双方运动应该做出足够大的改变来使对方发现本方的改变，而不是做出一系列小变化的改变。通过这样的改变会引起另一方的注意，这样可以达到良好的避碰效果。

“宽”可以理解为距离宽阔，在无人艇的行驶过程中，要始终保持无人艇与障碍物之间的距离要比安全通过距离大，以确保无人艇的安全避让。

“清”指的是驶过让清，是指无人艇在采取避让行动之后一段时间内恢复原航向或原航速，无人艇和障碍物仍能保持在安全距离上驶过，而且不存在任何碰撞危险。

无人艇的自动避碰可以通过改变速度和航向来实现避障。改变速度，可以改变无人艇的快慢从而改变无人艇的运动过程；改变航向，可以改变无人艇的运动轨迹；同时改变无人艇的航向与航速，可以在紧急情况下实现无人艇的自动避碰。

7.4.3 基于内河船舶避碰规则的水面无人艇避让决策

内河通航环境具有复杂多变的特性，如河道弯曲、水位涨落不定、跨江桥梁林立、不同航区航段的水文特征差异较大、船舶种类多、船舶设备参差不齐以及驾驶人员素质差异较大等，同时内河船舶数量急剧增多，航行密度增大，内河船（队）的规模越来越大，并向着大型化、高速化方向发展，致使内河船舶操纵日趋困难，同时使无人艇的内河避碰具有复杂性、独特性。

首先，无人艇避碰措施必须遵守《内河船舶避碰规则》，以早让、宽让和较大的避让幅度为原则，同时考虑以下几点：

(1) 转向多大的角度后，两船间的碰撞危险会减至最小。

(2) 在保证减小碰撞危险的前提下，尽量使转向的角度为最小，即本船偏离原航线的角度最小。

(3) 采取某一转向角度，航行最少的时间以后，恢复原航向、航速。多船会遇情况下所考虑的问题与单船不同之处是：转向多大角度后，可使各个目标与本船间的碰撞危险度都尽可能地减小。

内河环境的复杂性使得船舶智能避碰在避碰模型的建立、避碰信息获取、避碰决策生成等方面都具有很多不确定性的因素。合理地建立船舶避碰模型、准确而全面地获取船舶避碰所需的信息以及提高避碰决策实时性和自适应能力是当前船舶智能避碰的关键。

(1) 船舶避碰模型

船舶避碰模型应该具有各避让目标的动态描述。不同的目标具有不同的危险属性，尤其是在内河环境下，避碰目标包括船舶、桥墩、固定障碍物、桥区建筑等。目标的危险度模型需要进行实时更新，并针对不同目标进行船舶领域的划分。这就需要将船舶避碰模型中的碰撞领域按照目标区域分为几个典型的避碰状态。较为典型的避碰类型分为：船舶间避让、桥墩避让、航标船避让、靠港环境避让。

船舶间避让可采用内河船舶避让规则，在船舶航行过程中危险度最高，属于全局时域范围内的动态避让目标；桥墩和航标船在桥区和航标所在区域的危险度最高，属于固定地域内的静态避让目标；靠港环境的避让目标包括港口建筑物等固定目标，且处于特殊时段，属于局部时域范围类的避让目标。对此问题，可采用目前多状态系统中应用比较成熟的有限状态方法。该方法表示有限个系统状态以及在这些状态之间的转移和动作等行为的数学模型。根据船舶常见航行行为，可将船舶避让状态分为正常航行、过桥和靠港三类避让模式，结合上述分析，可得出避让模型在不同状态下的碰撞危险度，如图 7-22 所示。

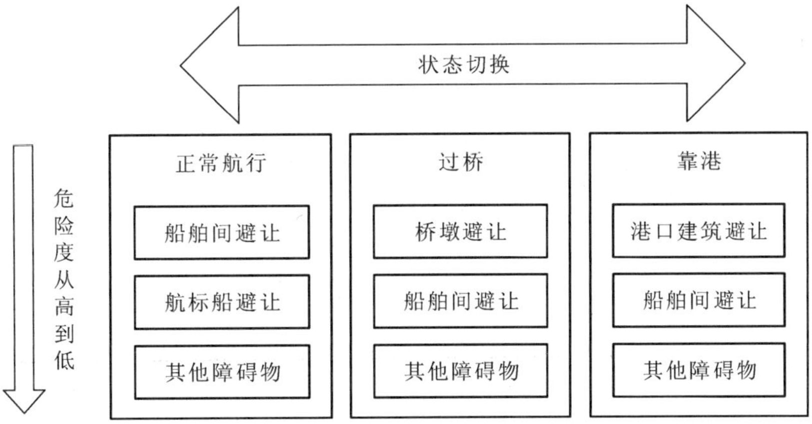

图 7-22　船舶避碰模型不同状态危险度

此一般性模型给出船舶在时域和地域上进行航行状态切换时避碰模型的状态变化，可以在一定程度解决避碰模型动态描述问题。

(2) 避碰信息

由于不同区域内信息采集设备所获取信息的可信度不同，故船舶避碰时所需信息源不同。在内河避碰中，桥区附近的船舶在雷达影像上的信息会有部分区域被遮蔽，信息可信度有所降低。针对这种问题需要在实际航行中对航行区域按不同设备信息的可信度进行划分，并实时更新状态。相关学者研究的 AIS 和雷达数据融合方法可以在一定程度上解决这些问题。但所研究的融合算法为静态融合，实时性和适应能力不强。

以雷达、AIS、GPS、惯导和电子海图等常用的设备为例，解释可信度的划分方式，如图 7-23 所示。以这些设备组成的障碍物信息为划分依据，可使用简单的权重(图中 f_1，f_2 等) 表征不同设备的信息可信度，权重由历史数据样本分析结果中获得。GPS 能获取到稳定的经纬度信息，不存在累积误差，但数据精度不高，惯导数据精度较高，但存在累积误差，两者数据可以加权融合，提供全局范围内船舶自身航行信息。电子海图可以提供桥段和航标等固定地域的静态障碍物信息，可信度权重较高。AIS 数据和船载雷达数据为主动信息数据，可根据各自优缺点互为补充，两者权重可进行融合计算，这些信息为动态的局部障碍物信息。而岸基雷达可以实时与船端通信，通过在岸端设置多个探测点，每个探测点探测到的障碍物信息加以各自权重，最后融合提供全局内动态障碍物信息。

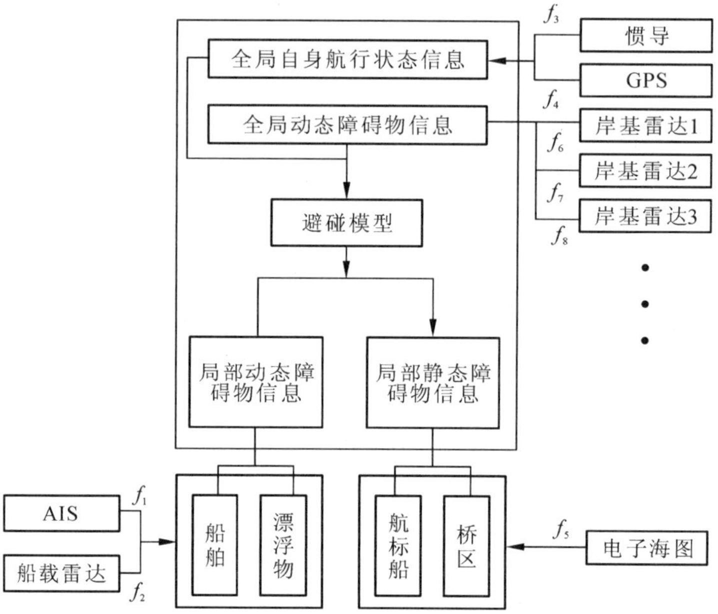

图 7-23　船舶避碰模型状态变化

这种划分方式简单易行，结合上述避碰模型中的状态机进行避碰，可使用如贝叶斯证据理论等概率算法计算不同区域内的可信度分布，提高避碰信息的局部可靠性。同时可以进行权重信息的在线更新，实现实时的动态避碰信息获取。

7.4.4　基于速度障碍的自主避让算法

国内外专家学者解决无人艇自主避碰的问题多采用路径规划、轨迹规划等相关方法。虽然目前已有的无人艇路径规划的研究为无人艇避碰提供了一定的参考，但是这些方法实施的前提多是将无人艇视为质点，忽略其操纵运动特性，并且不考虑外界条件对无人艇航行的影响。然而，在复杂的海洋环境中，无人艇在躲避障碍物的同时，还会受到风浪流的影响，所以这种理想化的方法对于无人艇在实际海面上航行避碰的借鉴意义是有限的。无人艇避碰不仅要考虑如何进行固定会遇情况下的路径规划，还需要考虑时变情况下的路径规划，源于机器人避碰的速度障碍法适用于该问题。对于现有的运用 DCPA 和 TCPA 进行船舶避碰，只能判断船舶之间是否存在碰撞危险，而速度障碍法不仅能判断出船舶间是否有碰撞风险，同时也能提供避碰方法[31]。

(1) 避障环境模型的建立

无人艇在航行过程中，可通过雷达、AIS 等设备获取环境信息。对无人艇正常安全航行有阻碍的目标的速度、方位、形状等信息进行提取并存储。在无人艇航行避碰过程中，障碍物的形状、覆盖区域是无人艇避碰重点考虑的因素之一。由于障碍物形状、大小各异，并且其周围水域环境变化也会影响无人艇安全航行。根据英国学者 Davis 研究的改进的 GoodWin 船舶领域模型，建立船舶航行水域范围。以无人艇艇长为直径作圆，所覆盖的区域视作无人艇简化模型(如图 7-24 所示,A 为无人艇区域,B 为障碍物区域)。

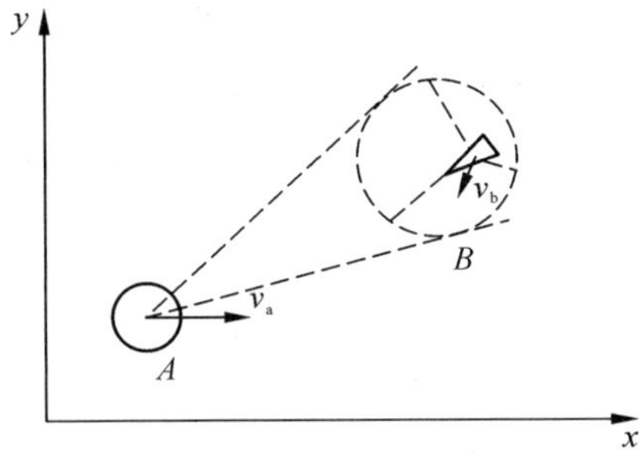

图 7-24　环境模型的建立

(2) 碰撞区域的判断

将障碍物与无人艇进行膨化处理后,建立无人艇 - 障碍物(U-O) 环境模型,确定碰撞区域。如图 7-25 所示,建立 U-O 坐标系,在 t 时刻,无人艇向障碍物两侧切线方向发射射线 l_1 和 l_2,l_1 和 l_2 与 x 轴的夹角分别为 θ_1 和 θ_2;无人艇 A 和障碍物 B 的速度分别为 $\boldsymbol{v}_a$ 和 $\boldsymbol{v}_b$,两者相对速度为 $\boldsymbol{v}_R = \boldsymbol{v}_a - \boldsymbol{v}_b$,$\boldsymbol{v}_R$ 与 x 轴的夹角 θ_a。对无人艇、障碍物的速度进行 x、y 方向分解,分别得到 v_{ax}、v_{ay}、v_{bx} 和 v_{by},则 θ_a 为:

$$\theta_a = \arctan \frac{v_{ay} - v_{by}}{v_{ax} - v_{bx}} \tag{7-7}$$

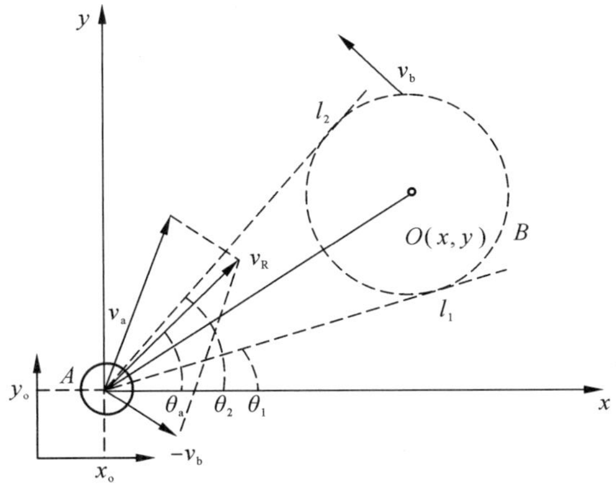

图 7-25　*U-O* 坐标系

在两条切线 l_1 和 l_2 对应的极坐标分别为 $l_1(\rho,\theta_1)$ 和 $l_2(\rho,\theta_2)$,障碍物圆心坐标为 $O(x,y)$:

$$O = (x,y) \left| \begin{aligned} x &= x_o + S_{ab}\cos\theta_o \\ y &= y_o + S_{ab}\sin\theta_o \end{aligned} \right.$$

其中,$\theta_o = \frac{1}{2}(\theta_1 + \theta_2)$;$S_{ab} = \dfrac{\rho}{\cos\left(\dfrac{\theta_1 - \theta_2}{2}\right)}$;障碍物圆半径 $R_B = \rho\tan\left(\dfrac{\theta_1 - \theta_2}{2}\right)$;$\rho$ 为无人艇到切点的距离。两条切线 l_1、l_2 和 A、B 组成的封闭区域为碰撞区域,记为 Δ。

当 $\boldsymbol{v}_{\mathrm{R}} \in \Delta$ 时，无人艇存在碰撞风险。假设所有角度的取值范围为$[0,2\pi]$，逆时针旋转为负，顺时针旋转为正，可知无人艇与障碍物不发生碰撞的条件为：$0<\theta_{\mathrm{a}}<\theta_1$ 或 $\theta_2<\theta_{\mathrm{a}}<2\pi$。

假设在某一水域中，存在 n 个经膨化处理后的障碍物，每个障碍物两条切线与 X 轴的夹角为 θ_{2n-1} 和 θ_{2n}，$n=1,2,\cdots$。当 $\theta_{\mathrm{a}} \in \overline{\bigcup_{i=1}^{n}(\theta_{2i-1},\theta_{2i})}$ 时，无人艇处于安全水域，与所有障碍物均无碰撞危险。

无人艇在水面上快速航行时，对于$[0,2\pi]$水域内出现的障碍物，无人艇需要实时确定 θ_{a} 与 $\theta_1,\theta_2\cdots\theta_{2n}$ 的关系，并且通过无人艇自身的操纵控制实现对 θ_{a} 的调节，使其处于碰撞区域之外，因此，在无人艇对障碍物进行避碰时其转向操作应遵循一定准则。

无人艇确定其航行安全区域的范围后，需要转向避让障碍物。在对障碍物进行避让的过程中，无人艇需要考虑与障碍物的距离、位置及障碍物分布信息。

① 障碍物距离、位置对无人艇转向的影响

无人艇实时判断其与各个障碍物的距离大小以及位置关系。在所有障碍物中，如果满足式(7-8)，

$$\begin{cases} d_{\mathrm{ao}} \in \min\{d_{\mathrm{an}} \mid n=1,2\cdots\} \\ \theta_{\mathrm{a}} \in (\theta_{2n-1},\theta_{2n}) \end{cases} \tag{7-8}$$

那么判断障碍物 O 为优先避让障碍物，其中 d_{an} 为无人艇与障碍物的距离，d_{ao} 为无人艇与优先避让障碍物的距离。无人艇需要采取措施尽快驶离出障碍物 O 的危险区域。通过判断 θ_{a} 与 θ_{2n-1}、θ_{2n} 的关系，可以确定无人艇驶离危险区域偏转的方向（l_{2n} 与 x 轴的夹角为 θ_{2n}）。

$$\begin{cases} \theta_{2n-1}<\theta_{\mathrm{a}}<\dfrac{\theta_{2n}-\theta_{2n-1}}{2} & \text{无人艇向 } l_{2n-1} \text{ 方向偏转} \\ \dfrac{\theta_{2n}-\theta_{2n-1}}{2}<\theta_{\mathrm{a}}<\theta_{2n} & \text{无人艇向 } l_{2n} \text{ 方向偏转} \end{cases}$$

当无人艇确定偏转的方向后，考虑其操纵运动特性进行转向，使其 $\theta_{\mathrm{a}} \notin (\theta_{2n-1},\theta_{2n})$，此时障碍物 O 对无人艇不具有阻碍作用。其后，每一时刻均对无人艇与障碍物的距离进行测算，当无人艇驶离危险区域后，其可能进入其他障碍物的危险区域，运用相同转向方法对障碍物进行避让。

② 障碍物的分布对无人艇转向的影响

无人艇针对区域内的所有障碍物分别作切线，其切线 $l_1,l_2\cdots l_{2n}$ 与 x 轴的夹角分别为 θ_1，$\theta_2\cdots\theta_{2n}$，$n=1,2,\cdots$，无人艇每隔一段较短的时间都要重新计算 $\theta_{\mathrm{a}},\theta_1,\theta_2\cdots\theta_{2n}$。如果满足式(7-9)，

$$|\theta_2-\theta_1| \cup |\theta_3-\theta_2| \cup \cdots \cup |\theta_{2n}-\theta_{2n-1}| = |\theta_{2n}-\theta_1| \tag{7-9}$$

那么就称多个障碍物紧密重叠相连。

在一定水域内随机分布着多个障碍物时，这些障碍物碰撞危险区域可能互相重叠，或者是一个面积较大、覆盖区域较广的障碍物无法直接进行膨化处理，那么可以将该障碍物视作多个小障碍物重叠紧密相连。如图 7-26 所示为障碍物重叠紧密相连时的情况。

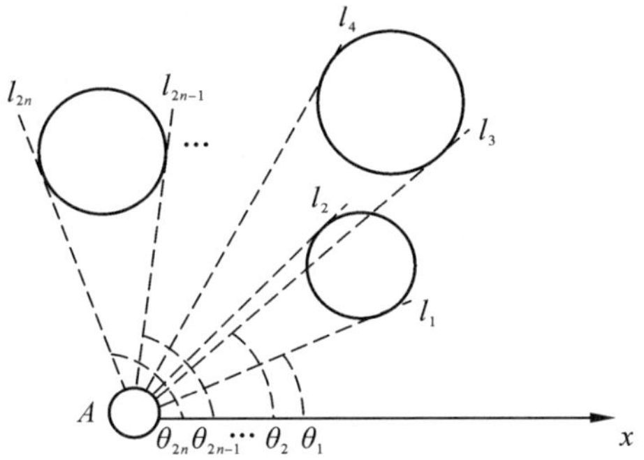

图 7-26　障碍物重叠紧密相连

当无人艇重叠相连时，根据式(7-10) 确定无人艇避碰时的转向方向：

$$\begin{cases} \theta_1 < \theta_a < \dfrac{\theta_{2n} - \theta_1}{2} & \text{无人艇向 } l_1 \text{ 侧转向} \\ \dfrac{\theta_{2n} - \theta_1}{2} = \theta_a & \text{通过下一步避碰策略判断向 } l_1 \text{ 或 } l_{2n} \text{ 侧转向} \\ \dfrac{\theta_{2n} - \theta_1}{2} < \theta_a < \theta_{2n} & \text{无人艇向 } l_{2n} \text{ 侧转向} \end{cases} \tag{7-10}$$

当无人艇驶离碰撞区域较晚时，会造成驶离点离切点非常接近，如图 7-27(a) 中 M 点所示，虽然无人艇安全驶出危险区域，但$\dfrac{\mathrm{d}\theta_a}{\mathrm{d}t}$较大时，有可能再次进入碰撞危险区域，出现危险局面。

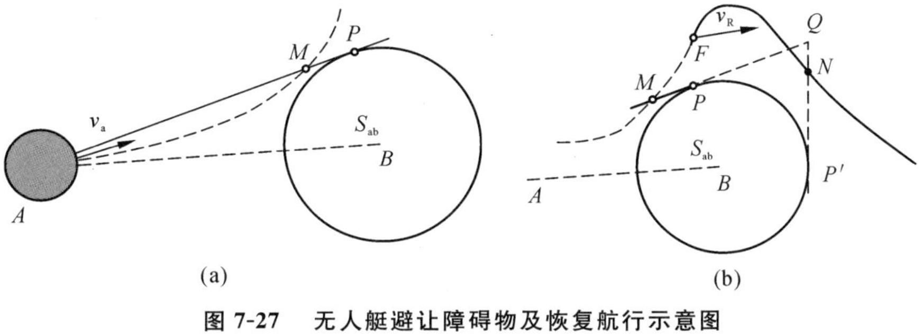

图 7-27　无人艇避让障碍物及恢复航行示意图

如图 7-27(b) 所示，无人艇到达 P 点垂直正上方 F 点处开始进行恢复原航向操作，其改变一定的舵角，使得 $v_R // \overrightarrow{AB}$，无人艇在避让障碍物时，能够保证其不会由于做较大的转向操作与躲避开的障碍物再次造成危险局面。无人艇保持这种状态继续航行，直到驶过 QP'(QP' 为障碍物 B 的另一条切线，与其相交于 N 点) 后，无人艇处于完全安全区域，可以进行较大角度的恢复原航线的操作。在 N 点处，v_R 和到圆心的距离 S'_{ab}的夹角为：

$$\varphi = \arctan\frac{v_{ay} - v_{by}}{v_{ax} - v_{bx}} + \arcsin\frac{RR_{ob}}{S'_{ab}} + \frac{\pi}{2} \tag{7-11}$$

在无人艇驶过 N 点后，应满足相对速度与相对位置的夹角时刻大于 φ，这样无人艇可以安全地航行到原航线上。

7.4.5 船舶自动避碰系统及未来发展趋势

(1) 系统组成

船舶智能避碰系统的一般性模型如图 7-28 所示，先由各传感器采集本船和来船以及其他障碍物，包括桥墩等信息。然后将数据传入避碰决策系统，由决策系统给出操纵指令。

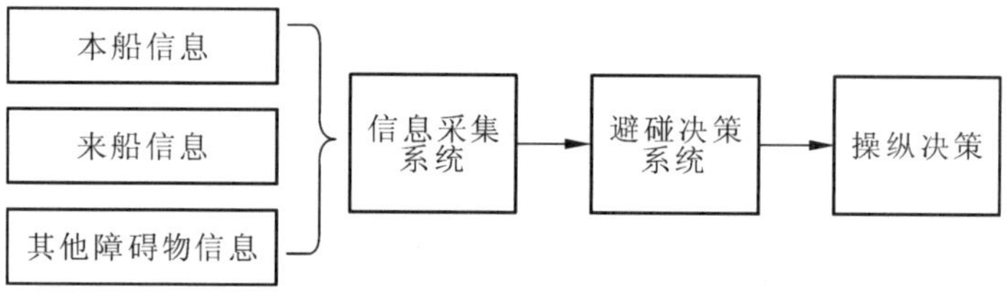

图 7-28 船舶自动避碰系统

在船舶避碰系统的智能化研究中，采用模糊数学和神经网络以及其他智能优化算法综合考虑 DCPA 和 TCPA 等因素，确定船舶碰撞危险度成为发展趋势和主要方向[32-33]。

(2) 国内外研究现状

20 世纪 70—90 年代，船舶自动化避碰尚处于理论研究阶段。20 世纪 80 年代，专家系统被日本东京商船大学率先应用于解决船舶自动避碰问题。但当时提出的专家系统不足之处在于未考虑国际海上规则对避碰的要求。后来英国利物浦理工大学也推出船舶避碰专家系统，该系统采用来自航海专家和海事专业人员的知识库，但该避碰系统在复杂的多船会遇态势下无法给出唯一的避碰行动决策。此后德国和美国也推出各自研究的避碰专家系统，随着航运业的发展船舶航行环境变得多样化，船舶碰撞危险的判定也变得更复杂。20 世纪 90 年代以后，随着智能算法的快速发展，模糊控制、神经网络以及人工势场等相继被用于船舶避碰决策研究领域使得智能避碰系统进入了多样化全面发展阶段。

我国关于船舶智能避碰系统的研究起步较晚。20 世纪 90 年代初期，大连海事大学、海军大连水面舰艇学院等高等院校及科研机构开始了对船舶避碰专家系统的研究。其中海军广州舰艇学院研究的船舶避碰专家系统也是一种咨询式的避碰专家系统。碰撞危险度根据目标的 DCPA、TCPA 方位和距离进行综合判定，应用阈值法判定避碰时机。但该系统在碰撞危险度的评价方面考虑因素较少，对会遇局面的划分还比较粗糙。之后随着国外对智能优化算法的研究加深，国内学者也相继提出基于多种智能算法的船舶避碰系统。但相对而言，我国在船舶智能避碰领域的研究比较分散，研究成果离实用化存在一定距离。

(3) 基于专家系统的智能避碰系统

船舶智能避碰专家系统属于专家系统在船舶避碰方向应用的成果，其特点是知识库和推理机相互分离，是最先被应用到船舶避碰领域的智能算法。其中系统又具体地分为基于 AIS 的避碰专家系统、基于雷达 ARPA 和 AIS 的融合避碰专家系统、基于模糊控制的智能避碰系统、基于神经网络的智能避碰系统等。

(4) 船舶自动避碰未来发展趋势

船舶避碰系统的智能化、规范化和集成化发展，使得避碰信息采集技术也开始朝着多样化、智能化方向发展，未来的船舶避碰信息采集技术的发展趋势主要有以下几点：

① 避碰领域立体化

航道尺度以及桥梁对通航的限制，使得在船舶避碰过程中，航行信息的获取变得多样化，三维立体的船舶领域和碰撞危险度信息会被逐渐考虑进来。其中船舶领域不仅包括水面船舶领域，还包括桥区等附近的水上建筑物，以及港口等狭窄水域的水下领域等。以桥墩间船舶通过区域的宽度和高度信息建立水上的船舶领域。以港口或近岸航道的水深信息建立水下船舶领域，结合船舶周围的水面船舶领域，可以组成复杂通航环境下的立体避碰船舶领域。在该领域中，碰撞危险度信息也分为：水面碰撞危险度、搁浅及船底碰撞危险度、水上船身部分碰撞危险度三个方面，如图 7-29 所示。

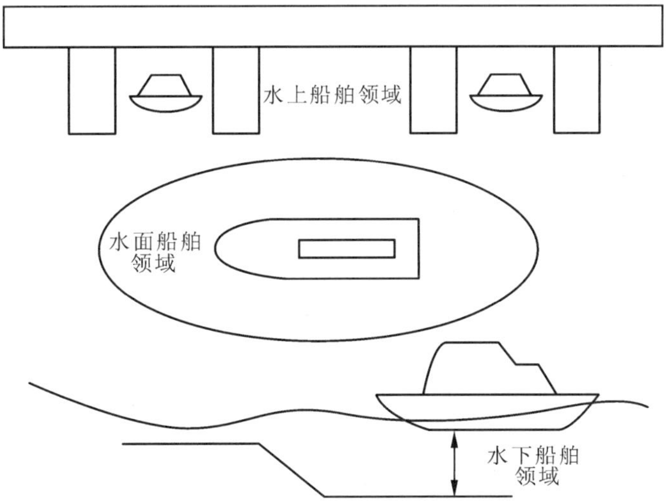

图 7-29 立体船舶领域

② 信息采集技术多样化

多样化的通航信息是船舶智能避碰的重要数据支撑。目前，新型的信息采集技术开始应用在船舶避碰领域，比如基于 RJNO 的信息采集技术、北斗定位、视觉感知技术等。

北斗定位技术是基于中国北斗卫星导航系统的全球定位技术，相较于传统定位系统，该定位系统存在斜轨道卫星，在复杂地形的定位精度更高。同时该系统将导航与通信紧密结合，具有短报文消息的功能，终端设备不仅能接收到北斗的定位信号，还能发送终端信息到卫星或者调控中心，结合目前正在广泛研究的船联网技术，可以实现船舶之间以及船岸之间的即时准确通信，为船舶智能避碰系统的信息获取提供实时性和准确性的保证，是今后船舶航行信息获取技术的研究趋势。

③ 避碰模型智能化

随着智能控制理论和算法研究的不断发展，更多先进的决策算法会被引入船舶避碰决策，对现有应用的算法的实时性、快速收敛性和求解的优劣性进行了优化。其中针对现有算法的实时性进行改进，通常需要将避碰所用的模型建立在动态的在线环境下，利用不断反馈的信息数据修正模型中的参数。同时决策算法必须具有强收敛能力和较优的准确性，使得模型能快速及时地表征船舶当前的碰撞危险度。

参考文献

[1] 徐雪松，杨胜杰，陈荣元. 复杂环境移动群机器人最优路径规划方法[J]. 电子测量与仪器学报，2016，30(2)：274-282.

[2] 简毅，张月. 移动机器人全局覆盖路径规划算法研究进展与展望[J]. 计算机应用，2014，34(10)：2844-2849.

[3] 朱大奇，颜明重. 移动机器人路径规划技术综述[J]. 控制与决策，2010，25(7)：961-967.

[4] 徐秀娜，赖汝. 移动机器人路径规划技术的现状与发展[J]. 计算机仿真，2006(23)：1-4.

[5] 魏宁，刘一松. 基于栅格模型的移动机器人全局路径规划研究[J]. 微计算机信息，2008，24(4-2)：229-231.

[6] OLSON C F. Subpixel location and uncertainty estimation using occupancy grids[C]. Detroit：ICRA，1999，3：1987-1992.

[7] ELFES A. Using occupancy grids for mobile robot perception and navigation[J]. Computer，1989，22(6)：46-57.

[8] 郜宜斌，席裕庚. 一种机器人路径规划的新方法[J]. 上海交通大学学报，1996，30(4)：94-100.

[9] 陈超，唐坚，靳祖光，等. 一种基于可视图法导盲机器人路径规划的研究[J]. 机械科学与技术，2014，33(4)：490-495.

[10] 陈超，唐坚. 基于可视图法的水面无人艇路径规划设计[J]. 中国造船，2013，54(1)：129-135.

[11] 杨淮清，肖兴贵，姚栋. 一种基于可视图法的机器人全局路径规划算法[J]. 沈阳工业大学学报，2009，31(2)：225-229.

[12] 赵永利. 基于 Voronoi 图的机器人局部路径规划[D]. 南京：南京理工大学，2006.

[13] 肖秦琨，高晓光. 基于空间改进型 Voronoi 图的无人机路径规划研究[J]. 计算机工程与应用，2005(26)：204-207.

[14] NAGATANI K，IWAI Y，TANAKA Y. Sensor-based navigation for car-like mobile robots based on a generalized voronoi graph[J]. Advanced Robotics，2003，17(5)：385-401.

[15] 阎代维，谷良贤，王兴治. 基于 Voronoi 图的巡航导弹突防路径规划研究[J]. 弹箭与制导学报，2005(2)：11-13.

[16] 李瑞峰，赵立军，靳新辉. 基于粒子滤波器的室内移动机器人自定位[J]. 华中科技大学学报(自然科学版)，2008，36(1)：145-148.

[17] 王树西，李安渝. Dijkstra 算法中的多邻接点与多条最短路径问题[J]. 计算机科学，2014，41(6)：217-224.

[18] 董俊，黄传河. 改进 Dijkstra 算法在 GIS 导航应用中最短路径搜索研究[J]. 计算机科学，2012，39(10)：245-247，257.

[19] 王树西，吴政学. 改进的 Dijkstra 最短路径算法及其应用研究[J]. 计算机科学，2012，39(5)：223-228.

[20] 陈益富，卢潇，丁豪杰. 对 Dijkstra 算法的优化策略研究[J]. 计算机技术与发展，2006(9)：73-75，78.

[21] 王淼弛. 基于 A* 算法的移动机器人路径规划[D]. 沈阳：沈阳工业大学，2017.

[22] 唐晓东，吴静. 基于改进 A* 算法的三维航迹规划技术研究[J]. 电子技术应用，2015，41(5)：

163-166.

[23]　占伟伟，王伟，陈能成，王超. 一种利用改进 A* 算法的无人机航迹规划[J]. 武汉大学学报(信息科学版)，2015，40(3)：315-320.

[24]　熊伟，张仁平，刘奇韬，等. A* 算法及其在地理信息系统中的应用[J]. 计算机系统应用，2007(4)：14-17.

[25]　丁家如，杜昌平，赵耀，等. 基于改进人工势场法的无人机路径规划算法[J]. 计算机应用，2016，36(1)：287-290.

[26]　张殿富，刘福. 基于人工势场法的路径规划方法研究及展望[J]. 计算机工程与科学，2013，35(6)：88-95.

[27]　于振中，闫继宏，赵杰，等. 改进人工势场法的移动机器人路径规划[J]. 哈尔滨工业大学学报，2011，43(1)：50-55.

[28]　孟蕊，苏维均，连晓峰. 基于动态模糊人工势场法的移动机器人路径规划[J]. 计算机工程与设计，2010，31(7)：1558-1561.

[29]　尚明栋，朱志宇，周涛. 水面无人艇动态避碰策略研究[J]. 舰船科学技术，2017,39(17)：69-73.

[30]　孙彦琰. 基于母船信息的水面无人艇避碰系统设计[C]. 北京：中国造船工程学会，2016：4.

[31]　吴博，文元桥，吴贝，等. 水面无人艇避碰方法回顾与展望[J]. 武汉理工大学学报(交通科学与工程版)，2016，40(03)：456-461.

[32]　茅云生，宋利飞，向祖权，等. 水面无人艇多船障碍智能避碰[J]. 大连海事大学学报，2015，41(4)：8-13.

[33]　朱曼. 基于环境势场的海事无人艇巡航路径规划研究[D]. 武汉：武汉理工大学，2015.

第8章　水面无人艇运动规划

8.1　水面无人艇运动规划的由来

在讨论路径规划问题时，经常引用学者 Durrant-Whyte H F 的三个问题[1] 来说明其本质："我在哪？""我要去哪？" 和"我要怎么去？"。这三个问题对于 UGV 或 UAV 而言或许是成立的，因为其所处的环境是相对稳定和开阔的。UGV 的应用场景一般为平坦的地面；即使有陡坡或洼地，其所处的地理环境也是不变的。UAV 所处的空域虽然容易受到风等环境因素的影响，但空域环境开阔，UAV 在一定程度上可视为质点。此外对于两类运载器的控制也相对容易。例如在地面，无人车可以紧急制动；在空中，无人机可以保持悬停。但是，所有这些操控对于 USV 而言是困难的。因为相较于地面和空域，水域环境要更为复杂。除了风、浪、流的干扰外，水的惯性、阻力和响应时间也都更大。并且在某些特殊通航环境，如港口和近岸水域，在航船舶多、交通密度大、可航水域范围小等诸多因素更增加了对 USV 控制的难度。因此，传统的路径规划并不适用于 USV。

为了适应无人艇自身和所处环境的特性，原先的三个问题应该相应地改成："我现在的状态是什么？""我要以什么状态到达何处？" 以及"我具体要怎么操作才能以该状态到那里？" 于是研究的重点从传统的路径规划(即路线规划) 问题转变成了运动规划问题。运动规划在规划过程中考虑了研究对象的运动和动力学约束，规划出的路径遵循研究对象的运动学特性，能够作为真实情况下的参考。因此，无人艇运动规划将会是未来的一个重点研究方向。

学者 Steven M. LaValle 在其所著的《规划算法》(*Planning Algorithms*)[2] 一书中指出，规划在不同的学科领域有着不同的含义：机器人学领域关注的是有感知、驱动和计算能力的自动化机械系统(即自主系统)，规划的目的就是通过算法使得机器人所需执行的具体任务(高维) 转变为如何操纵机器人的低维描述[3]；控制理论领域一部分关注的是通过对微分方程的描述来为物理系统设计输入控制，另一部分关注的是优化控制，即以消耗最小的资源为前提(如节约时间和能源) 来控制系统的运行；人工智能(Artificial Intelligence，AI) 领域的研究则更倾向于把问题离散化[4]，它解决的是诸如魔方、滑块拼图等需要通过离散化建模来完成的问题。

无论哪种定义，构成规划问题的基本要素是不变的：规划空间、规划时间、规划行为(操作) 和规划准则[5]。规划空间即状态空间，是规划过程中外界环境的集合。规划空间是规划算法设计和分析的前提，其中初始状态和目标状态尤为重要，因为规划算法通常都是描述从某初始状态到达某特定目标状态这一过程的规则。规划时间是指整个规划过程按照时间推进的决策序列。一般来说，规划问题不仅会关注在特定的时间内完成某项任务，更多的是要保证规划过程按照正确合理的顺序执行。规划行为是指由初始状态变为目标状态所需进行的具体操作。大多数运动规划问题，规划的结果是由规划行为来控制的[6]；但在某些情况下，行动可能是由自然环境约束而产生的，环境干扰的结果并不受决策者的控制。规划准则是根据状态以及所采取的行为来制定出的一个规划期望结果。一般规划会从两个不同的方向来制定准则：可行性和最优性[7]。可行性是寻找到一个能够引起到达目标状态的规划，而不管它的性能和效率如何。最优性则不仅要实现到达目标状态的目的，而且还要满足某种最优性能的指标。

路径规划是规划问题中的典型代表。根据规划的基本要素，路径规划问题可定义为：以最终规划出一条完整并符合一定要求的路径为目标的规划问题。该定义确定了规划四要素中的最后一项规划准则，即找到一条期望的路径。而对于其他要素的考虑，可以从其研究发展来讨论。从发展历程来看，路径规划应该包括以下三个阶段：路线规划、轨迹规划和运动规划。路线规划是研究的基础阶段，它很少考虑规划行为（路径的具体实现与操作），而是将重点放在规划空间这一部分。即以当前规划空间环境作为约束条件进行的路径搜索。该阶段期望的结果是从起点到终点的一条最优路线。轨迹规划是研究的过渡阶段，它开始逐渐考虑规划行为，除了空间环境还将研究对象的某一部分动力学特性作为规划的约束条件来改进上一阶段规划出的路线。该阶段期望的结果是从起点到终点的一条最优轨迹。运动规划则是研究的最终阶段，它完全考虑了规划行为，以研究对象的动力学模型为基础将运动控制和路径规划进行结合。该阶段期望的结果是从起点到终点的一条真实可控路径。因此，纵观路径规划的发展历程，其本质是将研究重点从规划空间转变为规划行为的过程。接下来就以路径规划的三个阶段为线索，介绍各阶段出现的最具代表性的规划方法以及针对无人艇路径规划的应用。

8.1.1　轨迹规划方法概述

轨迹规划是路径规划的改进，它开始将研究对象自身的物理约束考虑到规划的路径中，从而使最终规划的结果接近真实轨迹。这里的研究对象自身物理约束主要是指其运动学和动力学约束，如速度、方向、旋转角速度、旋转半径（曲率）等。因此，轨迹规划的实质是在原来二维状态空间（位置坐标）的基础上增加上述提及的一至两个维度，从而变为多维状态空间下的规划。对于一般的机械物理系统（如无人车或移动机器人），由于其具有惯性，它们不能按照路径规划的结果那样方向突然发生改变（即路径不平滑连续）[8]。因此在大多数轨迹规划的研究中，人们所关心的是研究对象运动方向和曲率半径所需满足的要求。为了解决这一问题，Dubins 路径规划算法被提出，如图 8-1 所示。

Dubins 路径规划算法的主要思想是在平面内已知起始点和目标点的位置（坐标）、方向以及满足最小曲率半径的前提下，两点之间的路径可以由“圆弧 — 直线 — 圆弧”“圆弧 — 圆弧 — 圆弧”或者“圆弧 — 圆弧 — 直线”三段构成，并且该直线为两圆弧的切线[9]。基于这六种类型模式，针对不同的规划要求，在满足研究对象具体的起始和终止点方向以及最小曲率半径的约束下可以规划出相对真实的轨迹[10]。Dubins 路径规划算法在很多领域都得到了应用，如无人车[11]、无人机[12]、反舰导弹[13] 和水下机器人（AUV）[14] 等。同时，Dubins 路径规划算法还可与其他经典算法相结合，从而改进其自身算法的缺点完成具体任务。例如将其与

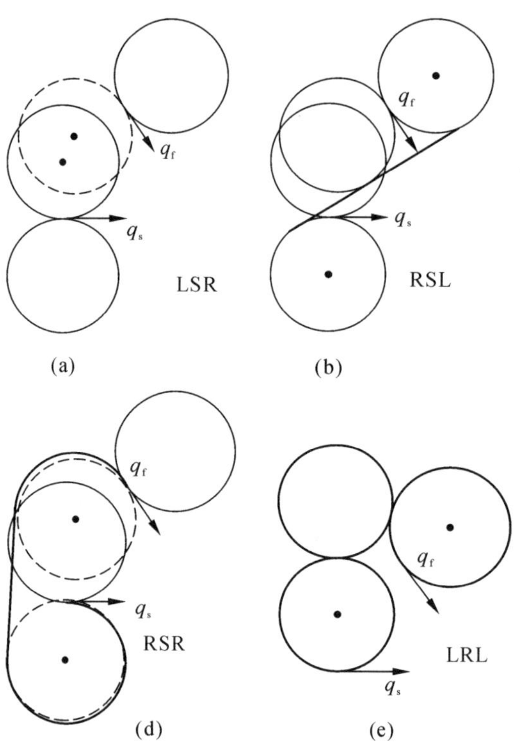

图 8-1　Dubins 路径规划算法

A * 算法相结合，可解决最短安全路径问题[15]；将其与神经网络算法相结合，可以解决多任务分配的路径问题；将其与遗传算法相结合，可以解决多障碍环境下的实时避障问题[16]。

然而，Dubins 路径算法并没有真正做到曲率的连续。因为，直线的曲率是 0，而圆弧是有一定曲率的，所以如果研究对象从直线段进入到圆弧段时，曲率就会从 0 直接跳变到某一数值[17]，这显然是不合理的，并且不是所有的机械物理系统在旋转时的轨迹为圆弧。因此，为了弥补该方法的缺陷，很多学者使用了其他特殊性质的曲线来代替圆弧。如样条曲线[18]、Clothoid 曲线[19] 和费马螺线[20]（图 8-2、图 8-3、图 8-4）等。费马螺线是用来连接平面内相邻两连续直线的特殊曲线。能够这么做，主要是因为费马螺线的曲率在开始阶段为 0，这一性质使得在连接直线段时，不会出现上述圆弧与直线间曲率跳变的情况。除此之外，还可利用样条曲线。弗里奇（Frisch）和卡尔森（Carlson）[21] 为了解决轨迹规划问题，提出了一种特殊的三次埃尔米特样条曲线。该曲线用到的三次埃尔米特样条插值（CHSI）能保证路径点的单调性，这就意味着该方法为具有不同单调性的数据集提供了可靠的差值曲线。

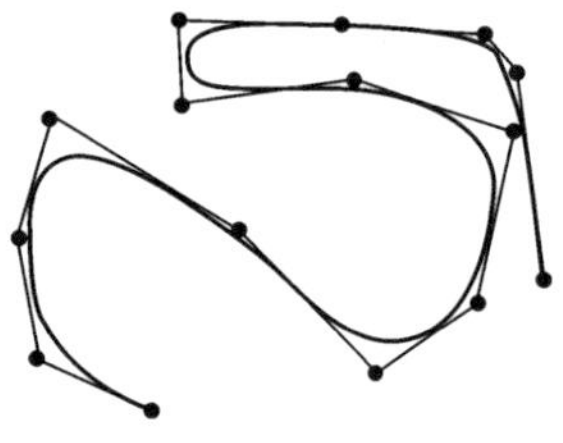

图8-2　样条曲线

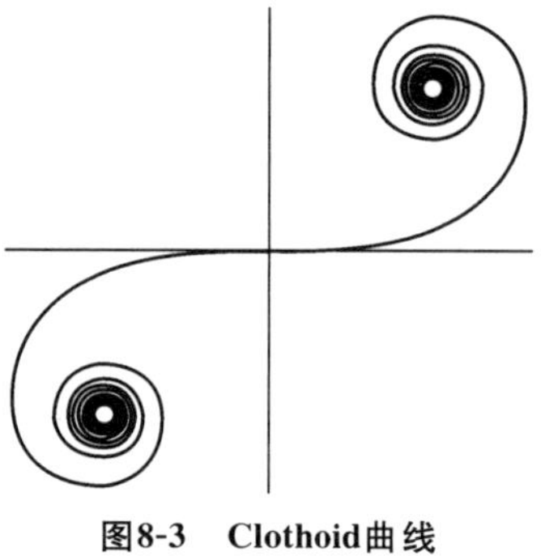

图8-3　Clothoid曲线

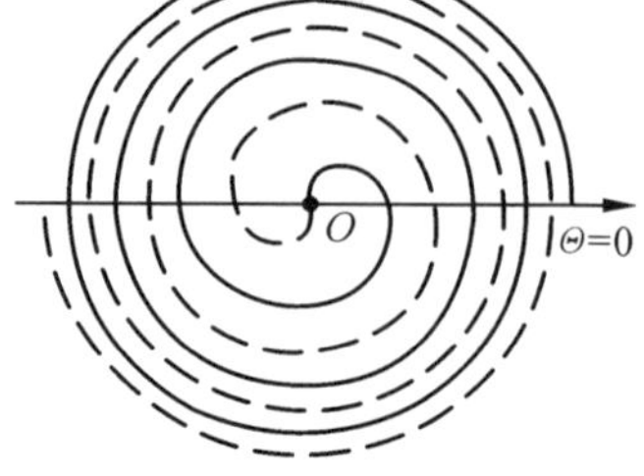

图8-4　费马螺线

无人艇的轨迹规划除了直接利用上述曲线拟合的方法外，一般通过增加约束的方式对路径规划算法进行改进。Hanguen Kim 等人[22] 在无人艇规划空间中加入了角度这一维度，将原有的二维地图变为三维。同时改进了 A^* 算法，在实际代价函数 $g(x)$ 中加入了无人艇曲率半径代价，最终使得无人艇的规划路径更合理有效，如图 8-5 所示。Joeming Yang 等人[23] 同样基于 A^* 算法，利用 LOS 制导策略结合角度约束对其进行改进，并考虑了船舶尺度和障碍物安全边界，为无人艇规划出一条实际可行路径，如图 8-6 所示。

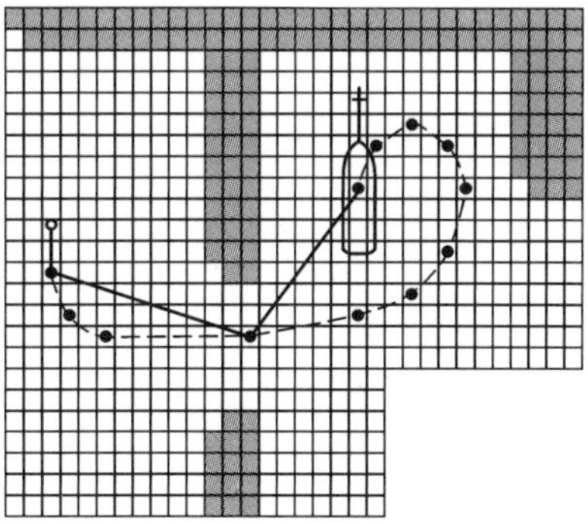

图8-5　考虑USV曲率半径

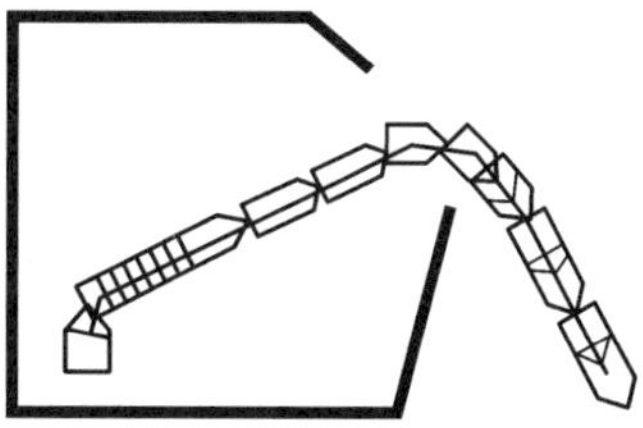

图8-6　考虑USV首向和尺度

8.1.2　运动规划方法概述

我们需要从更深的层面来研究规划问题，即所规划出的路径能否通过自身的控制系统来实现。因此，这一阶段会深入讨论研究对象的运动学和动力学模型。按照研究对象可控程度来划分，运动规划可分为完全驱动和欠驱动系统。对于完全驱动系统，如工业机器人(机械臂，如图 8-7 所示)，由于运动过程完全可控，其所能呈现的运动姿态都可以通过方程进行准确表达。因此完全驱动系统常见的运动规划方法是建立精准的运动控制模型，然后根据具体的规划任务对模型的主要控制参数进行调整和优化[24]。

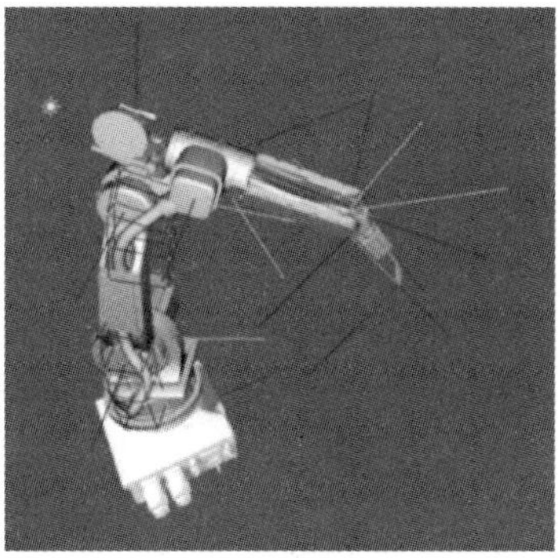

图8-7　机械臂的运动规划

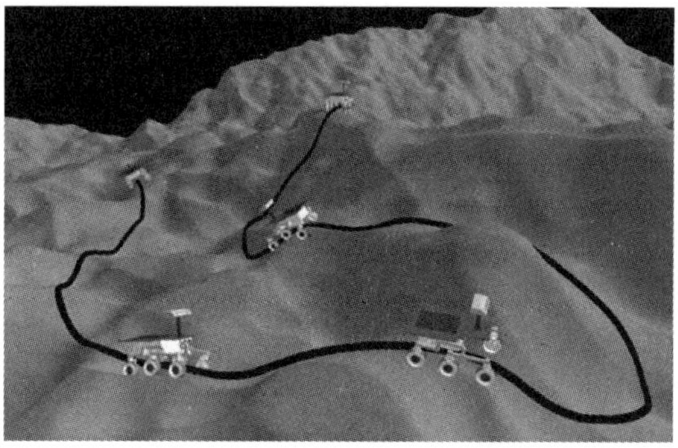

图8-8　无人车的运动规划

对于欠驱动系统，由于系统的控制量个数小于自由度个数，因此很难简单地通过优化控制参数来进行路径规划，如无人车或轮式机器人(图 8-8)。较为常见的运动规划方法分为两步：首先利用路径规划算法，从起始状态到目标状态寻找一条无碰路径；然后以研究对象的运动学和动力学模型为基础设计相应的控制器来驱动机器人按照该路径运动，最终到达目标点[25]。该方法的本质是机器人的运动控制，根据控制目标的不同可将其细分为点镇定、轨迹跟踪和路径跟踪[26]。其具体的控制方法有PID控制、自适应控制和滑模控制等[27]。另一种运动规划方法是根据研究对象的动力学模型对路线规划方法进行改进，然后用合适的曲线进行平滑。如徐娜等[28]提出了一种改进的RRT算法，将移动机器人的非完整约束条件与RRT相结合来解决其运动规划问题；杜明博等[29]提出了一种基于最大曲率约束的剪枝函数，对生成的结合智能车运动约束的随机树进行优化，并用三次B样条差值曲线做平滑处理。

上述提及的方法本质上与轨迹规划类似，都以路径规划为基础，用研究对象的动力学模型来设计控制器或结合优化曲线来对该理想路径进行还原和逼近，最后达到规划目标。因此从结果上看，这是一种"间接"性的运动规划方法。近几年国外一些学者对运动规划问题提出了一种新的解决思路：将研究对象的动力学数学模型与状态网格相结合[30]。状态网格(Lattice)[31]是将离散化的位形空间作为一个状态组来代表整个空间区域的布局构图。将研究对象的所有运动状态(运动约束)包含在状态网格中，然后通过一些成熟的图搜索方法选择并连接这些状态，最终使得这些连接成为可行路径。因此该方法就将运动规划问题变成了图搜索问题[32]。

无人艇的运动规划研究起步较晚，多数规划方法也是基于传统的路径规划算法。如Svec P等人[33]将A*算法与极大极小博弈树相结合，计算特定轨迹下船舶碰撞的风险概率，并以此来对整个规划空间进行搜索。该方法对于有动态障碍物的不确定环境下的无人艇路径规划有很好的效果，最终规划的结果是选择一条碰撞概率最小的最优安全路径。

8.2　轨迹单元模型

8.2.1　模型的思想

在《规划算法》这本书中，作者Steven M. LaValle提到："贯穿整个运动规划研究的一个中心思想是将连续的模型转变成离散的模型。"而具体来讲，路径规划中搜索算法的主要思想是将连续的空间离散化：首先，将研究空间按照一定的规格(一般是网格)分成若干个子空间；然后对每一个子空间，使用适当搜索策略(搜索算法)选择最理想的下一个子空间；最后直到目标空间被选定(终点)，整个搜索过程才结束。例如，A*算法中用于搜索的"栅格地图"和人工势场法中的"移动步长"都是离散化的体现。搜索算法的离散化思想如图8-9所示。

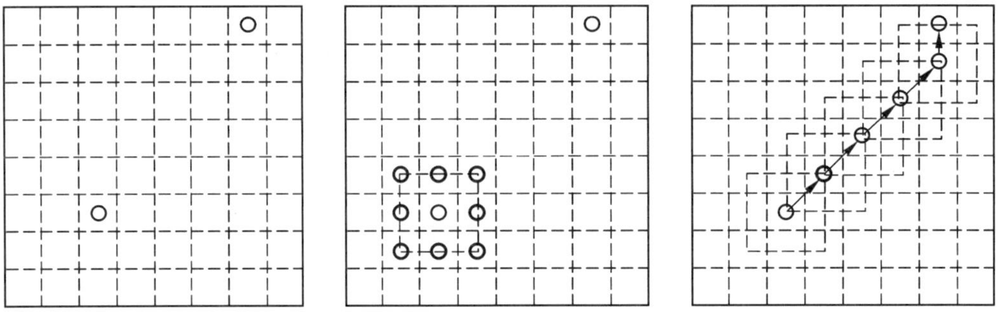

(a)　(b)　(c)

图8-9　搜索算法的离散化思想

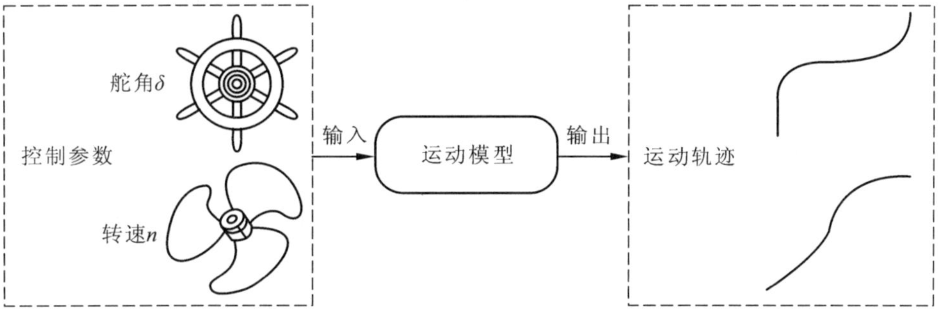

图 8-10　无人艇运动轨迹产生过程

而无人艇的运动轨迹是由其运动模型产生的。在确定了相应的控制参数后，通过运动模型就可生成对应的运动轨迹(图 8-10)。决定无人艇运动轨迹形状的控制参数为舵角 δ 和螺旋桨转速 n。舵角决定了无人艇的船首向，而在不考虑风、浪、流等环境因素的影响时，船首向即为航向。螺旋桨转速决定了无人艇航行时的速度大小，而船速又直接与旋回半径的大小有关。所以由运动模型产生的运动轨迹包含了无人艇全部的动力学约束，轨迹曲线上的每一点都与其前后相邻的点有直接联系，是一条连续的曲线。

因此，为了将连续的轨迹作为条件，约束到路径搜索算法中，必须将运动轨迹与空间搜索相结合。

对于质点而言，由于不存在动力学约束，在路径点搜索过程中当前点可以无限制地到达周围各点，如图 8-11(a) 所示，质点可以直接从起点到达右边的终点。然而对于像无人艇这样的欠驱动系统，由于自身的动力学约束限制，周围的某些路径点不能直接到达，如图 8-11(b) 所示，由于受到最小旋回半径的约束，无人艇无法到达右方的终点。假如在空间离散过程中，每个基本单元格(栅格) 都能够适应于无人艇的动力学特性，确保每一步搜索在动力学上都是可达的，那么在搜索周围栅格时，那些不能直接到达的点就可以通过多步搜索间接到达，如图 8-11(c) 所示，无人艇通过四次搜索到达右边的终点。于是可将规划空间的离散转化为对无人艇运动轨迹的离散。

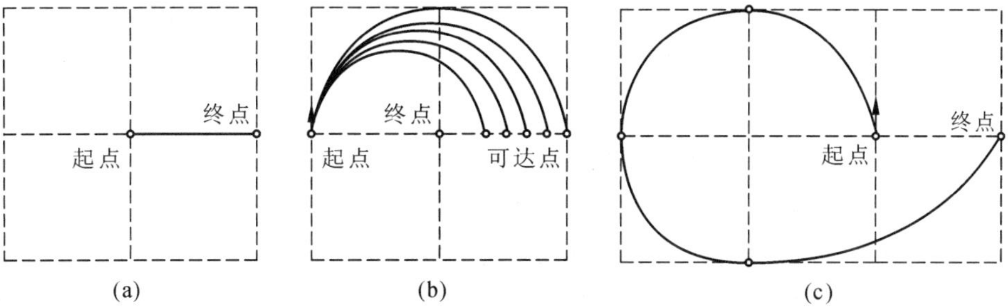

图 8-11　无人艇的轨迹约束

除了将无人艇运动轨迹离散化，还需要保证这些离散的轨迹段被拼接后仍然保持连续性。轨迹的离散是为了方便路径的搜索，而最终规划的路径应该是一条完整而连续的轨迹。因此在离散化无人艇运动轨迹的过程中，除了确保轨迹段简单合理、适应路径搜索，更要保证任意两个轨迹段被拼接后仍然是一条连续的曲线。

为了解决上述问题，一种轨迹离散化规则被提出，将连续的轨迹离散化为基本的单元轨迹段，即“轨迹单元”。离散化规则不仅保证了生成的轨迹单元能合理地离散规划空间，从而方便路径的搜索；而且还保证了在这些轨迹段任意两两拼接后最终轨迹的连续性。因此，离散化规则是轨迹单元的核心，而轨迹单元又是解决无人艇运动规划算法的关键。

8.2.2 离散化规则

离散化规则是生成轨迹单元的关键。为了合理离散规划空间，方便路径搜索，同时使离散的轨迹在拼接后，保持最终轨迹的连续性，提出以下四条规则[34]。

规则 1　在轨迹段初始和结束时刻，无人艇的运动状态稳定且保持一致。

为了使离散后的轨迹段被拼接后仍然保持连续性，一个可行的做法是在轨迹段初始和结束时刻，使无人艇的运动状态稳定且保持一致。具体而言有两个要求：(1) 舵角为 0；(2) 速度一致，如图 8-12 所示。

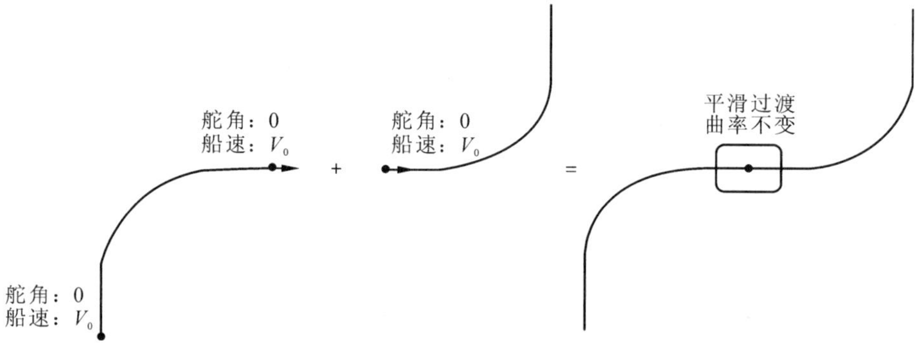

图 8-12　规则 1　保证拼接后的轨迹段连续

舵角为 0 是为了维持航行的稳定性。当舵固定在一定的舵角时，船舶会始终处于旋回运动状态。此时船舶的各项运动参数实时发生改变，不利于进行状态转换操作。而当舵角为 0 时，船舶处于直航状态。在没有风、浪、流等环境干扰的情况下，此时船舶会稳定在某一航向上。这种稳定状态有利于在轨迹拼接时，从当前状态平稳地转移到下一个状态。

而船速保持一致不仅保证了在轨迹拼接过程中，速度大小相同；而且也使得在拼接点上，前后轨迹曲线的曲率保持一致。因为不同的船速对应不同的旋回半径。而当速度一定时，旋回半径保持不变，曲率也不会发生变化。

规则 2　每段轨迹的转舵次数不超过一次。

单元是指不可分割的量，因此一个单元中的轨迹段应该尽可能的简单。而判断轨迹复杂程度的标准是其转向的次数，对于无人艇而言即转舵次数。因此，一个轨迹段的转舵次数不应太多，否则拼接后的轨迹将产生大量转向点，如图 8-13(a) 所示，这对于实际应用显然是不恰当的。本规则要求在生成轨迹段的过程中，转舵次数不应该超过一次(不包括回舵)，如图 8-13(b) 所示。

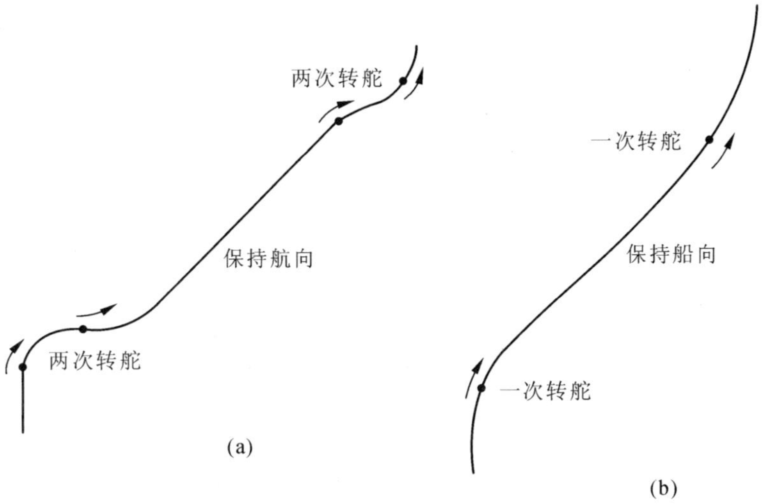

图 8-13　规则 2　转舵次数的要求

规则 3　轨迹段所能达到的路径点和所能改变的首向一一映射。

从路径搜索的角度来看，无人艇轨迹段的结果为下一次搜索提供了路径点和首向的选择。根据两者的映射关系，有三种可能的组合：一个路径点对应的多个首向[图 8-14(a)]，一个首向对应的多个路径点[图 8-14(b)]，路径点和首向一一对应[图 8-14(c)]。

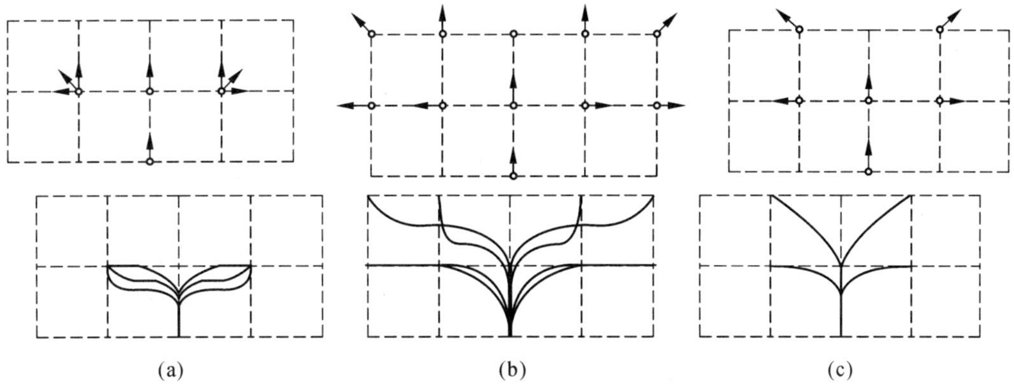

图 8-14　规则 3　路径点与首向的不同组合

组合(a) 涵盖了无人艇能够到达周围点的所有可能的轨迹。但由于可访问路径点的个数小于首向个数，在计算路径代价时，相同的路径点会有不同的代价值(因为有不同的首向，对应不同的情况)。这将导致在搜索过程中某些情况(首向) 被忽略，不利于路径的二次搜索。组合(b) 解决了上述的问题。它增加了一些路标，以确保每一个可访问的路径点只有一个首向。但由于存在重复的首向点(相同首向有不同的路径点)，在规划过程中会产生不必要的搜索，从而增加搜索时间。

考虑到前两个组合的缺点，路径点和首向一一映射[组合(3)] 是最好的选择。一个路径点对应一个首向不仅使不同的路径点有且仅有唯一的代价值，而且在所有必要的首向都被考虑到的前提下，不存在冗余的搜索点。

规则 4　所有轨迹段的轮廓形状为方格或基于方格。

由于不同的轨迹段产生不同的路径点和首向，轨迹段的轮廓形状(外接矩形) 在理论上是多样的。但是在路径搜索算法中,往往会采用栅格地图来对规划空间进行处理。为了适应栅格地图,轨迹段的基准轮廓形状应为方格,轨迹超过一个方格的,其形状也应该基于这个基本方格[图 8-15(a)]。假如所有的轨迹段轮廓都不是基于一个基准的轮廓网格,当这些轨迹被拼接后就不能完全覆盖规划空间,如图 8-15(b) 所示,阴影部分为没有被轨迹覆盖的区域。

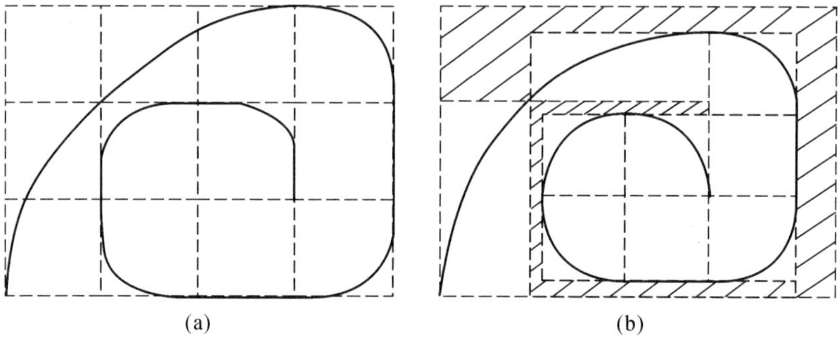

图 8-15　规则 4　轨迹的轮廓形状基于网格

综上所述,无人艇运动轨迹离散化规则对轨迹单元的生成提出了具体的要求。规则 1 起到优化轨迹段的作用,它要求轨迹段起始和最终状态保持一致,保证了轨迹段被拼接后,最终轨迹的连续性。规则 2 起到优化无人艇操纵的作用,它限制了每一段轨迹的操舵次数,保证了最终轨迹的稳定性,避免了无人艇的频繁操舵。规则 3 起到优化路径搜索的作用,它选择了路径点与船舶首向一一映射的关系,在简化了搜索过程的同时,保证了周围所有可能的情况被考虑到。规则 4 起到优化规划空间的作用,它规定以方格为轨迹段的基础轮廓,适应了栅格地图的环境建模方法,保证了规划空间完全被覆盖。实质上,轨迹离散化规则是船舶运动轨迹到轨迹单元的桥梁,它为接下来轨迹单元的建立打下了坚实基础,如图 8-16 所示。

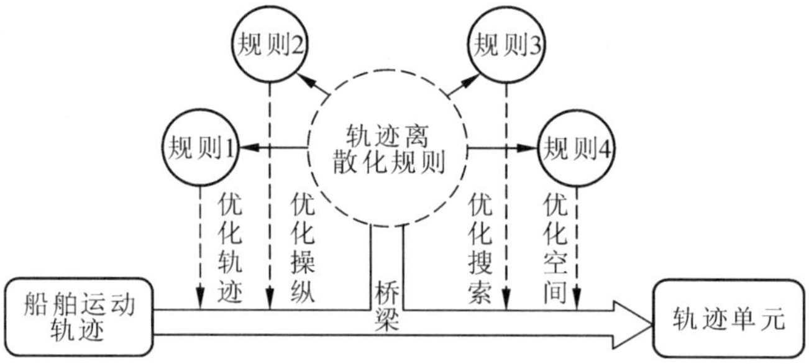

图 8-16　轨迹离散化规则为运动轨迹到轨迹单元的桥梁

8.2.3　模型建立

为了简化问题,在建模前需要对无人艇的运动模型做以下假设:

假设 1　以无人艇的平面运动(三自由度) 为研究重点,忽略其运动过程中的垂荡、横摇和纵摇。

假设 2　不考虑风、浪、流等自然环境对无人艇运动的影响。

假设 3　只考虑船舶主机正转的情况。并且当无人艇航行稳定后,螺旋桨转速保持不变。

针对假设 3，有必要进行补充说明。当船舶处于在航状态时，船体会受到水流的阻力。从而使螺旋桨的负载增加，导致转速 n 降低。此时，速度控制器将提高主机功率，以抵消螺旋桨增加的载荷，并维持原来的转速。

在路径规划算法中，一般利用栅格地图作为环境建模的基本方法。在网格搜索过程中，一次当前搜索往往要遍历周围八个网格，如图 8-17(a) 所示。由于传统的路径规划(路线规划) 将研究对象视为质点，所以当前点周围的八个网格都能够直接到达，如图 8-17(b) 所示。

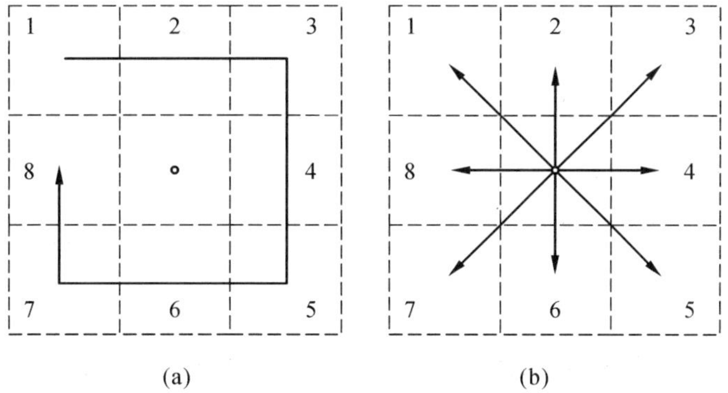

图 8-17　栅格地图周围网格的遍历

但是在运动规划过程中，由于考虑了研究对象的动力学约束，当前点所能到达的周围网格是由当前运动状态所决定的。具体而言，对于无人艇运动规划问题，当前节点所能达到的周围节点是由当前船首向决定的。不同的初始首向对应可达节点的位置和该位置上对应的船首向是不同的。因此，对于当前节点周围的八个网格，无人艇的船首向有八个可能的方向。而根据对称性，这八个首向可以分为两大类(图 8-18)：类型一，水平垂直首向，即首向分别为 0°、90°、180° 和 270°[0° 为真北方向，图 8-18(a)]；类型二，斜 45° 首向，即首向分别为 45°、135°、225° 和 315°[图 8-18(b)]。

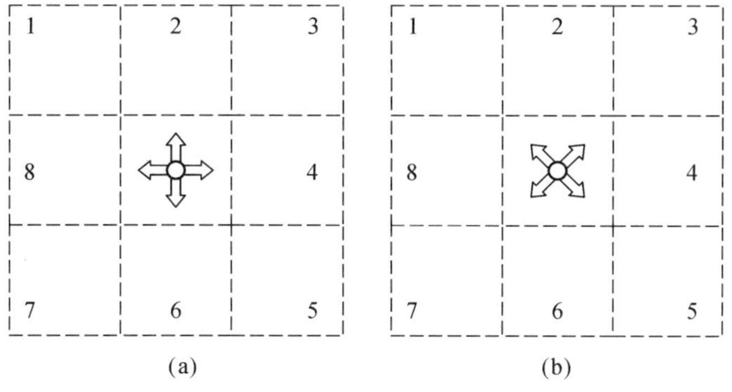

图 8-18　无人艇首向的类型

接下来以 0° 和 45° 首向为代表，分别介绍类型一和类型二轨迹单元模型的建立过程。

8.2.3.1　类型一轨迹单元模型建立

当无人艇初始首向为 0° 时，由于方向 135°、180° 和 225° 与初始首向相反，因此轨迹段的目标首向应为 0°、45°、90°、270° 和 315°。对于轨迹段最终可达到的周围网格而言，由于受到最小旋回半径的约束，节点 d、e、f、g 和 h 不能通过一次的转舵操纵到达，因此最终的可达路径点只可为 a、b 和 c，如图 8-19(a) 所示。节点 b 位于初始点的正前方，其首向应该维持初始首向不变，为 0°。节点 a 和 c 分别位于初始点的左前方和右前方，因此相应船首向应为 270° 和 90°。此时当前节点周围八个网格都被考虑完，但是首向 45° 和 315° 未被节点分配。考虑到这两个方向分别为北偏西和北偏东，将周围点向外扩展一层，选择节点 i 和 j 为首向 45° 和 315° 的路径点，如图 8-19(b) 所示。

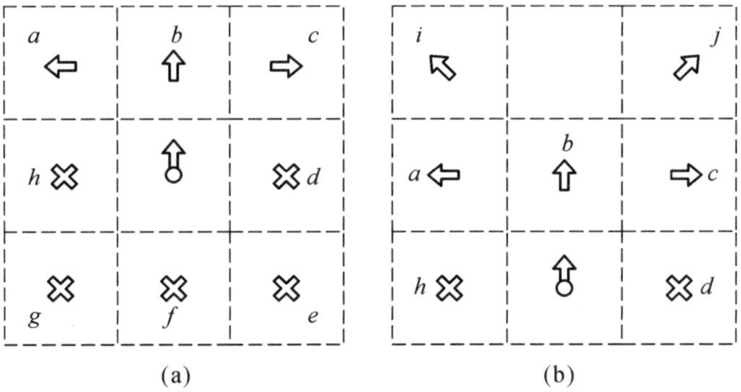

图 8-19　类型一所能到达的路径点和可能的首向

假设无人艇当前状态为 $S_{\text{start}}(x_0, y_0, \psi_0, v_0, \delta_0)$，经过 t 时间后的状态为 $S_{\text{end}}(x_t, y_t, \psi_t, v_t, \delta_t)$。当初始首向为 0° 时，轨迹单元数学模型可表示为：

$$TC = \{S_{\text{start}} \rightarrow S_{\text{end}}\} \tag{8-1}$$

$$\text{s.t.}\begin{cases} v_0 = v_t \\ \delta_0 = \delta_t = 0° \end{cases} \tag{8-2}$$

$$TC_0\begin{cases} oa: x_t = x_0 - a, y_t = y_0 + a, \psi_t = \psi_0 + 270° \\ ob: x_t = x_0, y_t = y_0 + a, \psi_t = \psi_0 \\ oc: x_t = x_0 + a, y_t = y_0 + a, \psi_t = \psi_0 + 90° \\ oi: x_t = x_0 - a, y_t = y_0 + 2a, \psi_t = \psi_0 + 315° \\ oj: x_t = x_0 + a, y_t = y_0 + 2a, \psi_t = \psi_0 + 45° \end{cases} \tag{8-3}$$

其中，x_i 和 y_i 为无人艇的位置坐标；ψ_i 为船首向；v_i 为船速；δ_i 为舵角；a 为网格边长。式(8-2) 为生成轨迹单元的约束，式(8-3) 为初始首向为 0° 时轨迹单元的五个不同首向和路径点的计算。

基于上述模型，初始首向为 0° 时，轨迹单元的生成过程如图 8-20 所示。由于单元 ob 没有转舵操纵，其轨迹段为保持首向为 0° 的直线段。单元 oa、oc、oi 和 oj 最终的首向都有改变，因此它们均有转舵操纵。单元 oa 和 oc 的首向改变均为 90°，而在无人艇的运动建模中，规定了相同舵角下左右两舷舵效相同，因此，命令舵角的绝对值均为 δ_1。单元 oi 和 oj 的首向改变均为 45°，由于此时首向改变小于 oa 和 oc，所以命令舵角 δ_2 应小于 δ_1（即 $\delta_2 < \delta_1$）。值得注意的是，在有操舵的轨迹单元中，每段轨迹均有回舵的操作（红色的回舵点）。该操作是为了保证无人艇到达路径点后舵角为 0，此时运动状态稳定并与初始状态一致。

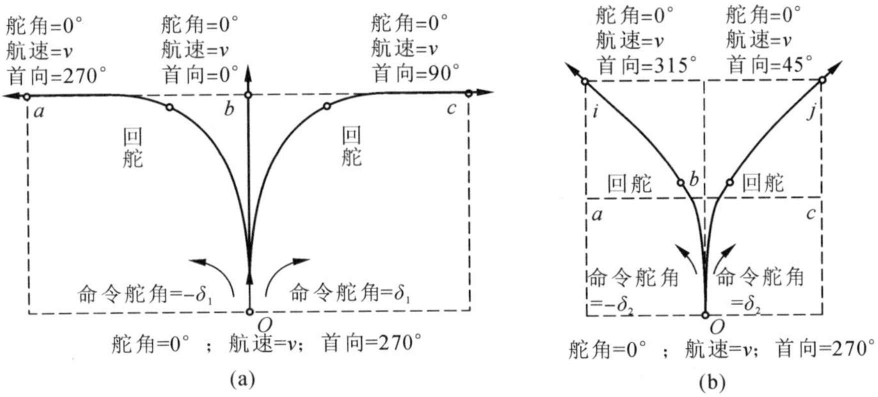

图 8-20　初始首向为 0° 时，轨迹单元的生成过程

从该类轨迹单元的生成过程可以发现：

(1) 轨迹段初始和最终状态的舵角均为 0，并且由于无人艇螺旋桨转速恒定(假设 3)，在稳定航行后(舵角为 0)，无人艇航速不变。因此，满足规则 1。

(2) 所有需要改变航向的轨迹单元生成过程，均只有一次操舵，因此满足规则 2。

(3) 对于每个可达的路径点，有且仅有唯一的首向与之对应，因此满足规则 3。

(4) 基本轨迹单元(oa、ob 和 oc)的轮廓形状为方格，超过单个方格的单元(oi 和 oj)形状均以该基本方格为基准扩展，因此满足规则 4。

因此，类型一的轨迹单元满足轨迹离散化规则，生成的轨迹段具备无人艇运动规划要求。

8.2.3.2　类型二轨迹单元模型建立

理论上，在类型一的轨迹单元中，轨迹段 oa、ob 和 oc 就可以处理基本的运动规划问题。因为目标首向为 0°、90°、180° 和 270° 的轨迹段可以通过上述三个单元进行相互转换而产生。但是为了使拼接后的最终轨迹更优，类型一的轨迹单元中加入了 45° 和 315° 的目标首向轨迹段。因此，为了使这两个首向也能和原先的首向相互转换，类型二有必要被提出。

当无人艇初始首向为 45° 时，由于方向 135°、180° 和 270° 与初始首向相反，因此目标首向应从 0°、45°、90°、225° 和 315° 中选择。同时因为类型二轨迹单元的主要功能为辅助和转换，所以为了简化搜索，只需要最终首相为 0°、45° 和 90°。对于轨迹段最终可达的周围网格而言，由于受到最小旋回半径的约束，节点 a、b、d、e、f、g 和 h 均不能通过一次转舵操纵到达。因此最终的可达路径点只可为 c，如图 8-21(a) 所示，即不改变舵角，最终首向保持 45° 不变。此时当前节点周围八个网格都被考虑完，但是首向 0° 和 90° 未被节点分配。考虑到这两个方向分别北偏东和东偏北，将周围点向外扩展一层，选择节点 j 和 k 为首向 0° 和 90° 的路径点，如图 8-21(b) 所示。

于是当初始首向为 45° 时，轨迹单元数学模型可表示为[同样是在式(8-2) 和式(8-3) 的前提下]：

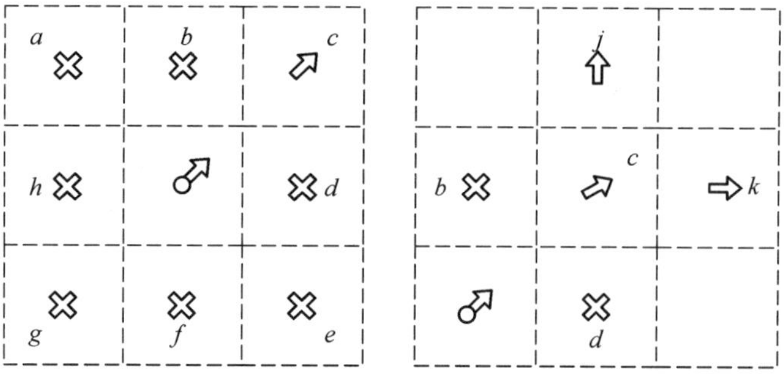

(a)　　(b)

图 8-21　类型二所能到达的路径点和可能的首向

$$
TC_{45}\begin{cases} oj: x_t = x_0 + a, y_t = y_0 + 2a, \psi_t = \psi_0 - 45^\circ \\ oc: x_t = x_0 + a, y_t = y_0 + a, \psi_t = \psi_0 \\ ok: x_t = x_0 + 2a, y_t = y_0 + a, \psi_t = \psi_0 + 45^\circ \end{cases} \tag{8-4}
$$

生成初始首向为45°时的轨迹单元过程与0°首向时类似,如图8-22所示。轨迹段oc是保持初始首向的直线段,轨迹段oj和ok为操相反舵角的曲线段,并且均有回舵点。值得注意的是,此时的命令舵角的绝对值为δ_3。由于该舵角使得船首向改变了45°,可以认为是类型一中首向从0°→45°和0°→315°改变的逆过程。因此,$\delta_3 \approx \delta_2 < \delta_1$。同时,很容易证明,初始首向为45°的轨迹单元也符合这4条轨迹离散化规则。

8.2.3.3　轨迹单元空间全覆盖性验证

经过前两小节的介绍,轨迹单元模型的生成过程已经展示完全,并且两种类型的单元均满足轨迹离散化规则。但是在利用该模型提出搜索算法之前,还需对其能否完全覆盖搜索空间进行验证。同样根据对称性,以首向0°和45°为代表验证轨迹单元模型的空间全覆盖性。

如图8-23所示,图(a)和图(b)分别是初始首向为0°和45°时轨迹单元到达周围点的情况。从图中可知,两种状态下都可以通过一个或多个轨迹单元的拼接直接或间接到达周围全部的八个点。因此,搜索空间内任意一个网格点都可以通过轨迹单元的组合到达,没有遗漏点的存在。轨迹单元具有全覆盖性。

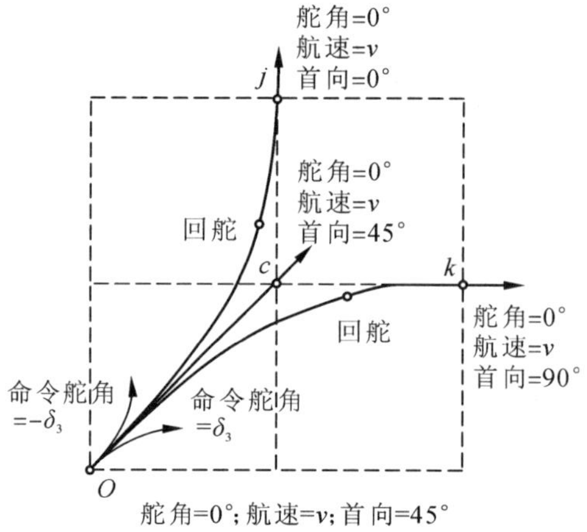

图 8-22　初始首向为 45° 时,轨迹单元的生成过程

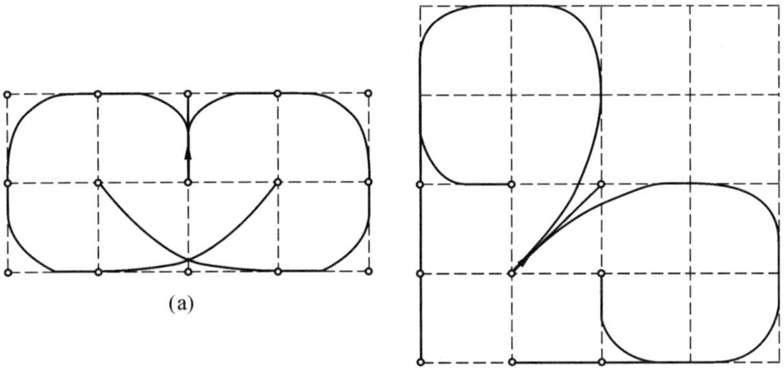

(a)　(b)

图 8-23　初始首向为 0° 和 45° 的空间全覆盖性验证

8.2.3.4　轨迹单元控制表

基于以上轨迹单元的建模过程，一套完整的轨迹单元集可以建立。为了在规划过程中了解如何具体控制无人艇以达到相应的轨迹，为运动控制提供参考，有必要建立能表示操纵细节的轨迹单元控制表，如表 8-1 ～ 表 8-8 所示。其中，H 为航向，RA 为舵角(左舷为负，右舷为正)，CRA 为命令舵角，EH 为回舵。

表 8-1　0° 初始首向的轨迹单元控制表

轨迹单元					
初始状态	$H = 0°$ $RA = 0°$	$H = 0°$ $RA = 0°$	$H = 0°$ $RA = 0°$	$H = 0°$ $RA = 0°$	$H = 0°$ $RA = 0°$
转舵命令	$CRA = 0°$	$CRA = -25°$ 当 $H > 252°$ EH	$CRA = 22°$ 当 $H > 74°$ EH	$CRA = -9°$ 当 $H > 218°$ EH	$CRA = 8°$ 当 $H > 39°$ EH
最终状态	$H = 0°$ $RA = 0°$	$H = 270°$ $RA = 0°$	$H = 90°$ $RA = 0°$	$H = 315°$ $RA = 0°$	$H = 45°$ $RA = 0°$

表 8-2　45° 初始首向的轨迹单元控制表

轨迹单元			
初始状态	$H = 45°$ $RA = 0°$	$H = 45°$ $RA = 0°$	$H = 45°$ $RA = 0°$

续表 8-2

转舵命令	CRA = 0°	CRA = −8° 当 H < 5° *EH*	CRA = 5° 当 H > 89° *EH*
最终状态	H = 45° RA = 0°	H = 0° RA = 0°	H = 90° RA = 0°

表 8-3 90° 初始首向的轨迹单元控制表

轨迹单元					
初始状态	*H* = 90° *RA* = 0°	*H* = 90° *RA* = 0°	*H* = 90° *RA* = 0°	*H* = 90° *RA* = 0°	*H* = 90° *RA* = 0°
转舵命令	*CRA* = 0°	*CRA* = −25° 当 *H* < 18° EH	*CRA* = 22° 当 *H* > 164° EH	*CRA* = −9° 当 *H* > 38° EH	*CRA* = 8° 当 *H* > 129° EH
最终状态	*H* = 90° *RA* = 0°	*H* = 0° *RA* = 0°	*H* = 180° *RA* = 0°	*H* = 45° *RA* = 0°	*H* = 135° *RA* = 0°

表 8-4 135° 初始首向的轨迹单元控制表

轨迹单元			
初始状态	*H* = 135° *RA* = 0°	*H* = 135° *RA* = 0°	*H* = 135° *RA* = 0°
转舵命令	*CRA* = 0°	*CRA* = −8° 当 *H* < 95° EH	*CRA* = 5° 当 *H* > 179° EH
最终状态	*H* = 135° *RA* = 0°	*H* = 90° *RA* = 0°	*H* = 180° *RA* = 0°

表 8-5　180° 初始首向的轨迹单元控制表

轨迹单元					
初始状态	$H = 180°$ $RA = 0°$	$H = 180°$ $RA = 0°$	$H = 180°$ $RA = 0°$	$H = 180°$ $RA = 0°$	$H = 180°$ $RA = 0°$
转舵命令	$CRA = 0°$	$CRA = -25°$ 当 $H < 108°$ EH	$CRA = 22°$ 当 $H > 254°$ EH	$CRA = 8°$ 当 $H > 219°$ EH	$CRA = -9°$ 当 $H < 142°$ EH
最终状态	$H = 180°$ $RA = 0°$	$H = 90°$ $RA = 0°$	$H = 270°$ $RA = 0°$	$H = 225°$ $RA = 0°$	$H = 135°$ $RA = 0°$

表 8-6　225° 初始首向的轨迹单元控制表

轨迹单元			
初始状态	$H = 225°$ $RA = 0°$	$H = 225°$ $RA = 0°$	$H = 225°$ $RA = 0°$
转舵命令	$CRA = 0°$	$CRA = 5°$ 当 $H < 181°$ EH	$CRA = -8°$ 当 $H > 265°$ EH
最终状态	$H = 225°$ $RA = 0°$	$H = 180°$ $RA = 0°$	$H = 270°$ $RA = 0°$

表 8-7　270° 初始首向的轨迹单元控制表

轨迹单元					
初始状态	$H = 270°$ $RA = 0°$	$H = 270°$ $RA = 0°$	$H = 270°$ $RA = 0°$	$H = 270°$ $RA = 0°$	$H = 270°$ $RA = 0°$
转舵命令	$CRA = 0°$	$CRA = -25°$ 当 $H < 198°$ EH	$CRA = 22°$ 当 $H > 344°$ EH	$CRA = 8°$ 当 $H > 309°$ EH	$CRA = -9°$ 当 $H < 232°$ EH
最终状态	$H = 270°$ $RA = 0°$	$H = 180°$ $RA = 0°$	$H = 0°$ $RA = 0°$	$H = 315°$ $RA = 0°$	$H = 225°$ $RA = 0°$

表 8-8　315° 初始首向的轨迹单元控制表

轨迹单元			
初始状态	$H = 315°$ $RA = 0°$	$H = 315°$ $RA = 0°$	$H = 315°$ $RA = 0°$
转舵命令	$CRA = 0°$	$CRA = 5°$ 当 $H > 359°$ EH	$CRA = -8°$ 当 $H < 275°$ EH
最终状态	$H = 315°$ $RA = 0°$	$H = 0°$ $RA = 0°$	$H = 270°$ $RA = 0°$

8.3　基于轨迹单元的无人艇运动规划方法

8.3.1　轨迹单元抽象化

轨迹单元为一系列具有不同运动状态的轨迹曲线集合。而路径搜索关心的是在当前运动状态下，无人艇能够到达的节点位置和对应的方向。因此，在搜索算法提出之前，需要对轨迹单元的几何特征进行抽象化处理。

类型一轨迹单元(以初始航向 0° 为示例)的抽象化过程如图 8-24 所示。当初始首向为 0° 时，无人艇所能到达的路径点为 a、b、c、i 和 j。所以此时的节点搜索应该只限于这五个点。相应地，五个路径点对应五个不同的首向。该过程的算法表述见表 8-9。

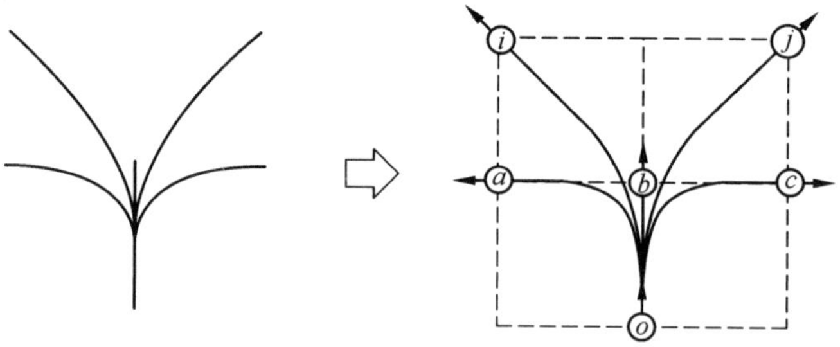

图 8-24　类型一轨迹单元抽象化

表 8-9　类型一单元的搜索过程算法伪码

```
Search Algorithm for Type 1 (Initial heading is 0°)
 if     current heading == 0°
next    waypoint = a     &&   next heading = 270°   or
next    waypoint = b     &&    next heading = 0°    or
next    waypoint = c     &&   next heading = 90°    or
next    waypoint = i     &&   next heading = 315°   or
next    waypoint = j     &&   next heading = 45°
end
```

类型二轨迹单元(以初始航向 45° 为示例)的抽象化过程如图 8-25 所示。当初始首向为 45° 时,无人艇所能到达的路径点为 c、j 和 k。所以此时的节点搜索应该只限于这三个点。同理三个路径点对应三个不同的首向。该过程的算法表述见表 8-10。

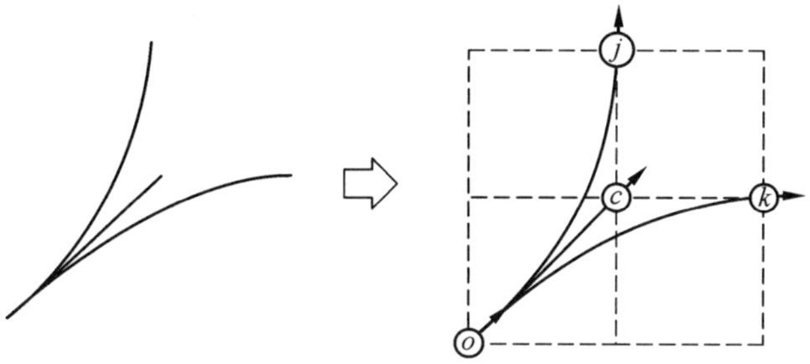

图 8-25　类型二轨迹单元抽象化

表 8-10　类型二单元的搜索过程算法伪码

Search Algorithm for Type 2 (Initial heading is 45°)				
if	current heading == 45°			
next	waypoint = c	&&	next heading = 45°	or
next	waypoint = j	&&	next heading = 0°	or
next	waypoint = k	&&	next heading = 90°	
end				

总体分析,两种类型下所有八个方向的轨迹单元抽象化过程如图 8-26 所示。从图中可知,当前节点需要一次搜索周围 16 个路径点。这 16 个点可分为两类:内部点(点 $a \sim g$)和外围点(点 $i \sim q$)。内部点为传统路径规划的周围八个节点,并且每个节点对应唯一的首向。外围点位于内部点的向外一层,并且这些点均是航向改变 45° 的结果(即 0°→45°、45°→0°、45°→90° 等)。

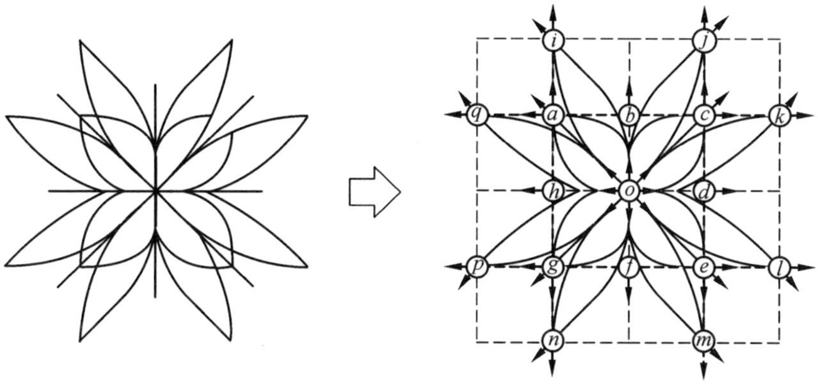

图 8-26　所有轨迹单元抽象化

因此在一个循环搜索过程中,算法会首先根据初始首向来判断哪些点是可访问的,然后根据相应的策略选择一个最好的路径点。

8.3.2　自由空间下路径点选择

路径点的选择是决定最终路径优劣的关键。在众多优化策略中,启发式算法由于快速可行、简单有效并且易于修改，常常用于解决路径规划问题。该算法的核心是代价函数 $f(x)$：

$$f(x)=g(x)+h(x) \tag{8-5}$$

可以从式(8-5)看出，该代价函数由两部分组成。其中 $g(x)$ 表示初始点到当前点(已搜索到的点)的实际代价函数，是研究对象实际走过路径的代价值；$h(x)$ 为当前点到终点的启发式代价函数(或者估计代价函数)，是对剩下还未走路径的估计值。代价函数 $f(x)$ 的值越小，所选路径点越好。因此，利用启发式算法的思想，对无人艇的可达路径点进行最优评估。

8.3.2.1 实际代价

在传统的路径规划中，由于没有考虑动力学约束，规划路径的优劣一般用距离值来评判，距离越短，路径越优。因此实际代价函数一般为距离函数。然而对于无人艇而言，路径的好坏除了与距离大小有关，还与实际操舵次数有关。因为考虑到实际操纵与控制，一个较优的规划路径不仅使路径本身得到了优化，而且在无人艇操纵控制上也易于实现。一般而言，转舵次数越少，规划路径越容易控制。因此，无人艇运动规划的实际代价函数由距离代价函数 $d(x)$ 和转舵代价函数 $s(x)$ 构成。

(1) 距离代价

距离代价是常见的评判路径优劣的指标，它决定了最终路径的距离大小，而这对于某些实际问题(如节省时间和燃油)有直接的影响。在计算实际距离大小之前，首先应该对轨迹单元进行分析。

根据对称性，八个方向上的轨迹单元可分为五类曲线：$0°\to0°$、$0°\to45°$、$0°\to90°$、$45°\to45°$ 和 $45°\to0°$。但是，由于曲线 $45°\to0°$ 可以被看作是曲线 $0°\to45°$ 的逆过程，所以就距离而言，这两种曲线应该被视为同一类。因此按照距离标准，所有轨迹单元包括四类不同的曲线段，如图 8-27(a) 所示。

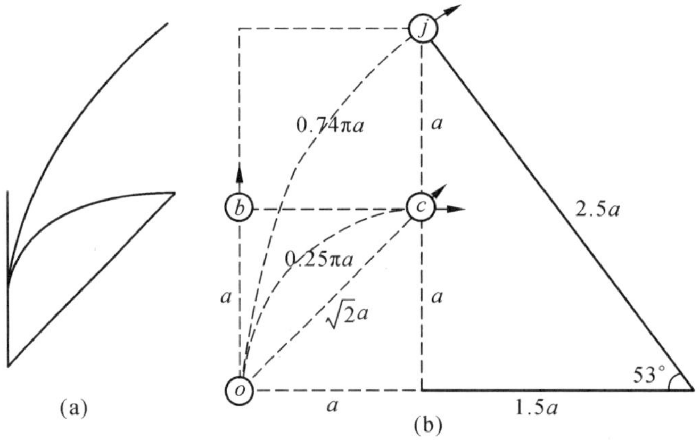

图 8-27 四类不同距离的轨迹段曲线及距离计算

由于轨迹单元 $0°\to0°$ 和 $45°\to45°$ 均为直线段，两者的距离可直接用两点间的欧氏距离求解：

$$\mathrm{d}v_S(\psi_0\to\psi_t)=\sqrt{(x_t-x_0)^2+(y_t-y_0)^2} \tag{8-6}$$

轨迹单元 $0°\to45°$ 和 $0°\to90°$ 为曲线段，两者的距离不能用精确的求距公式计算，因此利用圆弧拟合来近似估计。如图 8-27(b) 所示，曲线段 $0°\to90°$ 占据一个网格，并且该曲线曲率较大，可用一个半径为网格边长的四分之一圆弧来近似求解。曲线段 0°→45° 占据两个网格，并且该曲线曲率较小，因此拟合圆弧的圆心在网格外部。经过计算，当半径为 2.5 倍网格边长，圆心角为 53° 时所对应的圆弧能够较好地拟合该曲线。因此，曲线段的距离求解可表示为：

$$\mathrm{d}v_{\mathrm{C}}(\psi_0 \rightarrow \psi_{\mathrm{t}}) = \frac{\theta\pi}{180}r \tag{8-7}$$

其中，θ 和 r 分别为拟合圆弧的圆心角和半径。

然而，上述的距离仅仅是实际值，对于代价而言，还需对其进行标准化处理。如图 8-28(a) 所示，轨迹单元 0°→0°、45°→45° 和 0°→90° 均占据一个网格。当在相同起点（点 o）和终点（点 d）的情况下，轨迹单元 45°→45° 和 0°→90° 均只需一个轨迹段，而 0°→0° 则需要两段。故在规划过程中，两个 0°→0° 单元与一个 45°→45° 或一个 0°→90° 单元等效。对于轨迹单元 0°→45°，由于其占据两个网格，所以将网格扩展为 3×3 后，四类轨迹单元的等效图如图 8-28(b) 所示。

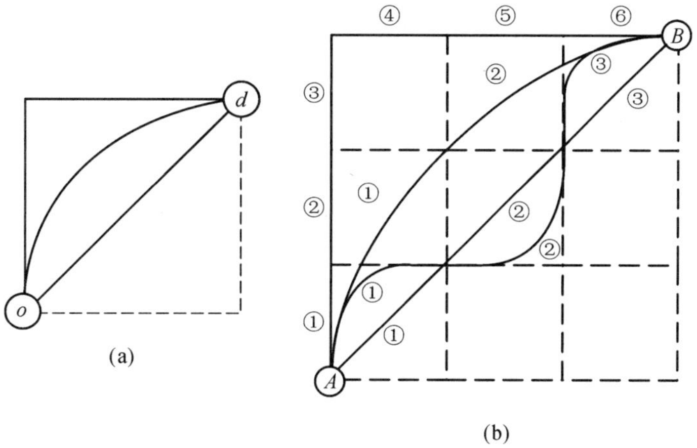

图 8-28　四类轨迹段的标准化

从图中不难看出，在相同起点（点 A）和终点（点 B）的情况下，六段 0°→0° 单元、三段 45°→45° 或 0°→90° 单元与 0°→45° 单元有相同的路径效果。同时还可以看到，这与前三段轨迹单元之间的关系一致。因此，最终的轨迹代价可表示为：

$$\mathrm{d}(\psi_0 \rightarrow \psi_{\mathrm{t}}) = \mathrm{d}v(\psi_0 \rightarrow \psi_{\mathrm{t}}) \cdot a_{\mathrm{d}} \tag{8-8}$$

其中，$\mathrm{d}v$ 为实际的轨迹段距离值；a_{d} 为距离代价系数，并且四类轨迹单元 a_{d} 的比例关系为6∶3∶3∶2。

(2) 转舵代价

转舵代价决定了操纵的复杂性，而操纵的难易程度决定了运动控制的好坏。轨迹单元的初始首向与最终首向的改变量可以量化为实际的转舵代价值。因此，转舵代价可表示为：

$$s(\psi_0 \rightarrow \psi_{\mathrm{t}}) = \frac{|\psi_{\mathrm{t}} - \psi_0|}{\Delta\psi_{\max}} \cdot a_{\mathrm{T}} \tag{8-9}$$

其中，$\Delta\psi_{\max}$ 为所有轨迹单元中最大首向改变量；a_{T} 为转舵代价系数。

由式(8-9) 可知，由于轨迹单元 0°→0° 和 45°→45° 没有首向改变，因此转舵代价为 0；而单元 0°→90° 和 0°→45° 的首向分别改变了 90° 和 45°，所以两者的转舵代价为 a_{T} 和

$0.5a_T$(所有轨迹单元中最大首向改变量为 90°,即 $\Delta\psi_{max} = 90°$)。

因此总的实际代价可表示为:

$$g(\psi_0 \to \psi_t) = d(\psi_0 \to \psi_t) + s(\psi_0 \to \psi_t) \tag{8-10}$$

此外,对于当前点周围不可到达的路径点,人为设置这些点的实际代价值为正无穷。所以无论这些点的启发式代价如何,总的代价值(实际代价加启发式代价)依然为正无穷,在路径点选择时可自动忽略。

8.3.2.2　启发式代价

启发式代价是对未来路径代价的估计,它评估了哪些路径点最有可能朝向目标点。因此设置启发式代价的目的是引导搜索方向朝向目标,从而节省搜索时间,减少计算量。但是,启发式代价对整个代价函数的影响不能太强。因为无论选择的路径点有多么好,判断都是在当前状态下发生的。而该点是否在接下来的时间内仍然是最好的,无从得知。

基于以上分析,选择曼哈顿距离作为启发式代价的估计。在某些路径规划算法中,有将欧式距离作为启发式代价的做法,如图 8-29(a) 所示。但由于两节点间的欧氏距离比曼哈顿距离短,欧氏距离不能很好地表示不同路径点启发式代价的区别,并且欧氏距离在计算过程中有开方运算,这与启发式代价降低计算量的原始初衷相悖。因此,选择曼哈顿距离较为合理。

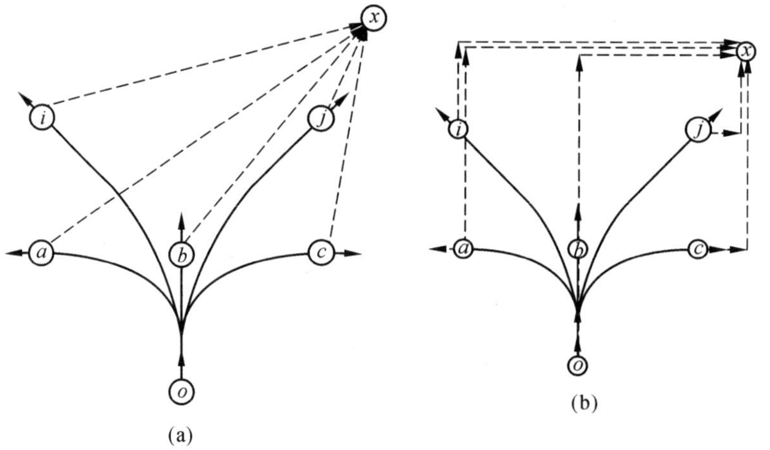

图 8-29　四类轨迹段的标准化

在规则 3 的保证下,不同的首向点具有不同的曼哈顿距离值,并且首向角越靠近目标点,曼哈顿距离值越小。例如,当前首向为 0° 时,如图 8-29(b) 所示,可达路径点 a、b、c、i 和 j 均有不同的曼哈顿距离值。显然,路径点 j(首向为 45°)是最靠近目标(八角形,x)的节点,而此时该点的曼哈顿距离值也最小。因此,启发式算法可以表示为:

$$h(\psi_0 \to \psi_t) = |x_g - x_t| + |y_g - y_t| \tag{8-11}$$

其中,x_g 和 y_g 为终点的位置坐标。

8.3.3　障碍物环境下避碰策略

当规划空间出现障碍物时,路径需要对其进行避障规划。而在避障过程中,无人艇的船身尺度对最终的避障路径有直接的影响。所以无人艇船身尺度的约束也应该考虑在运动规划中。

8.3.3.1　搜索策略

一次循环搜索过程中，算法需要搜索当前点周围的 16 个节点。而根据节点的分布，又可将这 16 个点划分为内部点和外围点。在有障碍物的环境下，内外点的可达性存在一定的联系。

如图 8-30(a) 所示，假设此时无人艇位于节点 o 且首向为 0°，内部点被障碍物占据（条形障碍物位于 a、b 两点）。根据轨迹单元的特征，节点 a、b、c、i 和 j 为其可达路径点。由于 a、b 两点被障碍物占据，无人艇不可到达这两个路径点。但与此同时，路径点 i 也不可达。因为条形障碍物完全占据了 a、b 两点及之间的空间位置，阻挡了轨迹 oi 的通路，无人艇不可穿过障碍物到达路径点 i。因此路径点 i 的可达性与 a、b 两点有关。但是反之，当外围点被障碍物占据时，内部点是否可达却不受外围点的限制。因此由以上分析可知，外围点的可达性与其对应的内部点有关联，而内部点的可达性与外围点没有直接的联系。

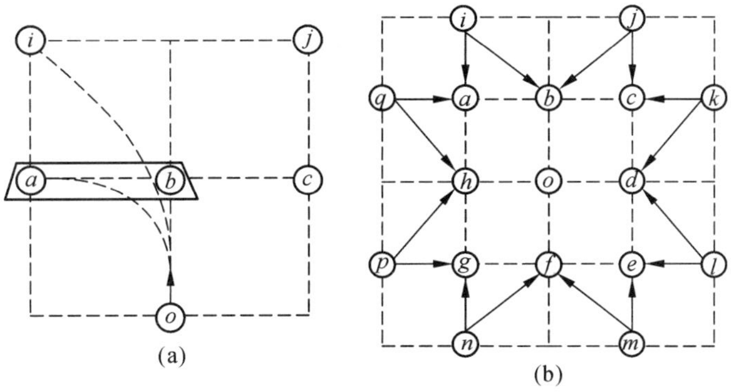

图 8-30　内部点与外围点的点关联(一)

于是在周围 16 个节点的搜索规程中，需要考虑外围点与内部点之间的点关联。根据轨迹单元特征，外围点与内部点的关联性如图 8-30(b) 所示。由该图中可知，每个外围点与两连续的内部点有关联：i 与 a、b 两点关联，j 与 b、c 两点关联，k 与 c、d 两点关联，l 与 d、e 两点关联，m 与 e、f 两点关联，n 与 f、g 两点关联，p 与 g、h 两点关联，q 与 h、a 两点关联。因此在搜索过程中，如果两连续的内部点不可达，相关联的外围点也不可达。用算法表述见表 8-11。

表 8-11　内外点关联算法伪码

Algorithm for node correlating
x, y ∈ inner point;
x adjoin y;
X ∈ outer point;
if x && y unreachable
X is unreachable;
end

基于内外点关联的结论，在周围 16 个节点搜索过程中，应该首先搜索内部点。当算法检测到连续两个内部点被障碍物占据而不可达时，指定相关联的外围点也不可达，整个搜索过程于是被分为内外两层。所以此时的搜索方式为螺旋式搜索，如图 8-31(a) 所示。但是假如首

先搜索外围点，由于内部点的可达性与外围点没有直接联系，整个搜索过程只是增加了节点搜索数量而并没有结构上的改变。所以此时的搜索方式与传统搜索相同，仍然为圆形式搜索，如图 8-31(b) 所示。

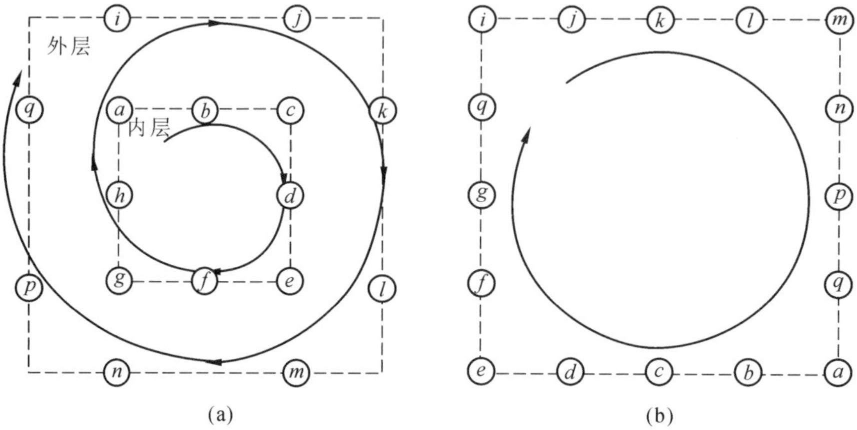

图 8-31　内部点与外围点的点关联(二)

因此，为了适应轨迹单元的特性并且使搜索过程更有效率，本算法的搜索策略为由内层向外层的螺旋式搜索。

8.3.3.2　*启发式判断*

在启发式代价函数的确定中，以曼哈顿距离值为判断依据。但是根据轨迹单元的特征不难发现，船首向也可作为启发式代价的判断依据。因此该选择何种启发式函数，才能使得最终的代价计算更为合理。在解答这个问题之前，首先需要了解启发式函数带给路径规划算法的作用是什么。

以典型的 A^* 算法为例。在有障碍物的环境中，当启发式函数 $h(x)$ 为 0 时，A^* 算法就变成了 Dijkstra 算法。虽然从最终结果上能够搜索出一条最短路径，但在搜索过程中算法对从起点到终点的全部节点进行了搜索，运行时间很慢。当 $h(x)$ 为一定值时，算法虽然不能保证找到最短路径，但在搜索过程中舍去了部分节点，运行时间较快。当 $h(x)$ 远大于实际代价 $g(x)$ 时，算法一般找不到最短路径，但运行时间很快。如图 8-32 所示(阴影格点为搜索过程中节点的考虑情况)，图(a) 为 $h(x) = 0$ 的情况，图(b) 为 $h(x) \gg g(x)$ 的情况。因此，启发式函数能够在规划过程中减少节点的搜索数量，从而提升算法的运行速度。于是，这里存在一个要精度还是要速度的权衡问题。

如果以无人艇的首向为启发式函数的判断依据，当在自由空间时，可直接利用当前首向与当前点到目标点的位置角的偏差来快速、准确地判断出最优路径点。假设当前首向与当前点到目标点位置角偏差为 θ(绝对值)，θ 越小，与终点越靠近。如图 8-33(a) 所示，由于此时路径点 c 的 θ 值为 0°，该点的首向直接朝向目标，因此点 c 被选为下一个路径点。但是当无人艇在障碍物环境时，如果此时的障碍物恰好挡在某一路径点正前方，如图 8-33(b) 所示，由于以首向判断的启发式函数针对性过强，原先选择的路径点(点 c) 并不是最优的点，它会使得无人艇陷入局部最优，甚至找不到路径。

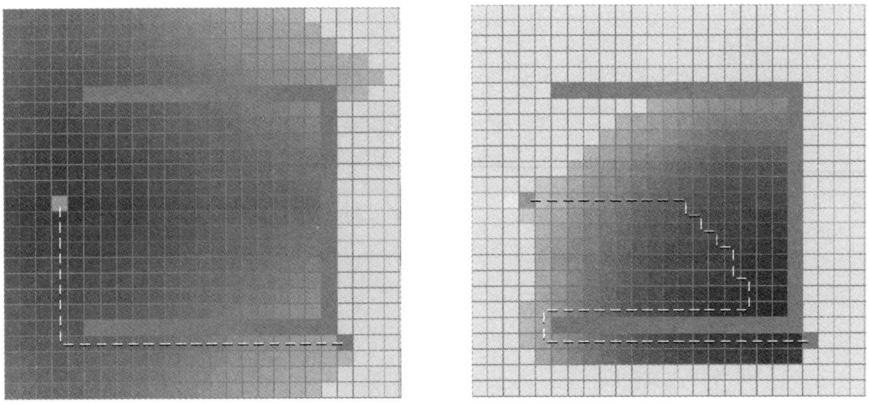

(a)　　(b)

图 8-32　在障碍物环境中启发式函数对规划算法的影响(一)

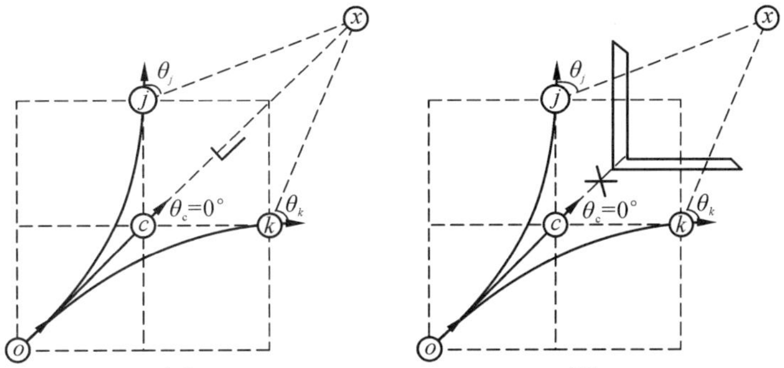

(a)　　(b)

图 8-33　在障碍物环境中启发式函数对规划算法的影响(二)

因此,无人艇的首向不适合作为启发式代价的判断依据。而曼哈顿距离由于只是在距离上的判断,其针对性并没有首向强。所以本算法以曼哈顿距离函数值作为启发式代价的判断依据。

8.3.3.3　*无人艇船身尺度考虑*

在实际避障过程中,研究对象的尺度大小对规划的路径会产生影响。因此无人艇的船身尺度也是运动规划研究需要考虑的问题。

由图 8-30 的分析已知,节点 a、b 和 i 均为不可达路径点。此时无人艇可选择的路径点只有 c 和 j。但由于轨迹单元的特征,从图 8-34(a) 可以看到,轨迹段 oj 距离节点 b 很近。当无人艇运动到节点 b 附近时,有很大的概率与条形障碍物发生碰撞。因此考虑到无人艇的船身尺度,节点 j 也为不可达路径点。于是,该情境下,无人艇的可航路径点只能为 c。

由于首向角不变的轨迹单元是直线段,所以不存在"接近点"。首向角变化 90° 的轨迹单元虽然为曲线段,但其曲率较大,距离其他路径点较远,所以也不存在"接近点"。但是对于首向角变化 45° 的轨迹单元,由于曲率较小,这类曲线在生成过程中,与正前方的路径点距离较近,存在"接近点"的危险。图 8-34(b) 列举了所有首向角变化 45° 的轨迹单元,黑色方框所示为"接近点"。

因此,在考虑无人艇船身尺度约束下,为了使无人艇避开"接近点",如果当前点正前方的路径点被障碍物占据而不可达时,无人艇的首向改变不可为 45°。

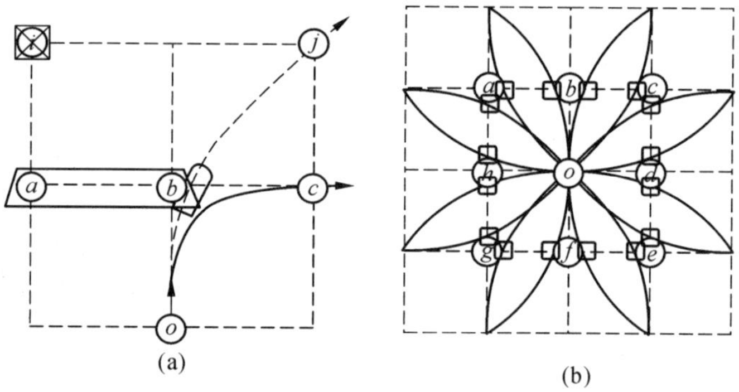

图 8-34　在障碍物环境中启发式函数对规划算法的影响(三)

8.3.4　算法小结与流程

整个算法流程如图 8-35 所示。首先对轨迹单元进行了抽象化处理,提取出轨迹段所能到达的路径点和对应的船首向。并且一次循环需要由内向外搜索十六个节点。然后利用启发式搜索算法的思想,建立了无人艇运动路径代价函数。其中实际代价由距离代价和转舵代价组成,该代价函数在优化路径距离的同时,还使得无人艇在实现该路径的过程中易于操纵和控制。启发式代价为曼哈顿距离,该代价在引导无人艇朝向目标的同时不易使无人艇陷入局部最优。最后针对避碰环境下的特殊情况,对无人艇船身尺度的约束进行了考虑,使该算法得到完善。

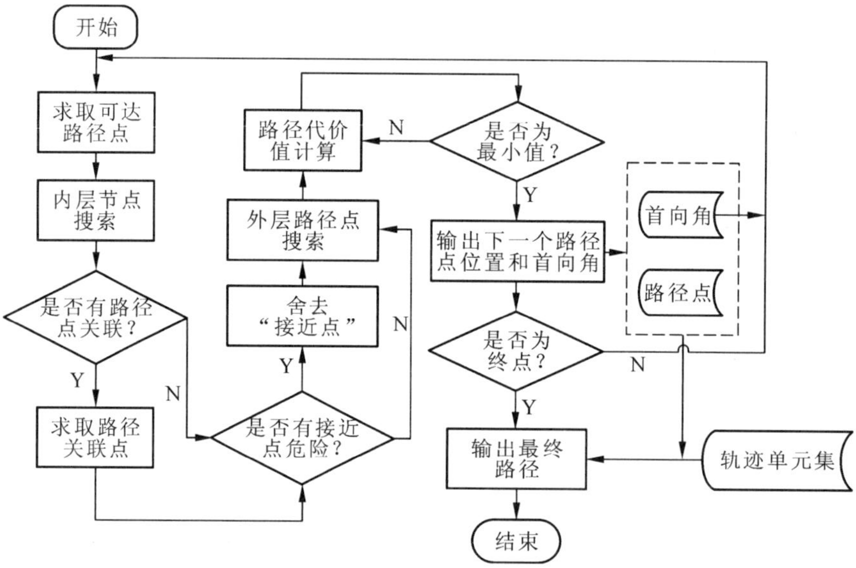

图 8-35　基于轨迹单元的无人艇运动规划算法流程

8.4　实验与结果

8.4.1　对比实验

自由空间下的对比实验结果如图 8-36 所示。由于运动规划考虑了无人艇的船首向，因此八个不同的初始首向对应八个不同的规划结果。

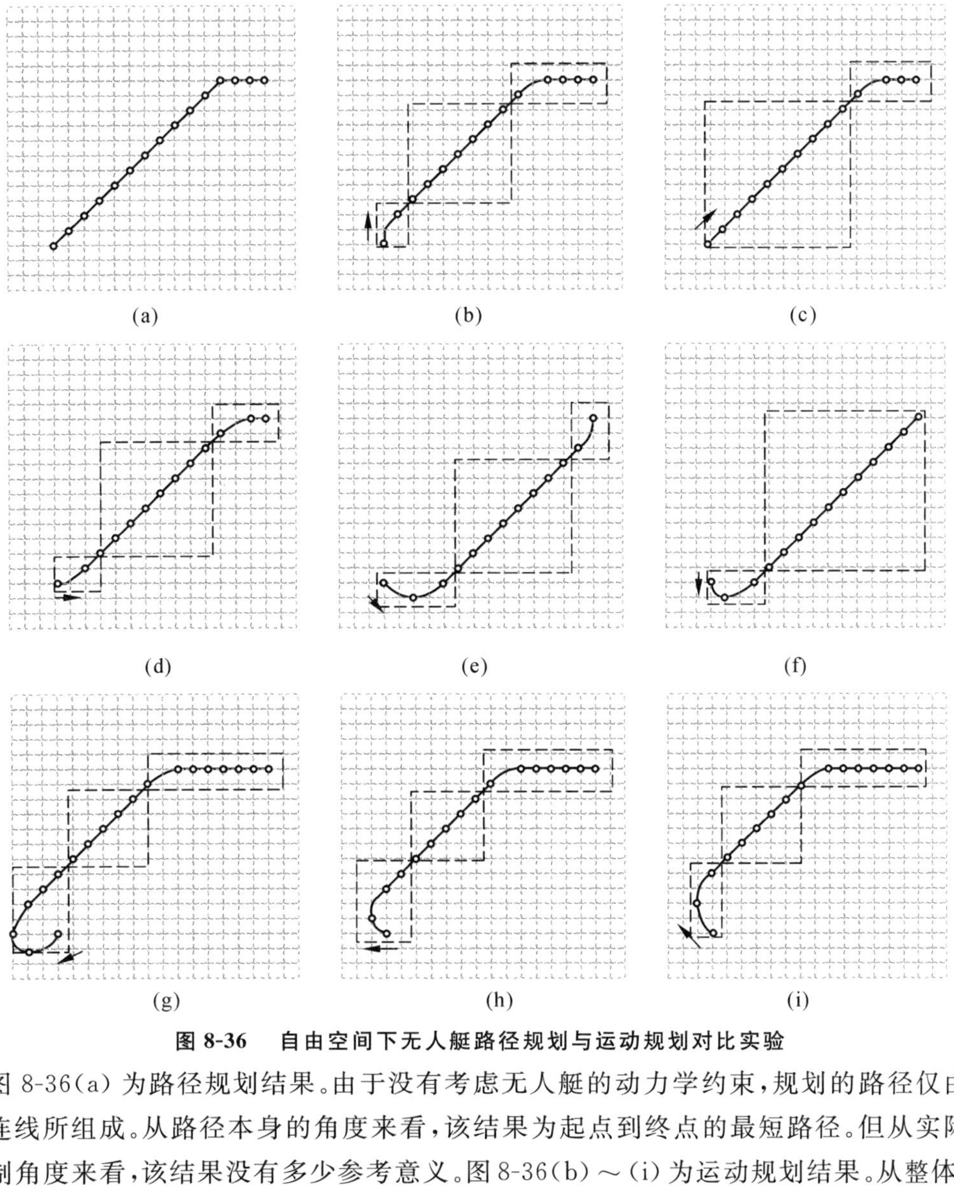

图 8-36　自由空间下无人艇路径规划与运动规划对比实验

图 8-36(a) 为路径规划结果。由于没有考虑无人艇的动力学约束，规划的路径仅由路径点的连线所组成。从路径本身的角度来看，该结果为起点到终点的最短路径。但从实际的规划控制角度来看，该结果没有多少参考意义。图 8-36(b) ～ (i) 为运动规划结果。从整体上看，每个规划结果都有两到三个规划阶段：初始状态的调整，最优路径的执行和最终状态的调整。其中，图(c) 由于初始状态正好为最优，所以不必进行多余的调整；图(f) 由于经过初始状态调整后航向正好朝着目标，所以不必进行最终状态的调整。图(b) 和图(d) 的规划路径类

似，在初始阶段分别向左右两舷操一个小角度舵角，使无人艇调整到最优状态。图(e) 和图(i) 的规划路径类似，在初始阶段分别向左右两舷连续操两个小舵角来调整无人艇的运动状态。图(f) 和图(h) 的规划路径类似，在初始阶段分别向左右两舷先操一个大舵角，使船首向改变 90°；然后操一个小舵角调整到最佳状态。图(g) 无人艇的初始首向角与目标位置角正相反，因此需要首先进行旋回操纵，将船首转到朝向目标角度，再进行路径优化。

当规划空间中存在障碍物时，路径规划和运动规划的首要任务都变成了障碍物避碰。在保证安全的前提下，路径规划依然关注最短路径的优化，而运动规划则将重点更多地放在无人艇操纵性的优化上。为了使最终对比的结果有更大的差异性，实验将障碍物设置得相对复杂。

如图 8-37 所示，实验设置了三个障碍物，其形状分别为矩形、条形和 U 形。其中 U 形障碍物很容易让规划陷入局部最优状态，使得无人艇达不到终点。同时三个障碍物之间的距离十分靠近，在穿行过程中，无人艇很容易因为船身与障碍物距离太接近而产生危险。因此，该对比实验对无人艇的运动规划算法要求较高，需要考虑较多的规划细节，否则容易导致失败。

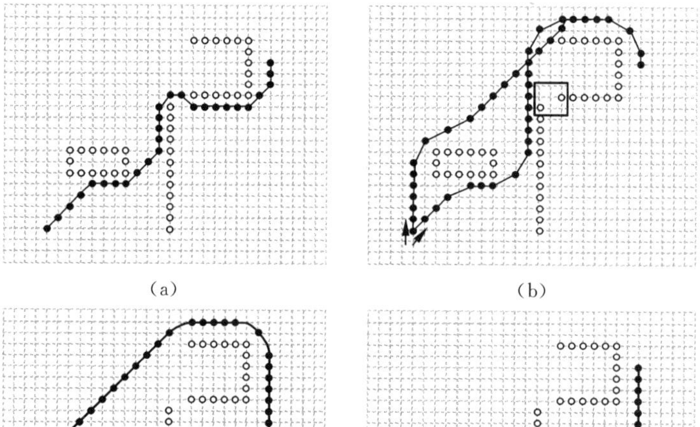

(a)　(b)　(c)　(d)

图 8-37　障碍物环境下无人艇路径规划与运动规划对比实验

图 8-37(a) 为路径规划的结果。从图中可以看出，虽然障碍物之间的空间很狭窄，但路径规划算法仍然在这些障碍物之间找到了一条无碰撞路径，最终到达了目标点。图 8-37(a) ～(d) 为运动规划的实验结果。图(b) 中无人艇的初始首向是 45° 和 0°。由于图(a) 中的规划路径在开始时的方向为 45°，所以首向 45° 的运动规划实验与路径规划实验是直接比较。从图中可以看出，运动规划路径并没有选择穿过条形障碍和 U 形障碍之间的空间。原因是考虑到无人艇的船身尺度，该空间太窄而有可能使无人艇不能安全通过。于是无人艇选择了绕过 U 形障碍物，从其上方的空间到达了目标点。初始首向为 0° 的实验也从上面的空间到达了目标点。但由于初始首向不同，该路径首先绕过了其右上方的矩形障碍物。图(c) 是初始航向为

270° 的情况。该路径有两个选择：在开始阶段转向左舷或是右舷。如果它选择前者，路径将从下方的空间到达目标；否则它将从上方到达。无论无人艇选择了什么路径，两者都是合理的。下方的路径相对较短，但在初始阶段有一个急转的过程，首向速度变化了 180°，这对操纵有较高的要求。上方的路径较长，但所有的转向角度均较小。因此操纵更简单，容易实现。图(d)是初始航向为 90° 和 180° 的结果。两条规划路径都选择了从下方的空间到达目标点。这是因为最初首向使得无人艇更容易从下方绕过条形障碍物到达目标。此外，以上所有从上方空间规划的路径，都没有陷入 U 形障碍物的内部，从而再次证明了该算法的准确性与有效性。

因此基于上述对比实验，该算法的规划结果不仅关注于最短路径的求解，同时或甚至是更关注无人艇的船身尺度和操纵性能。这也证明了该算法相比于路径规划算法的优越性。

8.4.2　仿真实验

以真实水域为规划环境，进行运动规划仿真实验。实验借助了谷歌地球(Google Earth)，在其卫星图像上随机选择一块中国的水域作为规划环境。

第一组仿真实验的结果如图 8-38 所示。该实验进行了两段运动规划，两段规划的起点相同，终点不同。从图 8-38(a) 中可以看出，第一段规划过程主要关注两个障碍物。在开始阶段，为了避开障碍物 3，无人艇进行了几次转舵操纵。在危险解除后，无人艇进入直航阶段。在最后阶段，无人艇逐渐靠近障碍 2。为了避免与其发生碰撞，无人艇适时做出了转舵调整，使得首向对准终点，直航到达目标。

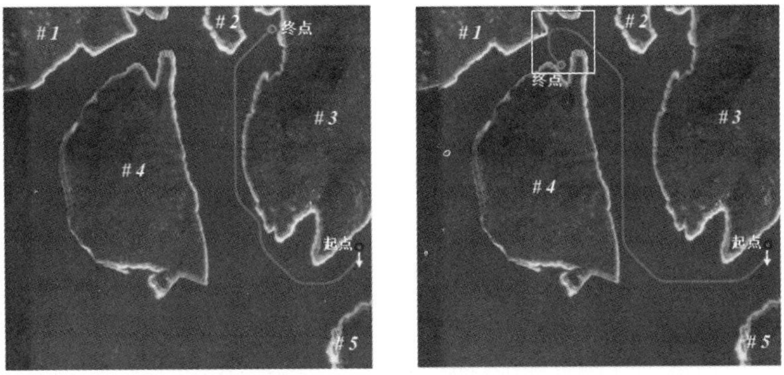

(a)　　　　(b)

图 8-38　第一组仿真实验结果

图 8-38(b) 的场景更加复杂，该段规划需要考虑三个障碍物。在初始和中间阶段，规划过程与第一段类似，无人艇经过几次必要的转舵操纵后，成功绕过障碍物 3 和障碍物 4。在最后阶段，无人艇逐渐接近目标。当其驶过障碍物 4 后，此时离障碍物 1 的距离已经很接近。假如以小舵角调转船首，无人艇势必会与障碍物 1 发生碰撞(矩形方框中虚线所示)。为了避免碰撞，此时无人艇以较大的舵角进行了转向，使得最终的旋回半径控制在了较小的范围内。并且在调转了船首后，无人艇也正好抵达了终点。

第二组仿真实验则展示了在类似的场景下，该算法规划出不同的运动路径。两个测试的起点相同，终点分别位于障碍物 4 背侧的上方和下方。所以两者均要绕过障碍物 4 才能抵达终点。

如图 8-39(a) 所示，当终点位于偏上方的位置时，算法选择了一条位于障碍物 1 和 4 之间的上方路径。该处的水域空间相对狭窄，并且障碍物较复杂。但相比从下方绕过时的冗余，该路径节省了很多距离。当终点位于偏下方的位置时，算法选择了一条位于障碍物 3 和 4 之间的下方路径。虽然此时上下两方路径的距离差别不大，但由于下方水域空间相对宽阔，障碍物分布简单，所以无人艇操舵次数更少，更容易控制。

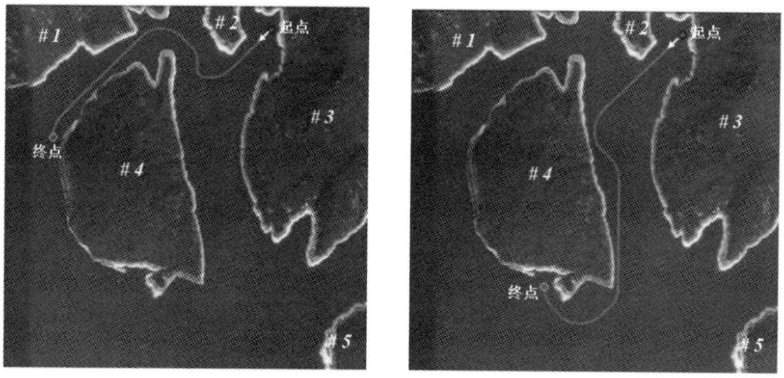

(a)　　(b)

图 8-39　第二组仿真实验结果

第三组仿真实验展示了无人艇初始状态对运动规划的影响。两个试验的起点与终点位置相同，但彼此互换。即试验二的起点为试验一的终点，试验二终点为试验一的起点。对于路径规划，由于不考虑研究对象的初始状态，这两个场景下的规划路径应具有相同的结果。但是对于运动规划，试验展现了不同的结果。

如图 8-40 所示，对照组[图(a)]根据起点和终点的位置以及初始的运动状态，选择了一条合理的路径。而测试组[图(b)]则选择了一条截然相反的路径。这是因为此时的船首向指向东北方向，而同时起点周围的通航水域相对较窄，无人艇无法在起点附近进行旋回操纵。所以算法选择了另一条更加符合此时运动状态的路径来达到目标点。

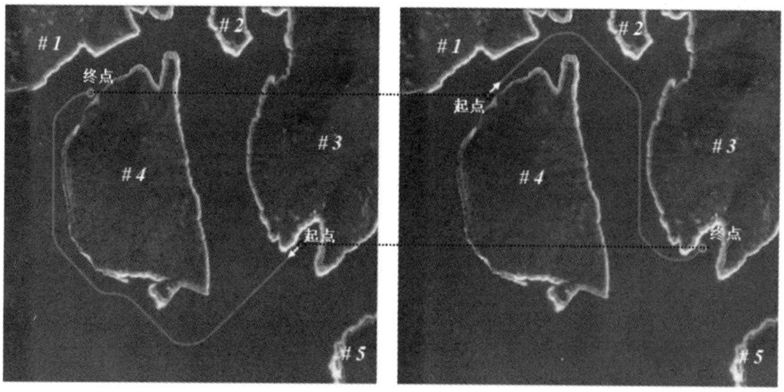

(a)　　(b)

图 8-40　第三组仿真实验结果

综上所述，第一组仿真结果表明，该算法可以处理从简单到复杂的不同场景下的运动规划问题；第二组仿真结果表明，该算法能够计算出相对较优的路径来适应不同的场景。第三组仿真结果表明，该算法规划出的路径会考虑无人艇初始运动状态并严格遵循实际情况，满足无人艇的动力学约束。

8.4.3　实船实验

无人艇在起点相同、终点不同的三个场景下进行了现场实验，并且每组实验由易到难。首先在自由水域环境下进行，规划过程相对简单。然后保持起点和终点的位置不变，在原先规划的路径上增加障碍物，使得规划过程变得复杂。由此验证在实际应用中，无人艇能否按照规划的路径航行。

图 8-41 为三个场景下的自由水域实验，其中左边的结果为规划路径，右边的结果为实船轨迹。可以从图中看到，由于规划过程相对简单，每组规划路径只有一次首向改变。因此无人艇基本上能够按照规划的路径航行，实船轨迹与规划轨迹基本一致。这里需要解释和说明的一点是，由于在无人艇运动建模过程中没有考虑环境（风、浪、流）对船舶运动的影响，因此所有规划结果的路径都是稳定平滑的。然而在现场试验过程中，无法保证没有环境的干扰，特别是风对无人艇航行的影响。因此在实船轨迹结果中，每条轨迹都有明显的波动。并且由于环境因素实时变化，不同场景下的波动频率和幅度都不相同。但从整体上看，实际的轨迹与规划的路径基本是相符的。

图 8-42 为三个场景下的障碍物水域实验。从图中可知，由于障碍物的出现，每组规划路径相较自由水域实验变得更为复杂，转舵操纵更多。因此，无人艇更不容易按照规划的路径航行，这对运动规划算法的实用性要求更高。

图 8-42(a) 在原先的路径上[图 8-41(a)] 增加了一个 U 形障碍物，使得规划的路径在短时间内增加了两次大角度转舵。从实际结果上看[图 8-42(b)]，无人艇第一次转舵过程较为平滑，效果较好；第二次转舵过程的前后段波动有所增加，但没有明显偏离规划路径，误差范围可以接受。图 8-42(c) 在原先的路径上[图 8-41(c)] 增加了两个 U 形障碍物，并且凹口向外，使得规划的路径必须完成三次大角度转舵。从实际结果[图 8-42(d)] 上看，第一次与第三次转舵效果较好，航向改变很迅速。第二次转舵的舵效响应略微滞后，这是由于此时无人艇受到右舷正横风的影响，使其旋回半径增大。但总体结果也符合预期。图 8-42(e) 的路径最为复杂。由于在原先的路径上[图 8-41(e)] 增加了一个 T 形障碍物和一个较大的 U 形障碍物，无人艇必须首先绕过 T 形障碍物，并且在不陷入 U 形障碍物内部的同时从其上方再绕过到达终点。此过程有四次大角度转舵。由于实验的初始阶段，无人艇的起点位置没有对准，所以实际结果[图 8-42(f)] 的开始段轨迹与规划路径有偏差。除去此人为误差，总体结果依然基本符合规划的路径。

综上所述，实船实验证明了该算法能够应用于实际的运动规划问题。无人艇的实际轨迹能够基本上按照规划的路径执行，在航行过程中没有较大的偏航。

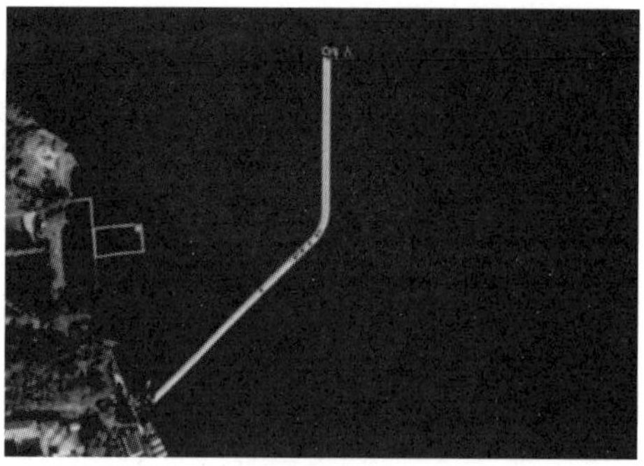
(a)

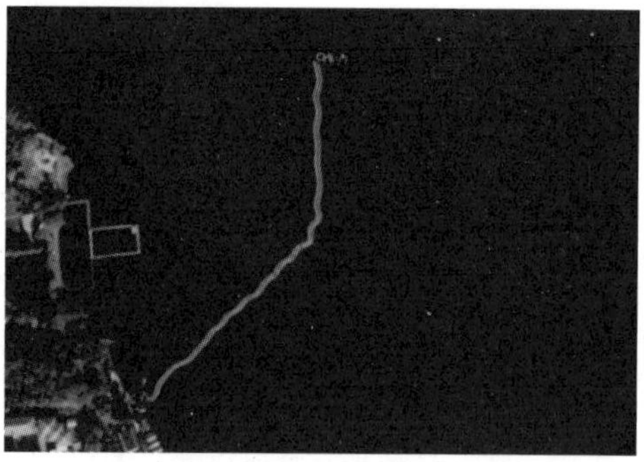
(b)

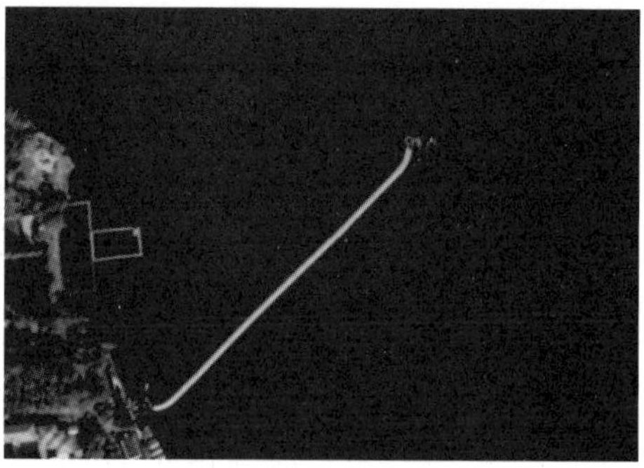
(c)

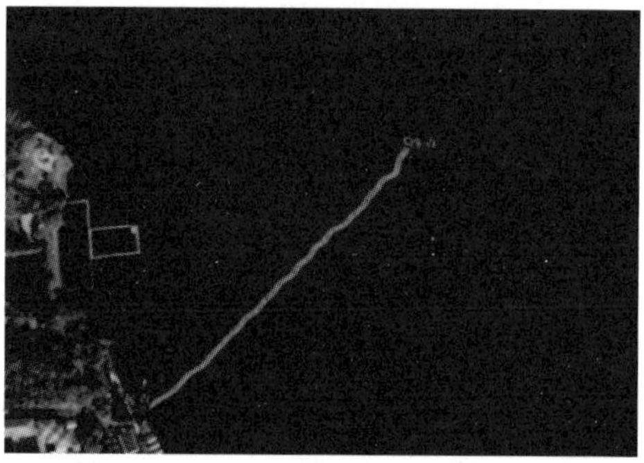
(d)

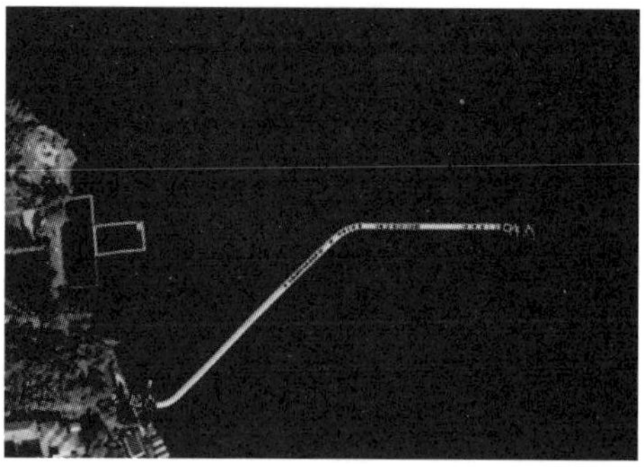
(e)

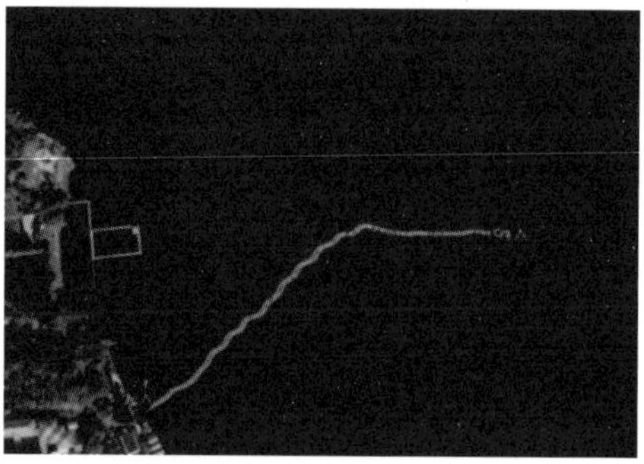
(f)

图 8-41　自由水域规划路径与实船轨迹对比

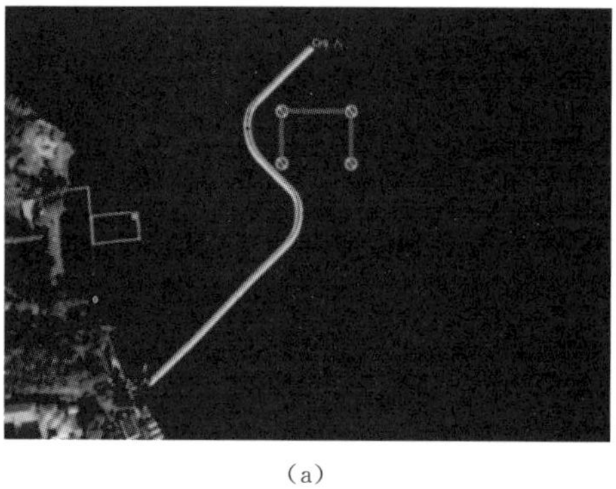
(a)

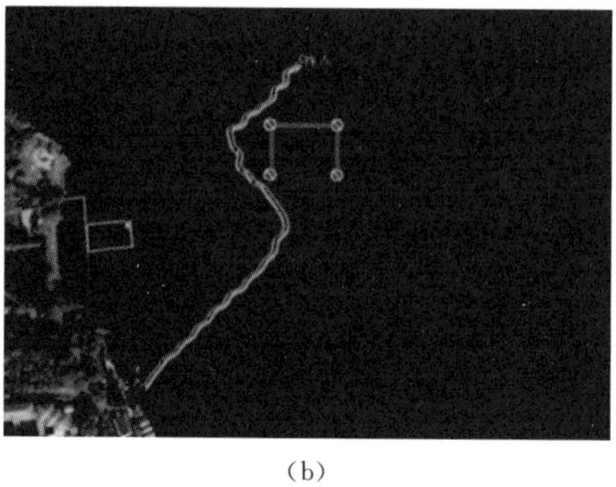
(b)

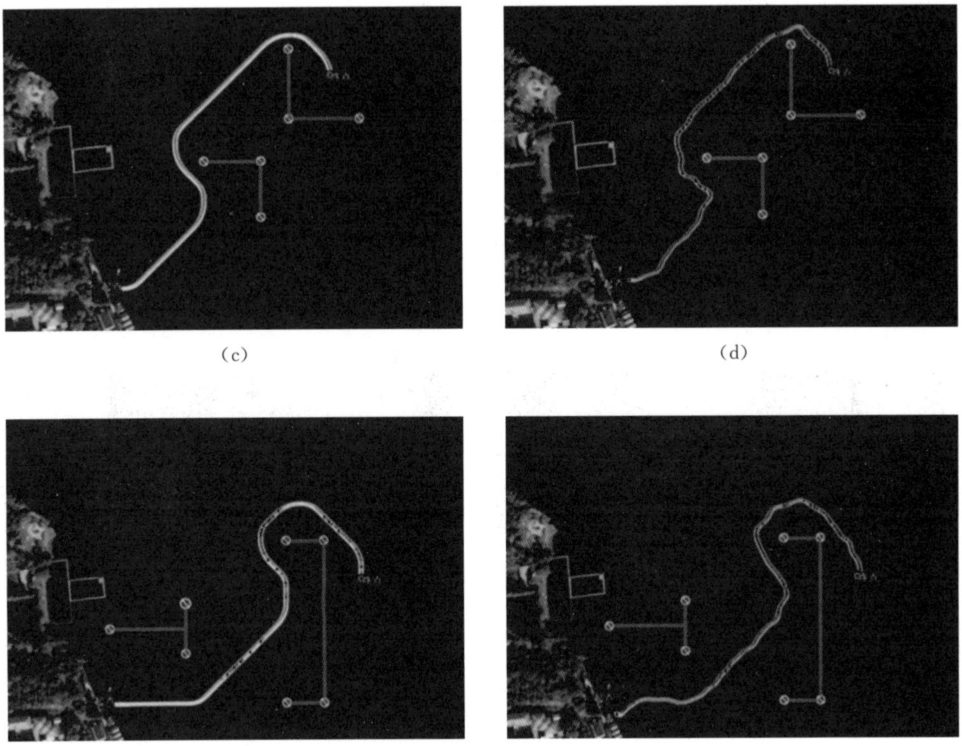

(c)　(d)

(e)　(f)

图 8-42　障碍物水域规划路径与实船轨迹对比

参考文献

[1] BURKE T P, DURRANT W H F. Modular mobile robot design[J]. Ifac Proceedings Volumes, 1993, 26(1): 427-432.

[2] LAVALLE S M. Planning algorithms[M]. Cambridge: Cambridge University Press, 2006.

[3] KAVRAKI L E, LAVALLE S M. Motion planning[M]. Berlin: Springer, 2008.

[4] CHOSET H, LYNCH K M, HUTCHINSON S, et al. Principles of robot motion: theory, algorithms, and implementations[M]. Boston: MIT Press, 2005.

[5] PLAKU E, BEKRIS K E, CHEN B Y, et al. Sampling-based roadmap of trees for parallel motion planning[J]. IEEE Transactions on Robotics, 2005, 21(4): 597-608.

[6] LAVALLE S M, HINRICHSEN J. Visibility-based pursuit-evasion: the case of curved environments [C]// IEEE International Conference on Robotics and Automation. Proceedings. IEEE, 2001: 1677-1682.

[7] LAVALLE S M, KUFFNER J J. Rapidly-exploring random trees: progress and prospects[J]. Algorithmic and Computational Robotics: New Directions, 2000: 293-308.

[8] PACHIKARA A J, KEHOE J J, LIND R. Path-parameterization approach using trajectory primitives for three-dimensional motion planning[J]. Journal of Aerospace Engineering, 2013, 26(3): 571-585.

[9] GIORDANO P R, VENDITTELLI M. Shortest paths to obstacles for a polygonal dubins car[J].

IEEE Transactions on Robotics，2009，25(5)：1184-1191.

[10] ANDERSON R P，MILUTINOVIC D. A stochastic approach to dubins vehicle tracking problems [J]. Automatic Control IEEE Transactions on，2014，59(10)：2801-2806.

[11] 宋国浩，黄晋英，兰艳亭. 基于Dubins路径的智能车辆路径规划算法[J]. 火力与指挥控制，2016，41(6)：41-45.

[12] 王荔豪，王爱华，柯楠，等. 基于Dubins曲线的高超声速飞行器路径规划[J]. 弹箭与制导学报，2015,35(3)：41-43.

[13] 梁勇，张友安，雷军委. 一种基于Dubins路径的在线快速航路规划方法[J]. 系统仿真学报，2013，(S1)：291-296.

[14] 李欣，朱大奇，徐珂昂. 运动学约束条件下多AUV任务分配算法[J]. 哈尔滨工程大学学报，2016，(12)：1638-1644.

[15] 胡蔷，高立娥，刘卫东，等. 基于Dubins曲线和改进A*算法的AUV路径规划方法[J]. 计算机测量与控制，2016,24(8)：259-262.

[16] 关震宇，杨东晓，李杰，等. 基于Dubins路径的无人机避障规划算法[J]. 北京理工大学学报，2014，(6)：570-575.

[17] KHATIB O. Real-time obstacles avoidance for manipulators and mobile robot[J]. The International Journal Robotics Research，1986，5(1)：90-98.

[18] 李红，王文军，李克强. 基于B样条理论的平行泊车路径规划[J]. 中国公路学报，2016,29(9)：143-151.

[19] 王怿，祝小平，周洲. 一种基于Clothoid曲线的无人机路径规划算法[J]. 西北工业大学学报，2012,30(6)：874-878.

[20] DAHI A R. Path planning and guidance for marine surface vessels[D]. Norway：Institute for Teknisk Kybernetikk，2013.

[21] FRITSCH F N，CARLSON R E. Monotone piecewise cubic interpolation[J]. SIAM Journal on Numerical Analysis，1980，17(2)：238-246.

[22] KIM H，KIM D，SHIN J U，et al. Angular rate-constrained path planning algorithm for unmanned surface vehicles[J]. Ocean Engineering，2014，84(4)：37-44.

[23] YANG J M，TSENG C M，TSENG P S. Path planning on satellite images for unmanned surface vehicles[J]. International Journal of Naval Architecture & Ocean Engineering，2015，7(1)：87-99.

[24] 孙亮，马江，阮晓钢. 六自由度机械臂轨迹规划与仿真研究[J]. 控制工程，2010，17(3)：388-392.

[25] 康亮. 自主移动机器人运动规划的若干算法研究[D]. 南京：南京理工大学，2010.

[26] 于浩. 非完整轮式移动机器人运动规划与控制研究[D]. 青岛：中国海洋大学，2014.

[27] 丁凤. 几类欠驱动机器人系统的滑模控制与应用[D]. 武汉：华中科技大学，2013.

[28] 徐娜，陈雄，孔庆生，等. 非完整约束下的机器人运动规划算法[J]. 机器人，2011，33(6)：666-672.

[29] 杜明博，梅涛，陈佳佳，等. 复杂环境下基于RRT的智能车辆运动规划算法[J]. 机器人，2015，37(4)：443-450.

[30] KNEPPER R A，KELLY A. High performance state lattice planning using heuristic look-up tables [C]// Ieee/rsj International Conference on Intelligent Robots and Systems. IEEE，2006：3375-3380.

[31] PIVTORAIKO M，KELLY A. Generating near minimal spanning control sets for constrained motion planning in discrete state spaces[C]// Ieee/rsj International Conference on Intelligent Robots and

Systems (IROS). IEEE, 2005: 3231-3237.

[32] LIKHACHEV M, FERGUSON D. Planning long dynamically feasible maneuvers for autonomous vehicles[J]. International Journal of Robotics Research, 2009, 28(8): 933-945.

[33] SVEC P, SCHWARTZ M, THAKUR A, et al. Trajectory planning with look-ahead for unmanned sea surface vehicles to handle environmental disturbances[C]// Ieee/rsj International Conference on Intelligent Robots and Systems. IEEE, 2011: 1154-1159.

[34] 杜哲.基于轨迹单元的水面无人艇运动规划研究[D].武汉:武汉理工大学,2018.